U0169162

装帧艺术是书籍美学的灵魂

——王朝闻

生活·讀書·新知三联书店

澤浦 六十年

一個人的書籍設計史

宁成春 编著

图书在版编目(CIP)数据

一个人的书籍设计史/宁成春编著.-- 北京:生活·读书·新知三联书店,2023.6
ISBN 978-7-108-07108-8

Ⅰ.①一… Ⅱ.①宁… Ⅲ.①书籍装帧－设计 Ⅳ.①TS881

中国国家版本馆 CIP 数据核字 (2023) 第 073672 号

一个人的书籍设计史
宁成春　编著

责任编辑　冯金红　杨　乐　王晨晨
设计制作　薛　宇　吉　辰　胡长跃
摄　　影　郝建军　徐晓飞　薛　宇　吉　辰
责任印制　宋　家
出版发行　生活·讀書·新知　三联书店
　　　　　北京市东城区美术馆东街 22 号 100010
网　　址　www.sdxjpc.com
经　　销　新华书店
印　　刷　北京雅昌艺术印刷有限公司
版　　次　2023 年 6 月北京第 1 版
　　　　　2023 年 6 月北京第 1 次印刷
开　　本　720 毫米 ×1000 毫米　1/16
印　　张　33
字　　数　168 千字　图 1797 幅
印　　数　0,001－5,000 册
定　　价　248.00 元

（印装查询：01064002715；邮购查询：01084010542）

目　录

三联风格：把书做成最好的样子

素以为绚：设计师就要忘掉自我

情意惓惓：师友杂忆

前 言　设计有道

——宁成春的书籍设计

汪家明

真是不敢相信，可以随便开玩笑、聊天的宁成春老师八十岁了。在三联书店编辑眼里，他一点也不老，有了重要书稿，还是像几十年来那样，请他出马，没的商量。读者公认三联书店的书，设计上历来讲究，有独特风格，而这讲究的主要原因，就是有一个范用，有一个宁成春。范用是开创者，宁成春则是承前启后、发扬光大者，他的作用，无可替代。

范用打小喜欢美术，1938 年进入读书生活出版社，在汉口时，经常到丰子恺和胡考那里“跑封面”（取设计图样），有时候二位先生还未完成，他就站在一旁看；看多了，他开始自己动手画封面，请丰先生指教。那时出版社没有专职设计人员，久而久之，社里的很多书都由他设计了。1950 年重建人民出版社，他先是期刊部、总编室主任，后来任副总编、副社长，一直兼管美术设计，管到离休。他感兴趣的书稿，一般都会自己画一个小样，请美编完成；离休后，自己参与多的，署名“叶雨”——“业余”之意也。他的设计风格，承自鲁迅时代，简洁朴素，雅致大方，书卷气浓。

宁成春 1965 年毕业于中央工艺美术学院，1969 年进

人民出版社，在范用领导下做书籍设计工作。1980年代两次去日本进修，打开了眼界。他曾说，在日本学习的最大收获，一是学会了网格设计法，二是通过杉浦康平老师，知道了中国古代书籍设计之奥妙。三联书店恢复独立建制后，他任美编室主任，将近二十年里，三联迎来出版高峰期，他也才华大展，创作了一大批杰出作品。业界公认的三联书籍设计风格在他手上，加上他所支持的陆智昌、罗洪、蔡立国、张红等，逐渐定位，形成新的传统。这个传统，简单说就是文人传统、知识分子传统，正如夏衍先生所说："范用出的是文人写给文人看的书。"杨绛先生也曾说过，三联书店的书"不官不商有书香"。

宁成春在一篇文章里写道："范用是对我影响最大的一位长者。我的书装设计的基本风格和理念都是在他的指导下形成的。"

范用的设计风格和理念，第一条就是美编在设计一本书之前，要看书、懂书、爱书，不能看了一个书名就想当然地设计。宁成春说："范老留给我印象最深刻的一句话就是，每本书要有每本书的个性。他要求设计者一定要看书，了解并熟悉书的内容，把握书的性格，量体裁衣。那时在人民出版社为了做再版书，我经常去翻书稿档案，里面记录了选题是怎么开始的，为什么要做，还有编辑跟作者每次沟通的书信和电话记录，看完以后完全可以了解一本书从无到有的整个诞生过程。"宁成春几十年来设计的书籍何止一两千种，动手前，第一件事就是看书稿，个别的书来不及看，或者内容比较难懂，他就找作者或者编者聊天，请他们传达给他书的内容和主旨。在看书稿、了解

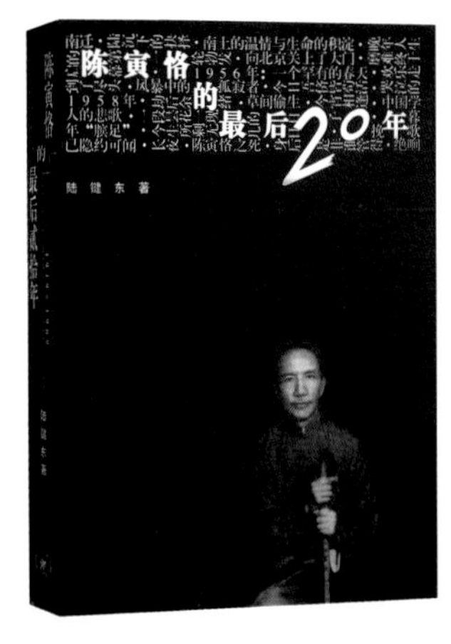

书稿的基础上，他又进一步提出：看了书稿，被感动或被吸引，有了情感因素，才能设计好封面。设计《陈寅恪的最后 20 年》时，他读了书稿，“无论是内容本身，还是作者的行文，给我的阅读感受都是情感的浓烈和气氛的压抑。为了传达这种感受，我首先考虑的是封面用黑色。陈寅恪先生晚年失明，无论在事实层面还是隐喻层面，我想不出其他的颜色，这是一个基调问题……右下方陈寅恪先生的照片是我从很多照片里一眼看中的，它特别能够代表陈先生晚年的精神气象，孤独而又坚定，仿佛在浓重的历史阴影里凝视着我们这些后人”。

设计王世襄先生的《锦灰堆》时，“那时候他（王世襄）的左眼刚刚失明，心中急切，真可谓以性命相托。他经常和夫人袁荃猷一起到三联美编室来，所有设计环节都和我一起商量，合作特别融洽。他比我大 27 岁，过年过节还会特意上门给我送些好吃的。有时到我的 1802 工作室看设计稿，之后就请我们到楼下吃饭。他觉得那家饭店做的鳝糊味道有点不对，就请大厨出来，指点他应该怎么做。大厨一听就知道他是行家，下回就按他的做法做了”……这已不仅是看书稿，而是与作者交朋友，深入交流，书稿的要害、作者的趣味都到了门儿清的地步。后来再设计王世襄先生其他作品时就有了感情的基础。王先生的代表作《明式家具研究》做的时间比较长，袁荃猷为这本书描制线图并做了大量工作，但书还没出她就去世了。宁成春设计的精装封面用黑色木纹纸衬底，中间用白色底烫金呈现了袁先生绘制的线描床样；函套外壳上的两把明式椅子，一把是实物照片、一把是袁先生线描图稿，一实一虚；从书顶部斜过一束光，隐含着时光的流逝。这些设

计元素都是对两位老人感情的纪念，十分感人。由此可见，只有吃透了书稿，带着感情，才能别出心裁，才能设计有道。这一点也体现在杨绛的小说《洗澡》的设计上。宁成春看了小说，很为知识分子的经历而感叹。作者提出封面设计要简单了再简单，甚至仅用白底加书名即可。宁成春心领神会，在书封中部偏上位置设计了一个椭圆的蓝色块，像一枚手印、指纹，也像一个盛满了水的澡盆，"洗澡"两个字就沉落其中。除了这个色块和作者名，封面再没其他，连出版社名字都没有。这个设计让人产生丰富联想。

关于设计要有感情，宁成春体会很深，他曾说：

设计的关键是心态问题，一定要把心态端正了。任何艺术都是这样的，为什么要做这件事？你做书给谁看？有人把做书当作张扬个性的一个平台，要表现我自己。太自我了，就是不关心读者，要特别警惕。三联书店的社训是"竭诚为读者服务"，任何事都要从这句话出发，尤其是搞设计的，你心中一定要有读者。这书通过我的手印出来，能不能对得起读者。作为设计师心要诚，态度要端正。你不要想别的，什么获奖、名利，你就做当下，平常心。

在出版社，美编和责编的矛盾往往出现在心态上，搞美术的不听责编的，不深入了解内容。只有内容打动你，设计出来的书才能打动读者。就跟唱歌一样，你理解了歌词、旋律，受了感动，再表达给听众，才有可能打动对方。设计师也是同样的。在这个基础上设计师就能跟责编碰到一块。

书衣能反映出设计的心灵，它是活的。设计得不好，这本书没有感染力，就是死的。

宁成春做设计时，还很好地配合了三联书店大的出版思路。看他的回忆文字，一会儿一个“董总怎么说的”“董总怎么想的”，这“董总”就是三联书店当时的总经理董秀玉。董总做出版，很重视战略设计，比如“现代西方学术文库”和“学术前沿”丛书、“中国近代学术名著”丛书和专出当代中国年轻学者专著的“三联·哈佛燕京学术丛书”等。宁成春很清楚这些书之间的关系，清楚“学术前沿”接续的是“现代西方学术文库”，在设计时有的放矢：后者重在经典性，封面设计了一座古罗马的门，书名都在门内（范用设计）；前者则强调现代感，一个大大的字母“F”顶天立地，形成一个色块的分隔。作为书籍设计师与出版社的总经理配合这样默契，是少有的。

1998 年三联书店五十年店庆，董总要把此前出版的《世界美术名作二十讲》出一本“插图珍藏版”做纪念品，这是她在国际书展上看到的图文书形式，就是四色印刷、图文混排（那时国内有图片的书大都是和文字分开排版，而且用不一样的纸张）。编辑找来很多幻灯片资料，质量不好，宁成春从自己收藏的外国画册中另选了许多图片，扫描下来，大大提高了图片质量。内文设计借鉴外国图书，图片和文字采用不同的版心，使画面更充实，版面更灵动；封面是作者傅雷的手稿和蒙娜丽莎画像重叠，文字像拓片一样，蒙娜丽莎从斑驳的字迹中露出来，有一种梦幻的感觉，有一种文化的交叠感。在这本书的设计过程中，宁成春直接选图片，充当了小半个编辑，对内容认识就更深入了。这本书当时定价高，首印五千册，没想到很受欢迎，一个月后就加印了，立刻就有跟风的上来——这本书开了中国大陆彩色图文书的先河。

范用设计理念的第二条是整体设计。过去很多年，咱们大多数出版社都在出版部（印制部）设一个“技术编辑”岗位，专门画正文的版式，而美术编辑（设计师）只设计书的封面，称之为“书衣”。其实，中国古人读书，是很讲书品的，对书的纸张、墨色、字体和字的大小、行距、版心位置、装订、封面空间等等，都刻意地经营。这种传统，在上世纪二三十年代，现代出版时代来临之际，得到鲁迅等文化大家的承继和发扬。范用认为，书是有生命、有个性的六面体。一本书，无论封面、书脊、封底、扉页、目录、篇章页还是正文文字、图片、题花、书眉、页码，乃至开本、纸张都在设计范围之内，是一个整体。1989 年，宁成春编辑的《日本现代图书设计》出版，书中刊发了杉浦康平的文章《从“装帧”到“图书设计”》，“杉浦先生将图书的选题计划，文章的叙述结构，图片的设定、选择、结构编排及最后发至工厂的印制过程统统都归纳入‘书籍设计’范畴。这是众多人的共同工作，设计者在其中扮演了至关重要的核心角色”。（韩湛宁：《宁成春：书衣是有生命的》）这是一场深刻的变革，把书籍装帧从原来只是封面设计，拓展到从内容出发、从里到外的设计，与范用先生不谋而合。理论如此，在实践中宁成春有许多成功案例。设计“乡土中国”丛书第一本《楠溪江中游古村落》时，他不但在正文中很好地把握图文之间的关系，而且在纸张和印刷方面作了革新：“铜版纸和特种纸、四色和双色并用，是这套书在工艺和材料上的一个尝试……每本书极少的印张用了四色印刷，绝大部分都是双色，这固然有成本的考虑，不希望定价太贵，但双色能比较好地呈现图片的历史感，这种艺术效果是我想要的”；“要把双色印好，

纸张是大问题。我选用了芬兰进口的蒙肯纸，也叫‘芬兰书纸’，是国内图书首次使用这种纸张。”书出来后，引起了设计界的欣喜。书籍设计家吕敬人说：“从封面、环扉、目录、地图页、彩图页、每一章首页，以及图文构成的虚实疏密、布局的节奏张弛、文字群的灰度与空白、照片的裁切配置与视觉流动……均有精心的思考。如封面右上角用中国传统书籍文武线组合的方框中呈现的红底黑字，面积很小，却具有浓浓的乡土情趣，是点睛之笔；再如每一章节页的题目，均衬有古色古香的村落地形地势平面图谱，既强调书的人文主题，又起到了十分理想的分割关系；书籍符号（标题、题眉、正文、图版说明、注释、分割线、页码……）均注入视觉美感和实效功能设计语言的运用；全书设计更强调一般书籍所忽视的印制工艺和材质性格，采用具有自然气息的非光质轻型纸，并选择棕色照片基调定位，精密印刷，达到古村意韵的主题表达效果。”毫不夸张地说，如果没有宁成春把握整体的用心设计，这套“乡土中国”丛书难以达到理想的效果，也不会有那么大的影响力。

巧妙运用作者的手稿、字迹作为设计元素，是三联图书有浓浓的书卷气的奥秘之一。早年范用在出版“读书文丛”时，封面用作者的一行行手稿，横排从左下到右上斜排，像风吹柳枝；竖排由右上到左下斜排，像一串串雨，充满动感。然后设计一位裸体少女伴随小鸟的叫声在草地上坐着看书的剪影，作为丛书的标志。一动一静，很奇特，很浪漫，也很文气。以这种格式出版了二十九种书，都是范用的创意，但落实到具体设计却是宁成春。巧用文字和作者手稿的设计方式在宁成春手里发展到极致，《世界美术名作二十讲》的封面是一例，《傅山的世界》就更大胆：把傅山的书法作品当作背景，在混沌的黑色夜空中，那些神奇的字发着淡淡的五颜六色的光，好像从历史深处飞来，古老而又现代。我想这一定是宁老师读了书稿之后，在感动之余忽发灵感之作。设计《陈寅恪的最后 20 年》时，宁成春将全书二十二章的目录压缩到了一起，排列成不同方向的组合。他说："我用字去表达自己的感受，抽掉字的连贯内容，甚至倒置——我不想让读者只注意字的语言含意，而是把字看成一种形象。"在这里，他模糊了文字和图像的界限，或者说是把文字当作图像来对待，借此表达一种特别的意境。

在漫长的设计生涯中，宁成春尝试过各种设计方式，在每种方式中都进行过革命。渐渐地，他形成了自己的风格：作品中含蕴着中国精神，朴素、雅致、厚重，有儒家文化色彩；但他绝不保守，不但喜欢采用新的技术和新的材料，还一直留意西方当代艺术走向。他欣赏德国书籍设计的内敛和严谨，并融汇到自己的创作中；他对来自香港的陆智昌（阿智）设计作品似简实满的空间处理大为赞赏，认为对中国当代书籍设计有很好的影响。设计《宜兴紫砂珍赏》时，他学习日本图书新工艺，在切口设计了两个图案，左翻是鱼，右翻是龙，取自紫砂制作中"鱼化龙"的传统样式。经与印刷师傅一起"攻关"，居然成功了，出版后，读者大呼神奇。这本书获得

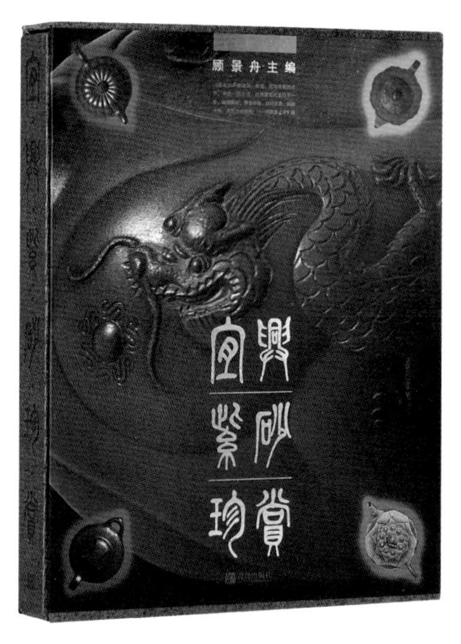

1992 年香港印刷协会评出的编辑、设计制作、印刷等八项大奖，并荣获全场总冠军……由此可见，宁成春的书籍设计既讲求“守正”，又志存“新致”。守正是他的为人品格和文化追求使然；新致则是在守正的基础之上对艺术的孜孜以求。

作为科班出身的设计师，在大学时，宁成春学过各种基本知识和基本技能，这些知识和技能在日常工作中渐渐显示出来。比如关于封面的颜色，范用曾说：“文化和学术图书，一般用两色，最多三色为宜，多了，五颜六色，会给人闹哄哄浮躁之感。”三联的书，一般是中间色、灰调子。为什么要用灰调？宁成春在一次采访中说：“我理解知识分子的思想是比较复杂的，他们不像老百姓那样喜欢很纯的颜色，都是中间色，我认为就是灰调子，比较雅致。”业界因此有了一个“三联灰”的说法。但随着时代发展，审美观的转变，加之印装工艺的进步，漂亮的颜色和工艺手段也会在三联书店的出版物中使用。有些书的封面看上去很响亮，但靠的是色相的对比，其实单看一块块颜色，都是灰红、灰绿、灰黄、灰紫的，时下称之为“高级灰”。从这些灰调子的设计中，可以看到宁成春的老师张光宇、庞薰琹、雷圭元、邱陵、袁运甫等人作品的影响。那些以色块为主的封面，如“学术前沿”“新知文库”“三联精选”等，尤其可以看出对传统的掌控力和打破传统的努力——似乎是一种悖论，但杰作就是在这种悖论中诞生的。

随着年龄增长，宁成春越来越喜欢日本民艺之父柳宗

悦的理论，向往“器物之美”，把工艺之美与书籍设计联系到一起。他认为，器物是老百姓日常生活所用，无名工匠所做，看起来卑下，却有日常之美。“器物之美”表现在实用、结实、健康、谦逊、诚实、亲切、温馨、淡雅等方面。书作为为人服务的器物，也应有“器物之美”。

图案是最早的艺术形式之一，中国远古时期的陶器上就已经有大量图案。老一辈书籍设计家陶元庆、陈之佛、钱君匋等特别擅长使用图案，鲁迅设计的第一本书《桃色的云》就用了汉画像砖中的图案。也许是受了器物之美的影响，近二十年宁成春尝试各种图案，或在书脊处使用，或以四方连续的图案作为封面底纹（如三联书店“文史悦读”系列、《我的藏书票之旅》等），展现了另一种风采。

宁成春在大学时前三年学绘画，后两年转学工艺设计，前面学立体，学空间，后面学平面，大跨度的改变，使许多同学放弃了绘画，但他没有放弃，业余仍在画速写和线描。这个特长丰富了他的设计手段。1978年出版埃德加·斯诺夫人的《“我热爱中国”》时，范用建议他画一幅斯诺的线描肖像，放在书的右上角，而且面孔朝右，接近前切口。画画的人都知道，画人的左侧比较顺手，画右侧是很别扭的。宁成春画得很成功，范用当时就说这个封面可以参评全国书籍设计奖。三十多年后宁成春设计“冯友兰作品精选”和“费孝通作品精选”时，都是根据照片画了线描作者头像，然后在金箔上烫印黑色线条，有纪念碑意味。设计扬之水的《棔柿楼集》时，封面需要一幅有树有飞檐和古屋、人物的画，找不到合适的，他就参考一幅古画，重新描画了一遍，使之合用。在这些设计中，并不是突出画作的优秀，而是画作为设计服务，和书的内容融为一体。

宁成春在日本学过的对称结构、颜色的冷暖对比、使用西文字体等手法，都被他融会贯通，体现在设计工作中，如《文化：中国与世界》《独自叩门》以及“三联·哈佛燕京学术丛书”等。有意思的是，“三联·哈佛燕京学术丛书”前后十多年一百多种，他设计了好几种封面，都保留了对称结构和颜色对比。2007年，他对这套书做了最后一次改版，删繁就简，去掉了其他装饰，只保留了冷暖色调的嵌套对比和不能简省的文字信息。他当时的想法是：“学术书的封面应该回归本质：简劲、朴素、庄重，不需要太多的装饰。”他还感慨说：“这套书十余年间越做越简，哈佛的标志也是越做越小，某种程度上说明我们对原创性学术著作的认识越来越深刻，也越来越自信。”由此可见，同是一种手法，但在实际运用中，会有不同的发挥，那差别是很大的。

过了这个月就是宁老师八十岁生日了，谨以此文祝贺他，感谢他为三联书店做出的贡献，感谢他对中国当代书籍设计所做的继承和开创的工作。

2022年3月31日，北京十里堡

一部稿子来了，必须变成书才能传达出去，

但没有变成书之前，它的价值就是一部稿子而已。

我们不是在八九十年代改革开放以后

才开始重视整体设计，

这个传统在三十年代就有，

一直传承下来。

铅印时代

从装帧到书籍设计

引 言　走上美术之路

我1942年生于山东德州，转过年来，也就是1943年7月24日，父亲就因病去世了。那一年，大哥14岁，姐姐7岁，二哥4岁，我不到2岁，我下面还有一个弟弟，父亲去世后不久，他也跟着走了。我接着吃弟弟的奶水，所以长得比大哥和二哥都要高。听母亲讲，父亲患的是口腔疾病，临终前翻不了身，只能用镜子照着看看我们，就这样不舍地离开了。

父亲宁振麟毕业于济南师范院校，生前在德州当小学老师。父亲文质彬彬，喜欢音乐和绘画，我还见过他画的花鸟画。父亲去世后，家里失去经济来源，生活变得非常困难。14岁的大哥投奔了在天津开榨油作坊的伯父，姥姥则从家乡来帮助母亲照顾剩下的三个孩子。一家人就靠卷烟卷、变卖家里东西为生。两年后，在我4岁时，姥姥带着我们回到河北老家，在衡水景县连镇小杨官村，借住在离舅舅家不远的一个院子里。

我的母亲、父亲

我们家在乡下没有土地、没有劳动力，只能靠妈妈、姐姐纺线织布到镇上去卖，换点钱，主要还是依赖姥姥、舅舅接济。据说姥爷曾在南京警察局当局长，离家后就再没回来，我这个姥姥他也不要了，在外边另外成立家庭。姥姥生了舅舅和我母亲两个孩子，她人特别好，从来不闲着，天天干活儿。舅舅后来打游击、加入共产党，当了村支部书记。土改时是下中农，他自己家里也有好几个孩子。那时候村里都是盐碱地，生活很贫困，谁家的日子都不好过。我印象中，曾经跟着母亲走二十多里路，去取一点伯父托人从天津带来的钱。不过，即使这样，儿时还是有很多美好的回忆，村东头有个学校，我和二哥在同一个班上小学，经常一起打闹；我姐姐从小就照顾我，感情特别好；我也喜欢和小朋友（小燕）一起去野地里割草、挖野菜，坐在木墩上聊天……我4到6岁都生活在农村，这也是我到现在都喜欢农村的原因。

6岁时，妈妈又带着我们来到天津投奔了伯父。伯父名叫宁振麒，上过工商学校，在天津一家榨油作坊当经理。他家里还有同春、恒春、建春、淑娥、淑英、淑堃等几个孩子，这样我在家里男孩中排行老三，在家族里就排行老六。解放前，伯父家的收入还可以，他好心收留了我们，我又开始重新在天津市红桥区第八小学和哥哥姐姐一起上学。伯父的工厂就在运河码头边上，在那里我看到了很多账本和商标，我对这些特别有兴趣，贴起来积攒了一厚本，这可能是我最早开始接触平面设计。此外，大哥还带我去看过一场电影，印象深刻。

1949年元旦过后，天津解放了。街道经常举行庆祝解放的活动，到处挂满标语，人们都非常高兴。那时母亲经常晚上带着我去上识字班。政府组织学习、扫盲，无论多么贫穷，都可以参加，上学都是免费的。天津的曲艺很发达，街上经常组织演出和展览。妈妈特别爱听著名相声演员常宝堃（小蘑菇）先生说的相声，还有新凤霞的评剧（《小二黑结婚》）。

受大哥影响，我从小喜欢画画。当时天津群众文化做得很好，各个区都有文化馆，文化馆设有美术班，特别热闹。我到城厢区报考，因为有点基础就被录取了。那时我已读初中了，固定每周末去学习速写、素描。苗学斌老师教我们，当时一起在文化馆学画的同学，后来都很有成就，如画家杜滋龄。同学之间互相交流，学得很快。

我从小就爱画速写，虽然纸张有点差，但纸笔不离手。那时妈妈看到小朋友都有画板，就用黄色的草板纸和黑布给我做了一个。有了自己的画夹子后，就经常背着到处画，画画是我最喜欢干的事儿。有一次水上公园附近的图书馆刚盖好，我就去那里画速写，从家里走了很远很远，

这是1958年我16岁（初三升高中时）去西沽公园参加义务劳动时画的，发表在《天津晚报》上

路过南开大学、天津大学，隔着铁丝网向里面张望，特别羡慕。

那时我画速写经常投稿，被选中后还会给一些稿费，大概两三块吧，按照当时的伙食费比例，也算高的了。《河北日报》发表过我画的一个剪纸，给了 8 元钱，相当于 1 个月的伙食费。我把稿费交给妈妈，她非常高兴。当时妈妈没有工作，只是帮别人家洗洗衣服，做些手工活儿，赚取一些微薄的生活费。记得有一次《天津晚报》一位编辑张泽民女士给我打电话让我去报社，临时画一些素材，后来又发表了几次。

在我的启蒙道路上，非常幸运地遇到了两位很好的启蒙老师。一位

这是一本从东安市场旧书店买的人民教育出版社出版的《动物学》精装课本。因为那个时候纸张非常稀缺，我把平时画的速写剪贴在课本上，再将露出来的文字用墨色涂黑，全本包含了299张作品，成为我的第三本（1960-1962）作品集

是刘文英老师，她是我初中的美术老师，毕业于北平国立艺专油画专业，是个非常善良的人，像妈妈一样。她特意买了七个石膏像，放在她的教研室，下学后教我画素描。有时因为画画，作业做不完，她就替我求情。她觉得我有前途，为我报名去考中央美术学院附中。但她不知道报考流程，就自己用油印机做了报名表，寄到北京。对方不接收，因为必须要到学校索取正规的报名表才可以，就这样耽误了时间没有报上名。因为这事儿，她又亲自跑到北京去解决，回来后告诉我，很遗憾，没有报上，但她鼓励我还要继续努力。

再后来，我顺利考上了天津第九中学读高中，后来改名为民族中学。按说高中时就没有美术课了，但我们学校有一位美术老师特别棒，她叫陈俭贞，瘦瘦的，总穿一身黑色的衣服，人很好，不怎么爱说话。她以前在天津人民美术出版社工作，后来被打成“右派”，调到民族中学当美术老师。我参加了学校的美术组，画景泰蓝、出黑板报、画海报等等，她给予我很多帮助和支持。考大学的流程她很清楚，都是她帮着我报的名，所以很顺利。

1960 年 7 月前，我接到中央工艺美院的录取通知书。当时艺术院校是提前考试，其他同学还在努力备考，我已经被录取了，他们都很羡慕我。上学前我去天穆村新校址参加劳动，对吃饭印象很深，馒头加冬瓜汤，汤里还有香菜、虾米，吃一口馒头，喝一口汤，香啊！

进入中央工艺美术学院

高考我一共报了五个志愿。第一志愿是中央美院版画系，第二志愿是中央工艺美术学院装饰绘画系，第三个是电影学院美术系。我是被第二志愿录取的。

当时工艺美院和中央美院已经分开了，正校长是邓洁，轻工业部派的行政干部（原来校长是庞薰琹，反右运动后被免职），管美术的副校长是雷圭元、张仃和陈淑亮。学制五年，前三年学习图案、素描、色彩这些基础课，到四五年级开始学专业课。我们班挺特殊，最早有二十七名学生，升入二年级时只剩下二十人，有七位同学因主课学习成绩不及格被留级了。还有一人虽然成绩十分优秀，但期末因病休学，也留级了。另有一同学分到书籍装帧专业，因犯纪律，三年级劝退，回西安老家了。当时学校对这个班很重视，管理还是挺严格的。班上有九位同学来自中央美院附中，起了很好的带动作用，像秦龙、张凤山和我同住一宿舍，都是很好的朋友。

一开始学素描，是由张振仕老师代课，解放初期天安门悬挂的毛主席像就是张老师画的。他教素描的方法和附中一样，所以学生们学得有些怠慢。后来学校从陶瓷系把郑可先生调来，郑先生教学水平高，人品非常好，对学生也好。上课时，他操着一口广东口音说“我是你们的妈妈”。我们的课桌是一张由四条腿板凳支撑的木板，一侧是带抽屉的桌子，上课时把桌板拿下来支撑在画架上就是画板。郑老师要求用一张桌面大的纸画人体，15 分钟内必须画完，这与苏联教素描画明暗的方法不太一样。要先观察主体，用几条线把握住整体结构，然后再练习画细部，捕捉神态和情感。这一点教得特别好，使我理解了整体感和对力量的把握。这种观察事物的能力直接影响到我后来的书籍设计。毕业后因十年“文化大革命”以及环境的限制，我二十年没有画画。1986 年到横滨国立大学学习，本科生上人体课，真锅一男教授让我也去画，我拿起笔很快完成了两幅人体素描，可以看出当年中央工艺美术学院的素描教学还是给我们打下了良好的基础。我很喜欢郑可老师。

还有教色彩的袁运甫老师，他特别善于运用灰色调以及色彩的对比。灰色的色阶最丰富，排列在从浅到深的两个极端之间，不仅有深浅的变化，还有冷暖的变化。袁老师教色彩是因人施教，当时班里学生的绘画水平差别还是比较大的，但袁先生能调动每个人的积极性，强调色彩的对比和协调。我整个的色彩修养都是受他影响。他上课时一再强调，要用色彩表现出对象给你的感受，表达情感。这种能力也一直影响我的书籍设计。

教重彩的老师有两位，刘力上先生教我们工笔重彩，他是张大千的学生，另一位是祝大年老师，都是非常有名望的先生，加深了我对传统绘画的理解。柳维和先生教图案课，动物变形，锻炼我们概括平面处理及夸张的能力。庞薰琹先生教我们装饰画史。

装饰绘画系下设三个专业：壁画、商业美术和书籍美术。大学一年级不分课，二年级时开始分，那时候不让自己选专业的，学习一年后，老师看完成绩就知道你适合什么专业，直接分配了。分配到壁画专业的有五人，张凤山、张鸿宾、樊兴刚、张朋川、吴华伦，他们都是中央美院附中

1986年10月7日，写于国立横滨大学教育学院

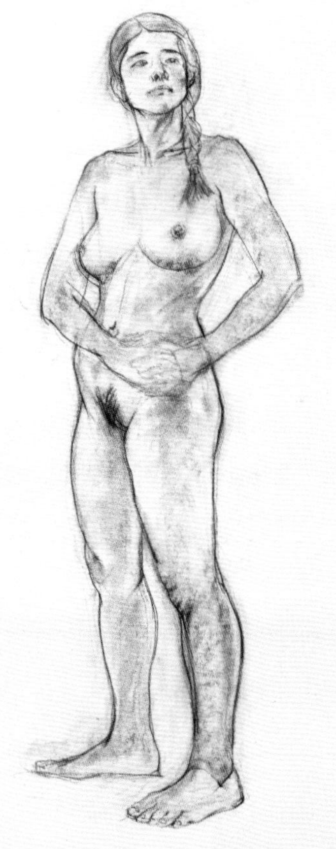

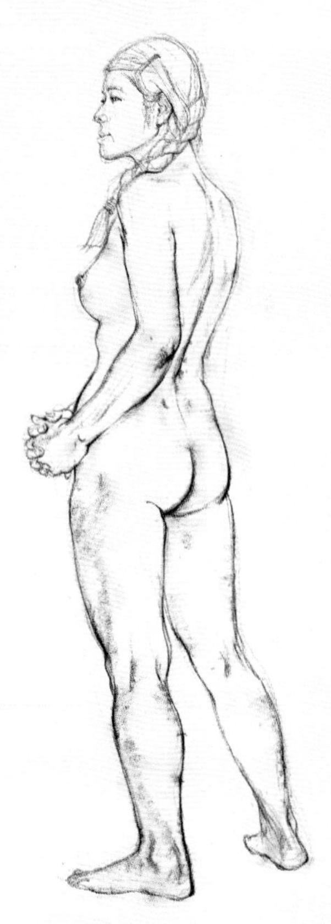

参加“四清”运动前与魏连山（左一）、秦龙（左三）、刘绍荟（左四）在校合影

毕业的，绘画基础特别好。我爱人是商业美术专业的，他们专业有九人。我被分到了书籍美术专业。我们专业有七人（三年级时一人受处分退学），最后就剩我和张进贤留在出版社工作，一直坚持下来搞书籍设计。

当时的工艺美院还没有包豪斯这样的现代设计概念，都是苏联的教学模式。所谓设计，就是从绘画转到图案装饰变形。我们前三年的教学和中央美院差不多，都是打绘画基础，四年级进入专业课就开始强调“三平”了：构图平、色彩平、造型平。装饰就要平，不要立体感，不是写生。所以，当时很多同学转不过弯儿来，这个教育有问题。毕业以后，我的作品还是绘画的成分多，设计概念少。平面构成、色彩构成、立体构成等设计专业教学是1982年改革开放以后才传入中国的。

但是，当时的中央工艺美院还是比较开放，没有这个不许那个不让的，主要因为当时有几位是从日本、东德、捷克、苏联留学回来的年轻老师，还有吴冠中、庞薰琹等早年留法的老师，会带我们看画，接触现代绘画，他们对学生的思潮影响很大。

从莱比锡平面设计及书籍艺术学院回来的余秉楠先生教我们版式设计、字体应用设计等专业课。他是解放初期国家选派的第一批青年留学生之一，学的是外文字体设计，创作出国际上第一套由中国人设计完成的拉丁字母印刷体，很漂亮。看了他从东德带回的作品，我十分震撼。

最幸运的是遇到邱陵老师。在书籍装帧方面，他是元老，1947 年毕业于国立艺术专科学校，后来在上海联营书店，解放后在苏联人办的时代出版社工作，又参与了人民英雄纪念碑的设计。后来中国几个大出版社的美编室主任几乎都是他的学生。他在设计教育理论方面对我们影响很大，他最大的贡献是把《书籍装帧艺术简史》和《书籍装帧设计知识》写出来了。邱陵先生给我们讲装帧史、书籍演变过程，这是他整理出来的，立了大功。

邱陵老师不但业务水平高，人品也极好。学校每年都组织去农村实习，1964 年他带着我们六个同学去太行山山沟里画速写，师生们单纯老实，看到山里果树上掉下来的梨，都不会捡来吃。结果刚在老乡家住下，还没开始画画，就接到了学校的返校通知，让回去参加“四清”，他始终陪着我们。我们系被分到河北省邢台市任县永福庄，那时我 22 岁。11 月份去的，第二年 6 月份才回来，接着我和刘绍荟、邵玉玲、魏连山分配到农村读物出版社实习，我们连毕业创作都没做就毕业了。

参加“四清”运动时在永福庄留影。左起：刘绍荟、宁成春、鲁洪恩、闪自仙及天津音乐学院三位同学和胡莹

人民出版社美术组

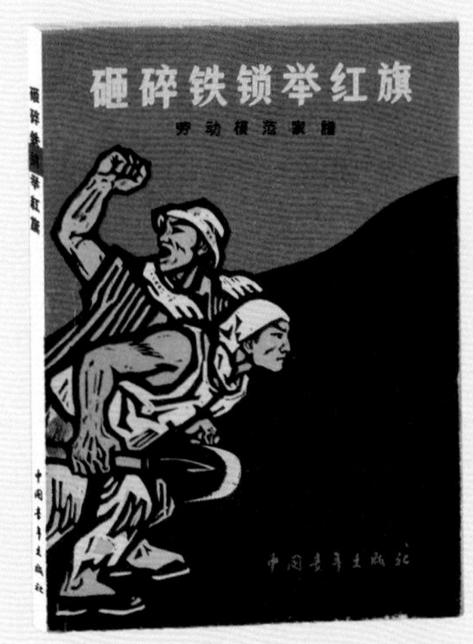

大学四年级开始进入专业课的时候，学校派我到中国青年出版社实习一个月。诗人马萧萧是延安来的老干部，担任美编室主任，副主任秦耘生，都非常和蔼可亲。印象深刻的还有爱说笑的郑文慧，她是画家黄胄的夫人，我同班同学傅振斗的姨姨，因此他们对我格外照顾。美编室在一座大庙的正殿里办公，高大宽敞，我的办公桌摆放在主任、副主任的侧面。在秦耘生先生的指导下，我设计了《砸碎铁锁举红旗》。设计稿顺利通过，暑假回到学校完成的墨稿制作，1964 年 9 月出版。后来第二版把副题改为书名，叫《劳动模范家谱》，再版好几次，印数上百万册。

这是我人生中的第一部封面设计，设计稿一直保存着。拳头很大，整体画得还比较满意，是看了内容后设计的。封面有四个颜色，黄、蓝灰、黑和红色，全是专色，黑色部分是出版社提的意见，画面保留了木刻刀痕，厚实有力量感。

1965 年毕业前，我们有四个同学到农村读物出版社实习，在老出版家胡愈之先生创办的《东方红》杂志工作，那是一本给农民看的新农历。胡老解放前就特别重视农村，有这个情结，想给农民出一本黄历，里面所含知识比较丰富，如二十四节气、农作物的耕收、生活卫生等，对农村普及知识有好处。他把人民美术出版社的装帧家曹洁女士请来做美编指导，我就在她手下学习，帮助她画题头、补白、插图。由于我画得认真，单位把我留下来，暑假没有回天津老家，8 月份就接着上班了。

“文革”后期，农村读物出版社和人民出版社合并。1969年，我正式到人民出版社美术组工作。后来绝大多数人跟着工宣队都去了湖北干校，我由于出身是城市贫民，和其他几个人一起留下来做书，出版社论等文件。大学里学书籍设计，除了画画，还要学写美术字。本来我对写美术字不太认真，实在太枯燥了，但因为做社论，经常半夜4点就被叫起来写，第二天发表，慢慢就练出来了。那时候，每一个方案的书名都要靠美编一笔笔写出来，因此美术字也成为封面设计非常重要的元素。

60年代胶印封面很少，一般图书都是铅印封面，为了节省成本、节省油墨，封底通常留白。封面规定最多四色，除黑色外都是专色，像套色木刻版画一样，很少用网线，靠两三个颜色相压，重叠出丰富的效果。所以每个封面开印前都必须下厂看样，几乎三天两头骑车从朝内大街到车公庄，看师傅调的颜色对不对。还有很多时候效果样画不出来，需要到现场决定究竟用什么颜色好，跟师傅一起调墨。记得新华厂二楼零件车间有两个调墨师傅，其中矮个子很魁梧的孙师傅最能干，我们成了好朋友。他经常帮我收集其他出版社印刷的封面样张，还收集过版样，用

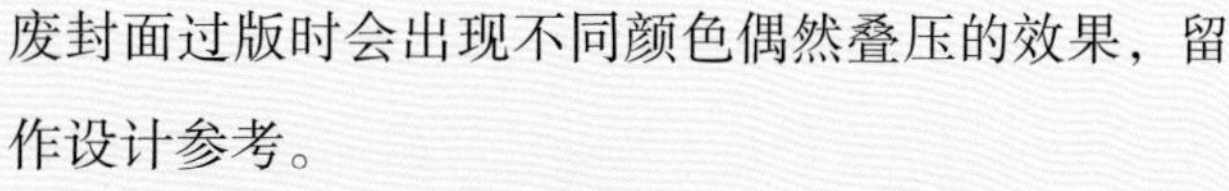

废封面过版时会出现不同颜色偶然叠压的效果，留作设计参考。

那时的北京新华印刷厂不只是在北京，在全国都是最红火的工厂，是全国最大最好的印刷厂。还专门为国家领导人看线装书盖了一幢楼，用于印装大字本线装书。那时新华厂印的书刊质量真是没得说，譬如《西行漫记》用串墨印出渐变色调；《根》从制版到印刷都是在与师傅的密切合作下完成，可以说是精益求精，书脊字用了三种颜色都套得很准。新华厂制版车间有个沈师傅，瘦瘦的上海人，精明能干，为了制好版，我经常请教他如何画墨稿。上述的三本书都是凸版印刷，现在我还觉得凸版印

封面文字都是由美编手工书写的

那时为了节约油墨，封底会有大半留白，俗称“屁股帘”

刷有它的优点：墨色厚实，颜色鲜而不艳，亮丽而沉稳。我非常怀念这种印刷形式。后来我有机会参观大日本印刷有限公司，他们还保留着凸版印刷机，不过已不是铅锌版，改成树脂版。有时还有客户自费来印诗集，诗人有怀旧的情怀，喜欢那种味道。如有可能，希望我们的印厂也能收藏一台凸版印刷机，可印些短版活。据说雅昌现在就保留了铅印机。

五六十年代，中国的出版业其实还是很繁荣的，北京、天津、上海的各大出版社里有一批很优秀的书籍装帧工作者，比如人民美术出版社的邹雅、曹辛之、曹洁，人民出版社的张慈中，天津百花文艺出版社的吴燃、汪国风、张德育，天津人民出版社的陈新，等等，他们继承了30年代新文化运动后的传统，装帧总体呈现出“庄重、质朴而热烈”的特点。我在上大学前就特别关注他们的作品。

当年的人民出版社美术组在全国出版社中最具实力，是个很好的集体。张慈中是从上海聘请来的专家（1957年错划成“右派”），大我十五六岁；袁运甫、钱月华夫妇是中央美术学院实用美术系（中央工艺美术学院的前身）毕业，还有美术组组长马少展大我十一二岁，都是我的老师；中央美术学院绘画系毕业的郭振华也担任美术组组长，中央工艺美院毕业的尹凤阁和苏彦斌，都长我一岁，是我的师兄。学长、师长们各有所长，跟他们在一起，耳濡目染，潜移默化，从1969年到1984年十多年里，我进步较快，有现在的微薄成果，都感恩他们对我的影响。

美术组直属范用副总编辑领导，设计稿的终审由他执行。范用先生是特别好的人，一生和书做伴，特别爱书，也参与设计，爱装饰书。无形中，三四十年代生活书店、读书出版社、新知书店的设计风格、理念，都通过他强有力地贯彻下来。他经常组织美术组的同事一起设计，谁做得好选谁的方案。他要求我们画完大样，做成书的样子，在走廊的柜子里展示，编辑路过都可以在小本上提意见。

他还特别强调书籍要整体设计，不仅封面，包括护封、扉页、书脊、底封乃至版式、标题、尾花、广告都要通盘考虑。当时人民出版社的版式设计都是由出版部技术科完成，铅印时代没有电脑，排版是一项很费时费力的工作，需要有精密的统筹规划。所以我们不是在八九十年代改革开放以后才开始重视整体设计，这个传统从30年代就有，一直传承下来。

张慈中就说过："范用是一个爱书、爱封面设计的痴情人。"我和他多年来一直相处很好，他出想法我帮他完成，因为我了解他，知道他的性格，也敬重他对事业的执着和认真，所以在工作上我尽力支持他，我们配合得很默契。他性格刚强、决断明快、爱憎分明、嫉恶如仇，却又是一个极重感情的人。他认定要做的事，往往坚决果敢，全力以赴，一竿子插到底，非把它做好做完美不可。他办事能力强，工作极有魄力，不管在设计还是在生活经验方面，范老都值得我学习！

常用开本

开本	纸张尺寸（mm）	成品尺寸（mm）
大32开	850x1168 889x1194	140x205 145x210
大长32开	850x1092 880x1092 889x1168	130x195 130x210 140x215
32开	787x1092	130x184
小长32开	787x960	113x184

20世纪80年代在人民出版社

两次赴日学习

由于受家庭环境的影响，我从小害怕政治、沉默寡言，初中才加入少先队，大学三年级才加入共青团，什么都比别人晚好几拍。只是从小牢记母亲让我“争口气”这三个字，不管事情大小都认真去做。设计稿通不过，心情并不沮丧，而是加班加点努力完成。那时家里住房紧张，1978年又生了小儿子，45平方米一室一厅，没有我工作的地方。所以我就在办公室里搭一张床，住在社里，只有周日才回家。那时没有稿费，偶尔有外社请设计，稿酬也只有六七元钱，真的是全心全意为“人民（出版社）”服务，也因此受到范老的器重。当1984年有了出国进修的机会，他特意找版协主席王仿子先生，为我争取到第一批赴日本讲谈社学习一年，1985年回国。1986年三联书店恢复独立建制，讲谈社的朋友为我争取到再次留学的机会，范老仍然非常支持，我自费再赴日本横滨国立大学真锅一男先生的研究室研修一年，1987年回国。

1984年在讲谈社美术局

第一次到讲谈社，他们员工1060人，有一个装帧部，仅3人，只做定价在一万日元以上的大型图书的组稿工作，并无专门的设计人员，所有的书籍设计都在社外，有几十家大小不同的设计公司为讲谈社服务。我随美术局宫地圭一先生拜访杉浦康平先生，当时他正在为讲谈社设计大型画册《曼荼罗》。有一段时间，我取得每周四去他工作室拜访学习的机会。对于版式设计，我是一张白纸，杉浦先生百忙中非常耐心地教我，从最入门的设计术语学起，什么是磅，什么是级（Q），将相关知识扎

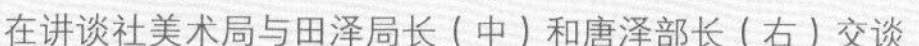

在讲谈社美术局与田泽局长（中）和唐泽部长（右）交谈

与唐泽明义（左）和宫地圭一（右）留影

实地学了一遍。当时杉浦先生正给平凡社设计大型辞典，他结合设计版面给我讲网格，讲书的结构，使我理解他说的“一本书就是一个宇宙”，从这个认识的基础上来理解书的空间处理，各种元素的相互作用。我听他讲图表设计，跟随他的弟子一起熬夜做时间地图，一起熬夜筹办松本清张的展览。我身体吃不消，强忍着，重要的是学到了他们认真做事不辞辛苦的敬业精神，和他的弟子们尊敬师长、尊重他人的品德。

1989 年我编辑设计的《日本现代图书设计》，收录杉浦先生的文章《从“装帧”到“图书设计”》，在国内首次引进杉浦先生的理论观点。那时老吕（吕敬人）在日本研修，回国后他做了大量推广工作，使得杉浦先生的理论深入人心，培养出一大批优秀的设计师。杉浦先生说：“一提到装帧，一般认识是编辑决定版式，装帧者进行封面设计，或画一幅画而已。我从 20 世纪 60 年代中期就已经着手于书籍整体设计，包括内文编排、文字、字体、字号、标题、目录、扉页、封面、函套、腰带到版权页的设计，并对所有用纸、材料进行选择，设定印刷装订工艺，进而连书籍的宣传品也成为设计的对象。以上书籍设计概念的提出、实现和确立的过程，曾发生各种各样的冲突，以及理论上、技术上的争执，不过最终还是被大家理解了。”“书籍设计”已无法用“装帧”“书装”等词汇加以概括，它已不是设计者或插图画家个人承担的工作，而是从选题计划到成书为止整个出版过程所有人参与的共同工作。很明显杉浦

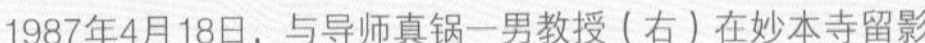

1987年4月18日，与导师真锅一男教授（右）在妙本寺留影

与山口喜雄（左一）及其家人合影

先生将图书的选题计划，文章的叙述结构，图片的设定、选择、结构编排及最后发至工厂的印制过程，统统都归纳入“书籍设计”范畴，是众多人的共同工作，设计者在其中扮演了至关重要的核心角色。

第二次赴日是在横滨国立大学真锅一男先生的研究室，每周去三天，补上了设计基础理论课程，同时我也在真锅先生的学生志贺纪子老师的工作室工作了四个月，她帮我筹办横滨国立大学的入学手续，教我网格设计、设计画册。为了让我有较高的收入，她还把自己的工作交给我，使我有机会为讲谈社设计过三本小书。

稻垣瑛一夫妇和第三批留日研修学生王小明（中）在海边渔村留影（宁成春摄）

同时感谢我的老师及日本图书设计家协会会长道吉刚先生，他是原弘大师的学生。我在道吉刚工作室工作学习四个月，当时他正在设计出版《日本

现代图书设计》大型画册。我们共同探讨“装帧”的含义及来源，以及“图书设计”的理念。后来我还把这本书引进到三联书店出版。

横滨国立大学的同学山口喜雄先生是中学的美术老师，他陪我读研，帮我举办个人画展。还要特别感谢讲谈社装帧部的稻垣瑛一先生，他为人质朴、热情，是日本共产党员，带我去参加他们的活动，陪我一起到各地画画，组织工会员工画像。一起活动的还有业余油画家、资深编辑宫地圭一先生。

在日本两年的学习，我补上了平面构成、立体构成、色彩构成这些当年在中央工艺美院没有学过的设计基础课程，掌握了新的设计理念，在书籍设计上与世界接轨，回国后才没有落伍，从而坚持做了后面几十年的设计。这期间所得到的友谊、教育和帮助，永生难忘。

留日期间与日本图书设计家协会设计师合影
前排左一：志贺纪子　前排右一：道吉刚

“我热爱中国” 小长32开

1978

当埃德加·斯诺身患癌症时，洛伊斯·惠勒·斯诺向全世界发出了求援的声音。毛主席和周总理很快做出了答复，给斯诺派出一个医疗小组。《“我热爱中国”》记述了斯诺生命的最后几个月，在中国医疗小组到达后，他们家里发生的动人事情。作者是斯诺的夫人，她以感人的笔触，写下了埃德加·斯诺在临终前的日子里对中国人民炽烈的感情和真挚的希望，同时也记录了包括斯诺的老朋友马海德医生在内的中国医疗小组工作的情形。斯诺在临终时，用生命的最后力量所讲的一句话是：我热爱中国。

这本书的设计草图是用铅笔画在一张小纸片上，一看就知道是范用先生画的。人民出版社美术组组长马少展最初帮助范老画墨稿，但她不会画人像，就让我来帮忙。她手拿着纸片，又交给我一幅斯诺的照片说：“小宁，你帮我画一幅斯诺肖像。”我就找来一张旧的挂历，在挂历的背面用炭精棒画了这幅像。我也看到了范老给她的小纸片，人怎么摆，示意得很清楚：斯诺的半身像面对切口，背后留出很大空间，再加上他正在抽烟，一看就是在思考。一般封面会把这个半身像反过来朝里，但范

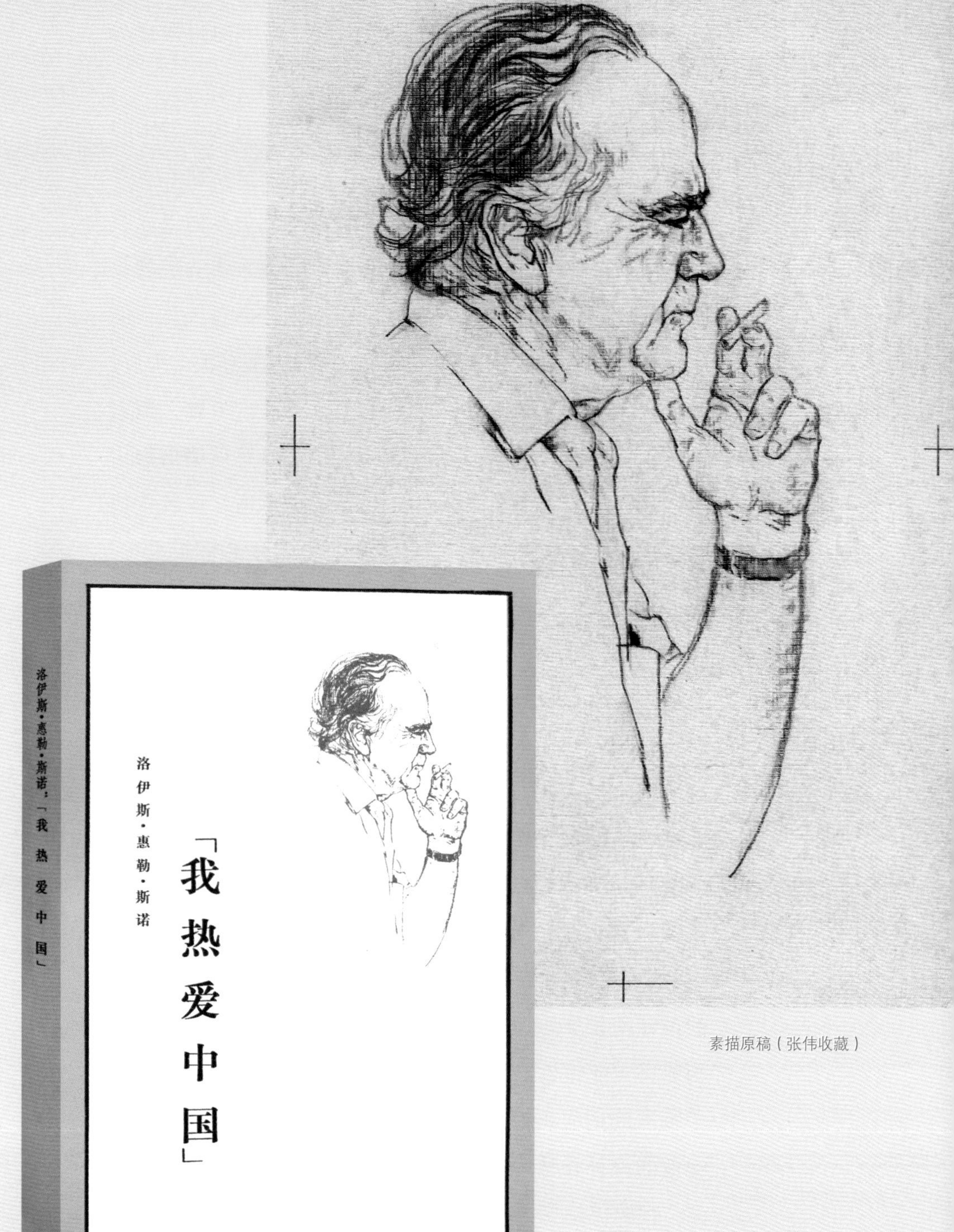

素描原稿（张伟收藏）

老的想法太绝了，与众不同。可以说这本书的封面想法是范用的，我只是帮他实现。

《“我热爱中国”》只是我与范老合作的众多书中的一本。我的书装设计的基本风格和理念都是在他的指导下形成的，他把自己从上世纪30年代开始怎么做书以及对装帧设计的研究心得都传承下来教给我。他一贯的装帧设计风格都是简洁、清新、大方，富有书卷气息。他还特别强调书籍要整体设计，不仅封面，包括护封、扉页、书脊、底封乃至版式、标题、尾花都要通盘考虑。范老年长我快二十岁，我们多年来一直相处很好，他出想法我帮他完成，因为我了解他，知道他的性格，也敬重他对事业的执着和认真，所以在工作上我尽力支持他。

范老留给我印象最深刻的一句话就是：每本书要有每本书的个性。他要求设计者一定要看书，了解并熟悉书的内容，把握书的性格，量体裁衣，不能只看一个书名就去设计。那时在人民出版社为了做再版书，我经常去翻书稿档案，里面记录了选题是怎么开始的，为什么要做，还有编辑跟作者每次沟通的书信和电话记录，看完以后完全可以了解一本书从无到有的整个诞生历程。有时候书稿特别厚看不完，就去找责编聊天，听他们介绍。

我和范用一起工作期间，他直接管美术编辑室，所有的设计他都要审查，有时要不断修改，一遍遍重来，直到他点头才作数。他的言传身教使我获益匪浅。“一定要了解书的内容再设计”是他坚持的原则，也成为三联美编室的设计作风：只有深刻理解文本，才能设计出好作品，理解得越深，表现得就越充分、生动。

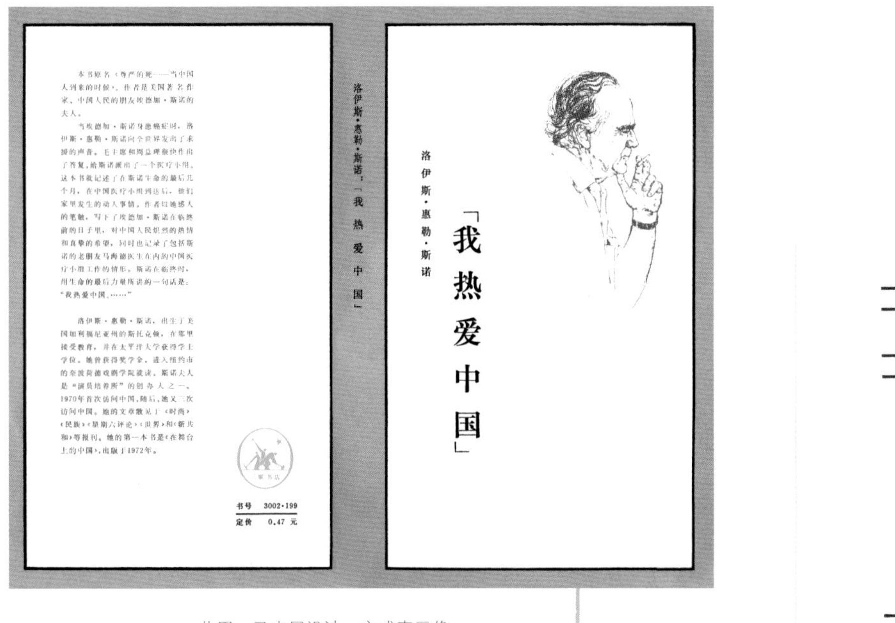

范用、马少展设计，宁成春画像

就像出版工作者对读者的期望作出回答，当本文正准备结束时，装帧经过认真的整体设计的《"我热爱中国"》中译本，由三联书店出版了。这本记述斯诺病终前同中国人民情谊的书，虽然也是平装，然而给人以精致而完美之感。首先引人注目的是它的开本，属小三十二开，又比一般小三十二开窄，这就显出修长、秀气，读者一看就不免感到，这类书正是用这样的开本最合适。它的装帧项目也较为完整，考虑到了包封、封面、环衬、扉页、插页，并对各个项目都做了比较细致的设计，如包封，统一照顾到它的封面、书脊、封底，使之浑然一体。书的封面采用了压纹卡片纸，设计者利用其质感和包封，并在扉页连环衬的衬托下，竟使本书产生出半精装的效果。版面设计，突出地对章节号做了非同常规的安排，用罗马数字，并放在正文右上角，从而显得生动活泼。总之，这是一本凭装帧就惹人喜爱的书。它足以再次证明，只要解放思想，开动机器，我们就可能利用好现有的条件，并且创造出可能的条件，为现代化中国风格的书籍装帧，而更有成效地工作。

（《读书》1979年01期）

根——一个美国家族的历史 大 32 开

1979

这本书 1976 年在美国出版后非常畅销。三联书店 1979 年出版了这本书的中文版。

书很厚，一下子看不完，我为了了解内容就找责任编辑杨静远聊天，请她讲讲这个书到底讲了什么故事。跟她聊过后，我知道这是以大量史实为依据创作的关于一个黑人家族的小说，责编还给我一张当时的美国报纸。因为这本书很畅销，所以拍了电视剧，这张报纸上就有黑人主角的一张剧照。我根据那张照片用炭笔和钢笔在一张很粗糙的图画纸上画了一个像，也就是我们现在看到的封面上的这个人。这个封面完全是手绘的。

我在中央工艺美院上学时，没有以包豪斯为中心的西方近现代设计系统，主要还是苏联的教学体系，更强调绘画和图案。一开始学素描是由张振仕老师代课，后来学校从陶瓷系把郑可先生调来。郑先生教学水平很高，他要求我们用一张桌面大的纸画人体，15 分钟内必须画完：先观察主体，用几条线把握住整体结构，再练习画细部，捕捉神态和情感。从整体动作和情感把握、研究人的骨骼肌肉结构，这一点教得特别好，也与苏联教素描画明暗的方法不太一样，对我后来画素描影响很大。

素描原稿（张伟收藏）

ROOTS
根
一个美国
家族的历史
(美)阿历克斯·哈利著

除了封面，在设计书脊时我有意将书名“根”的英文ROOTS五个字母设计成锁链的样子，和封面人物脖子上的锁链形成呼应，强化这个黑人家族在美国的凄惨命运。这个书脊的印刷难度很大，铅印套版要套三次，先印灰，再印黑，最后印红，必须套得非常准才行，而白色的小字要靠反白。扉页来自我从外文资料室的画册中找到的一张铜版画，是一艘运送黑奴的船。

这本书还有精装版。当时做精装书没有别的材料，只有漆布，就是在布上刮一层漆。我跟人民出版社的老美编张慈中去过上海做漆布的工厂，他们做得最好。张慈中发现工厂在做漆布时要刮九遍漆，当刮到第七遍的时候，他突然说：“停！就这个好！”原来是因为这时还能露出一点布的纹路，没有那么闷。后来做《列宁选集》，我们用的就是把漆刮到第七遍、露一点布纹的漆布。这是设计师的眼睛才能发现的。

1973年2月再版的《回忆马克思恩格斯》一书，译文采用1962年人民出版社的版本。我在资料室外文图书中找到一本画册的环衬，是布纹图案，那时纸张匮乏，还没有进口的布纹纸，就把环衬拿去照相制版，底纹是制的锌版，印的浅灰色。铅印照片网点只能制120线的网版，粗糙不清晰。我就根据照片创作了一幅速写像，马克思和恩格斯步行在伦敦街头。因雾都伦敦经常下雨，所以恩格斯还拎了一把雨伞。蓝色书脊书名烫金，封面书名印深蓝色，为了简练，书脊、封面都没有出版社的署名，这是精装本。简装本书名翻白色，速写像印咖啡色，加浅灰色底纹，共三色印刷。

后来的《列宁是怎样写作学习的》等几本小书，都用了这个布纹图案，并分别手绘肖像。

纪念白求恩 12 开

1979

1979 年 11 月，人民出版社为纪念白求恩逝世 40 周年，编辑出版了《纪念白求恩》。书里不仅有国家重要领导人的文章，比如毛泽东、聂荣臻，还有白求恩身边的工作人员以及许多外国友人的回忆和纪念文章，也包括白求恩自己的一些文字。

这是当时很重要的一部书。编后记中提到了，人民出版社是在中国人民对外友好协会的赞助下编辑出版这本书，由朔望同志主编，徐复、唐一国、张嘉瑞同志编辑。唐一国是人民出版社的文字编辑，北大历史系毕业；张嘉瑞是人民出版社出版部的技术编辑。人民出版社的版式设计特别好，是因为有一个叫刘龙光的人，很多人现在都不知道他的名字。刘龙光最早去香港学习版式设计，然后在上海办工厂，1949 年前就写过文章在杂志上发表，我经常在杂志上看到他的名字。张嘉瑞就是跟他学习。《纪念白求恩》的内文版式是张嘉瑞做的，他也不署名，只在后记里面提了是编辑。

就“整体设计”来说，《纪念白求恩》是典范性的，非常经典。我们以前就有整体设计的意识，尤其 30 年代，比如钱君匋做的设计，署名不写封面设计，而是写装帧，

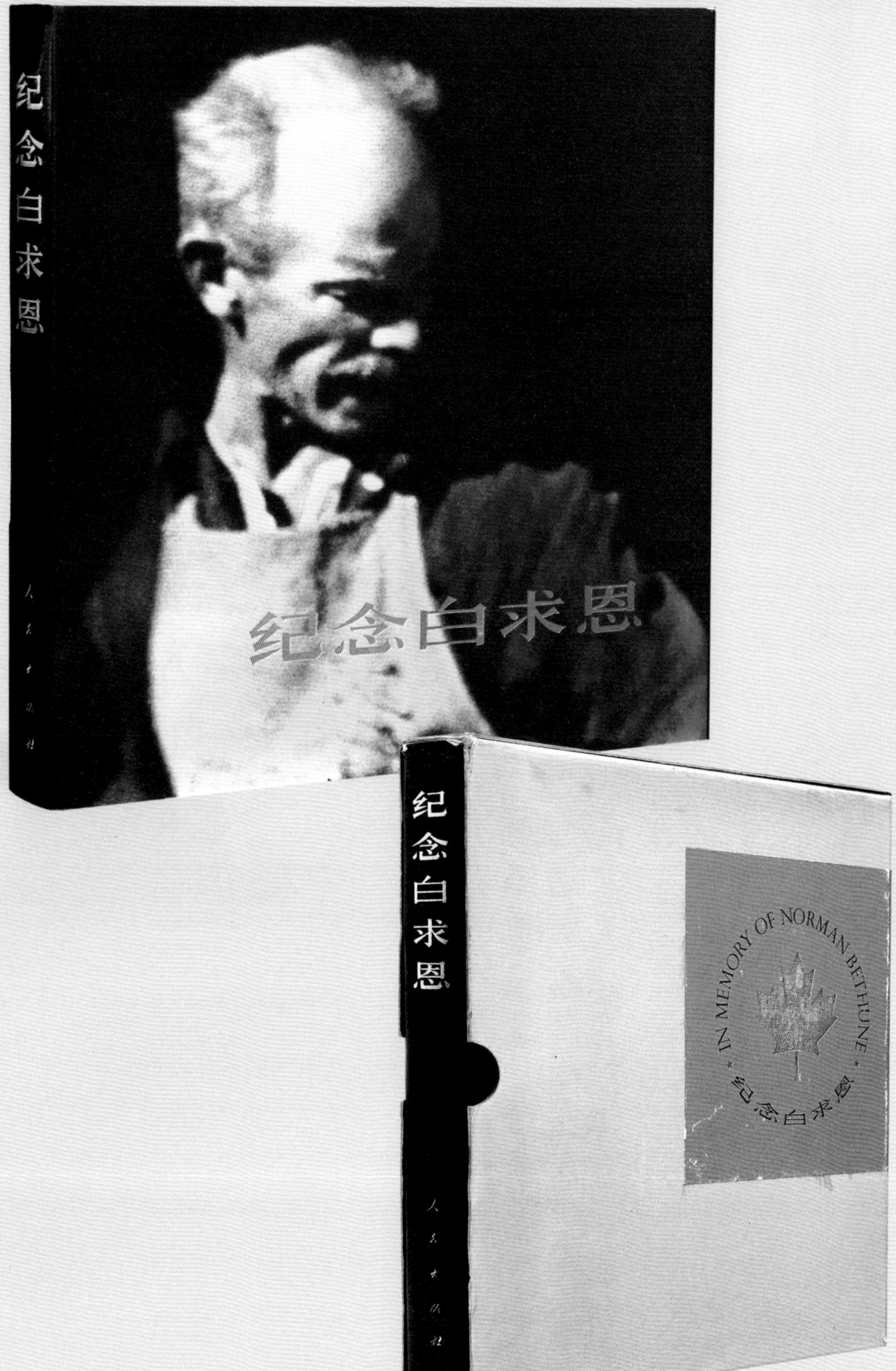
纪念白求恩
人民出版社
纪念白求恩
纪念白求恩
人民出版社
IN MEMORY OF NORMAN BETHUNE
纪念白求恩

只是当时这个思想还没有那么明确。这本书的整体设计体现在几个方面。首先就是版式。那时主要还是铅印，内文版式需要先计算好，然后把铅字一个一个选出来，看看一面多少字，版心多大也得画好，再给拣字房去拼，拼成一面后再来调整看看行不行。《纪念白求恩》这本书涉及不同类型的文章，即使是同一类型的文章，因为有白求恩精神光耀千秋！

宋庆龄
一九七九年

纪念白求恩①

毛泽东

白求恩同志是加拿大共产党员，五十多岁了，为了帮助中国的抗日战争，受加拿大共产党和美国共产党的派遣，不远万里，来到中国。去年春上到延安，后来到五台山工作，不幸以身殉职。一个外国人，毫无利己的动机，把中国人民的解放事业当作他自己的事业，这是什么精神？这是国际主义的精神，这是共产主义的精神，每一个中国共产党员都要学习这种精神。列宁主义认为：资本主义国家的无产阶级要拥护殖民地半殖民地人民的解放斗争，殖民地半殖民地的无产阶级要拥护资本主义国家的无产阶级的解放斗争，世界革命才能胜利。白求恩同志是

“医生们，到伤员那儿去！不要等他们来找你们。”白求恩同志亲身实践了他提出的名言。图为1939年10月24日白求恩同志在河北省涞源县孙家庄村外的小庙中为伤员作手术。这里距前线仅七里，时间离他逝世不足二十天。

白求恩同志在延安东门外原教堂前。

讲　演

访问“镜中国”观感

编者按：1935年8月，白求恩大夫去苏联参加国际生理学大会。这篇讲演是他回国后于同年12月20日在蒙特利尔内外科学会组织的报告会上发表的访苏观感。他在讲演中风趣地借用美国作家卡罗尔所著《艾丽斯漫游仙境》一书中的情节和人物来阐明自己的观点。

今天晚上是我主动选择最后一个发言的。我决定采取和我的那些从列宁那里毕业归来的同学们相反的立场。我确实感到他们是会意见一致的。因此我决定，假如他们贬低俄国，我就赞扬它；假如他们赞扬俄国，我就贬低它。这样做并不是纯粹出于任性，而是出于对真理的关心。依我看来，真理常常包含着看来是不可调和的现实的各个方面。人们关于俄国的一些谈论都是真的——当然是相对的，而不是绝对的。

所有从陌生地方或外国归来的旅行者所讲的话，主要是为了表现他们自己的思想，而且不自觉地采取自我表白形式。批评成了对批评者的评论。所有归来的旅行者可以说都是如此。从圣经里的那些人——他们把巴勒斯坦说成是遍地都流着牛奶和蜂蜜的国土（当然根本没有这回事）——到马哥孛罗、克里斯托弗·哥伦布和孟乔森男爵①，今晚你们听到的是四个人关于一个国家的报道。

坦白地说，我不象其他几位那样去俄国是为了参加生理学大会。我此行有比这重要得多的

① 孟乔森（1720—1797年），德国旅行者。——译注

们向你们致敬！我们要以我们的爱护来报答你们的苦痛。在那些英勇牺牲了的、我们未能救活的战士的墓前，让我们说，我们一定牢记死者的牺牲。我们的目标就是那个他们为之牺牲的自由的中国。为着纪念他们，为着忠诚于我们的伟大事业，让活下去的人和可能要死的人共同保证我们的同志友爱。无论在斗争中或牺牲中，我们都只有一个共同的目的，一个共同的思想。那样，我们就会战无不胜了。那样，我们就可以确信，即使我们不能活到胜利的那一天，那些后来人将有一天会聚集在这里，象我们今天一样，不只是来庆祝一个模范医院的成立，而是来庆祝解放了的中国人民的伟大民主共和国的成立。

的作者是国家领导人，也要有所区分。所以根据内容不同，篇章、题目就不一样，排的位置也不一样；书信怎么排，日记怎么排，文章怎么排，都不一样；不同位置用不同字体、不同字号，都既要讲究，又要美观。我们现在看这本书的内文会感觉版心、行距都非常舒服，因为内文版式下了很大的功夫。这其中，每个字之间空多少尤其麻烦，不是乱来的。有的时候不能全都一个标准，有的空 2/3，有的空 5/6，几分之几的条儿都有，都是通过铅块控制。所以那时候出本书工作量特别大。

另外，整体设计的成功之处还体现在采用了多种印刷方式。除了内文采用铅印，这本书一翻开的前面几张彩页，也就是《毛泽东主席在延安会见白求恩同志》等三幅画，采用的是胶印工艺。书中的黑白图片采用了凹印。凹印的特点是没有网点，靠墨的厚薄深浅呈现效果，深的地方存墨就多，浅的地方就很薄，所以凹印的层次很好。护封上的白求恩头像，也是凹印。这样一来，胶印、铅印、凹印不同的印刷工艺在这本书中都有所体现，这很不容易。

还有一个方面，现在可能很多人不大认为它属于整体设计的一部分，但我觉得非常重要，就是一本书的编排。《纪念白求恩》的整个编辑结构很好，它通过不同类型、不同体裁的文字内容把白求恩的几个时期都介绍、回顾得非常详细，相当考验编辑功力。只有文字内容编辑得当，设计者才能整体发挥。另外，它的目录和一般书不同，是放在最后的，因为目录很长，有好几页，放在前面就很啰嗦。看完目录再去看国家领导人会见白求恩的油画以及他们的题词就感觉有些奇怪，所以当时把目录放在了最后，这也是从整本书的阅读体验出发采取的一个特殊设计。

这本书的外壳封套，有枫叶的形象，因为白求恩来自加拿大。当时还没有很好的封套用纸，我就用了一款工业板纸，硬度好，很挺括，直接用没问题。包封用的是白求恩的一张照片，其实是他和别人一起手术的合影，但我只用了他的上半身，将它放大。这个形象非常硬朗，我觉得和他的气质非常符合，如果用一个大的场景就冲淡了他的个人气质。包封的书脊是黑底金字，内封书脊上的“纪念白求恩”五个字则先烫金再烫黑，金底黑字。

这本书对人民出版社、对设计界来讲都非常重要。有人说我们没有整体设计，好像整体设计从杉浦康平以后才有，这是不对的。为什么当时不说封面设计而说装帧呢？因为汉语的装帧就是整体设计的意思。封面设计就写封面设计，版式设计就写版式设计，写装帧，就是整体设计。所以张嘉瑞把自己隐去，这本书扉页背后则署有“装帧 宁成春”。

在铅印时代出版这样一本书，我觉得是相当了不起的，是改革开放前的一个高峰。无论是这本书的意义和价值，还是它所体现的“整体设计”的概念，到今天都还值得我们回味与思考。

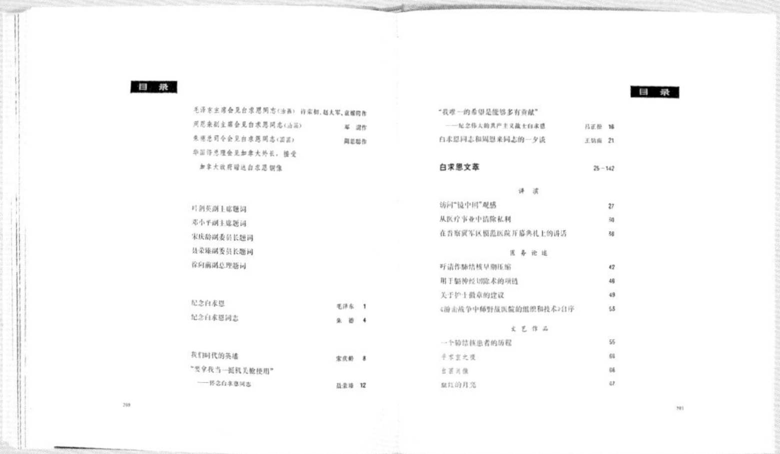

目录

西行漫记 大 32 开

1979

1979 年，人民出版社以三联书店的名义将《西行漫记》重新出版发行，这也是斯诺的著作在中国首次公开印行。《西行漫记》在西方出版时书名是《红星照耀中国》，它首次报道了长征时期中国工农红军与陕甘宁边区的真实情况，对宣传中国革命起到了非常积极的作用。

这本书非常重要，我当时设计了十二稿。我们目前看到的最终封面，底色是从红到白的渐变色，明亮的暖色给人一种快乐且充满希望的感觉。书名“西行漫记”四个字用黑色，下方的“原名：红星照耀中国”白色，黑色与白色的搭配既对比鲜明，又显得比较庄重得宜。

这个封面上最引人注目的元素应该是左下角的这张照片：一位英姿勃发、昂首吹着小号的红军战士。这个人物的侧影来自埃德加·斯诺本人拍摄的照片《抗战之声》，拍摄于 1936 年 8 月，当时斯诺来到宁夏西征军总部驻地豫旺堡，在一天清晨散步时，他被正在练习吹号的号兵身上所洋溢的稚嫩与希望所打动。他留意到了穿着新军装正和战友们一起畅谈战斗情景的谢立全，便将他拉到豫旺堡的城墙上去，留下了这珍贵的历史镜头。之后，《西行漫记》震惊世界，英姿勃发的小号手及其象征的年轻的“红色中国”，向世界传递出奋发不屈的“抗战之声”。

EDGAR SNOW
RED STAR OVER CHINA
Victor Gollancz Ltd London, 1937

装帧：宁成春

西行漫记
（原名：红星照耀中国）
（美）埃德加·斯诺著
董乐山译

生活·读书·新知三联书店出版
北京朝阳门内大街166号
香港分店：域多利皇后街9号
新华书店发行
天津市第一印刷厂印刷
850×1168毫米 32开本 13.25印张 294,000字
1979年12月第1版 1979年12月北京第1次印刷
印数 000,001—190,000
书号 3002·217 定价 1.55元

抗战之声

西行漫记
红星照耀中国
埃德加·斯诺著

西行漫记
红星照耀中国
埃德加·斯诺著

西行漫记

西行漫记
红星照耀中国

埃德加·斯诺著
西行漫记
生活·读书·新知三联书店

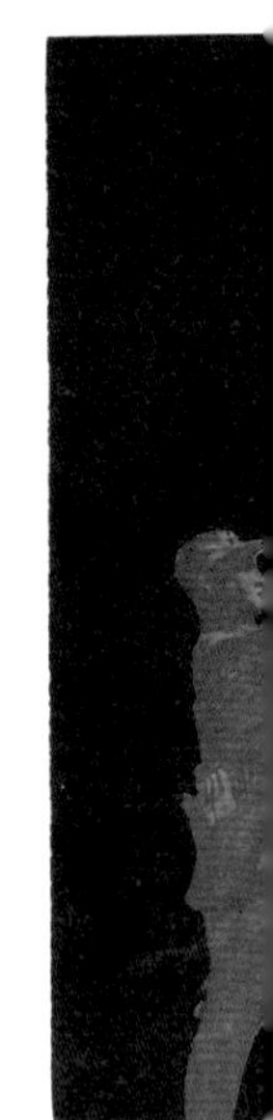

西行漫记
红星照耀中国
埃德加·斯诺著

西行漫记
埃德加·斯诺著

漫记
中国
斯诺著

西行漫记

红星照耀中国
埃德加·斯诺著
董乐山译

封面设计原稿10件

RED STAR
OVER CHINA
西行漫记
原名 红星照耀中国
〔美〕埃德加·斯诺著 董乐山译

扉页

長征路線圖

环衬

博古、周恩来、朱德、毛泽东
毛泽东
和朱德
斯诺和毛泽

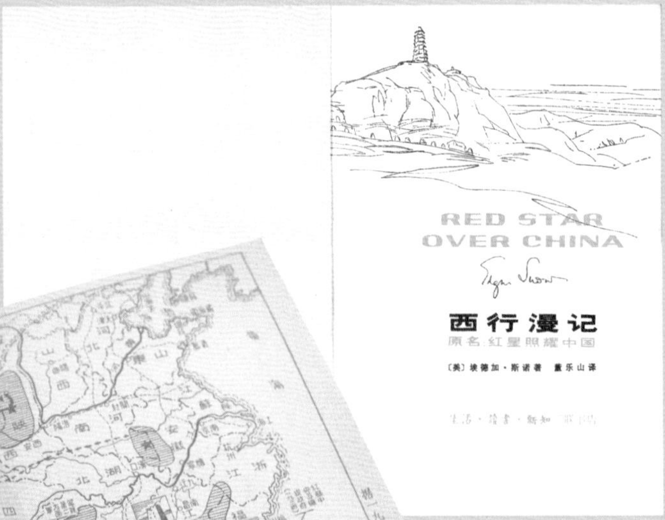

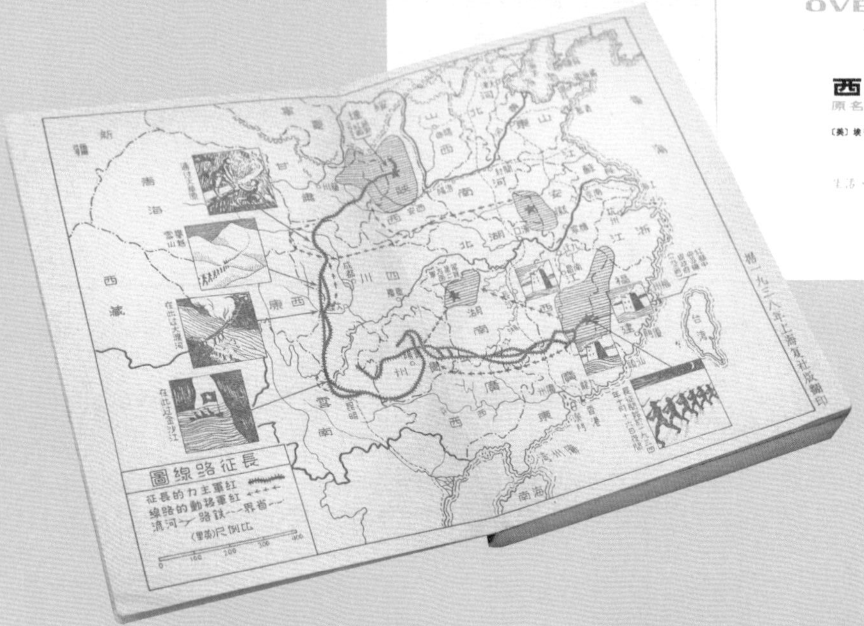

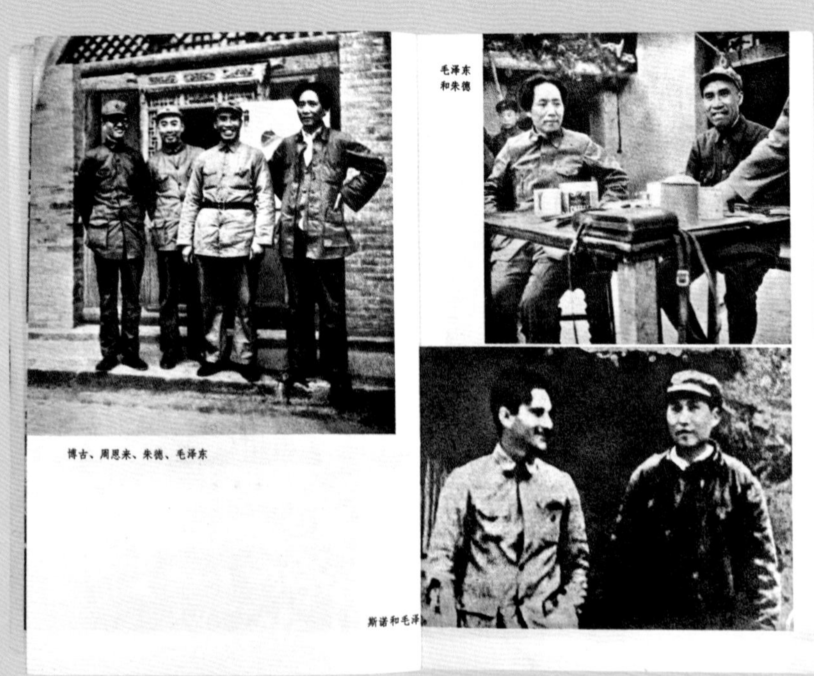

我在使用这张照片的同时，又用许多战士持枪坐成一片的画面作为背景，这是用照片在锌版上做的120线网版，用灰色印出来。这样不仅更好地烘托小号手的侧影，也缅怀抗日战争中无数为祖国献出热血与生命的战士。

封面采用凸版印刷。为了达到热烈鲜明的设计效果，我下印厂时还专门准备了一个墨斗，把墨斗隔开，一头放红墨，一头放白墨，经过十几个墨滚不断传递，形成从红到白的渐变效果翻转到锌版上印出来。

这一设计很受读者喜爱，出版后不断翻印、再版，中国人民解放军战士出版社便在当年翻印了这本书，后来朝鲜语、维吾尔语、藏语的《西行漫记》都直接使用了这个封面设计。

莫斯科的岁月 1956—1958 大 32 开

1980

这本书出版于1980年，作者曾经两度出任南斯拉夫驻苏联大使，书中记录了他的亲身经历，展现了上世纪五六十年代发生在苏联的许多重大历史事件及其前因后果。

封面设计是咖啡色的底色上有一个莫斯科大教堂的黑色剪影。其实开始的送审稿是蓝色的底，范用看了说不能用蓝色，要用暖色，我就改成咖啡色了。最终这个方案呈现的效果还是比较理想的，主要在于不同颜色的叠印使得画面的层次丰富了起来，也就有了更浓郁的域外气息。可以看到，有咖啡色的地方，黑色的教堂就更亮更深，没有咖啡色的地方，黑色的教堂部分就浅一些。所以，在这小小的一个封面内，哪个位置印哪几种颜色都要提前设计好。那时候我们的工作流程是要先画一个设计稿送审，通过以后再画分色的墨稿，然后再写字，也就是书名，都是手写的。

当时选封面颜色，一个是要协调，另外一个是要有对比。这和铅印工艺本身的特点密不可分。因为条件所限，只能用四个颜色，我们就要想办法通过颜色的叠印去创造想要的效果。既然是叠印，每个颜色里都含着另

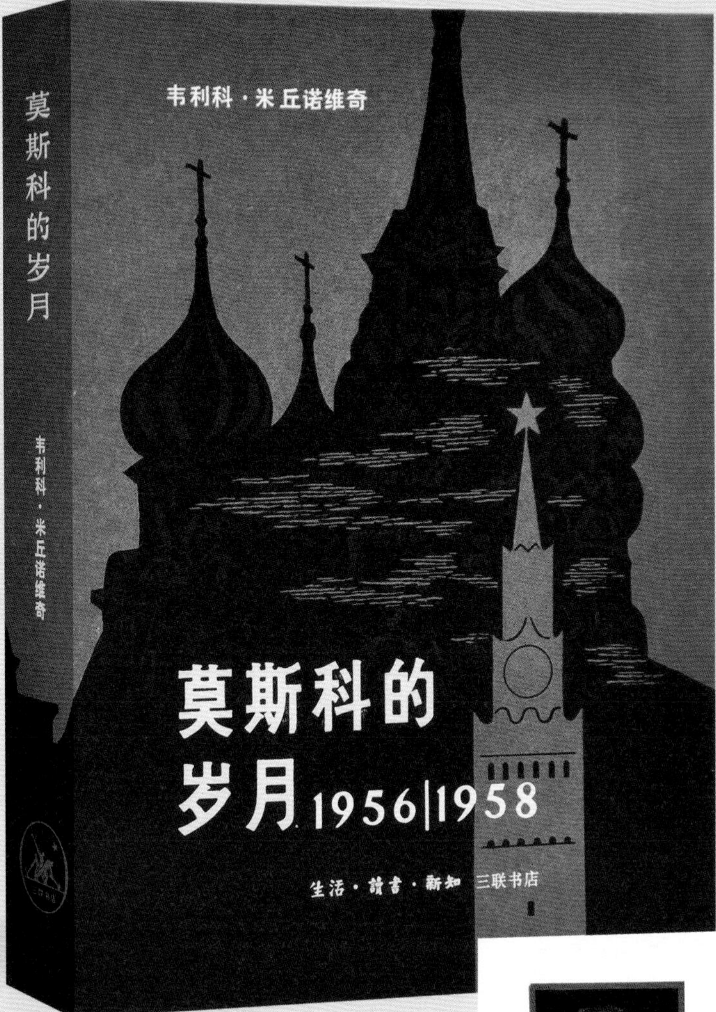

莫斯科的岁月

韦利科·米丘诺维奇

本书作者韦利科·米丘诺维奇，1916年1月16日生于南斯拉夫黑山韦莱斯托夫(策蒂涅)，1934年他在上中学时加入南斯拉夫共产党。

第二次世界大战前，他曾在贝尔格莱德学习法律，从三十年代后期开始，一直是进步学生运动的领导人之一。战争爆发后，他立即参加了反法西斯的民族解放战争，在南斯拉夫人民解放军中担任过许多重要领导职务，曾荣获人民英雄勋章。战后，他曾任南斯拉夫联邦人民共和国内务部部长助理、外交部常务副部长、联邦议会外交委员会主席、南斯拉夫社会主义联邦共和国主席团成员，南斯拉夫驻苏联和驻美国大使。现在为南斯拉夫联邦会议成员。

书号 3002·221
定价 2.05 元

外一种甚至两种颜色，就肯定会更协调。胶印就不会这样，印什么颜色就出来什么颜色，有时候就不协调，因为各是各的。铅印是统一的，你中有我，我中有你。我们现在看铅印时代的很多封面，会感觉有很多灰色的调子，但灰不一定不饱和，只要我们还是在一个色调里面进行冷暖变化就可以。另外颜色要有对比，但不要跨色域，就好像一个音乐有一个调式，不能跑调。有了冷暖对比，再有微妙变化，情调就自然而然出来了。

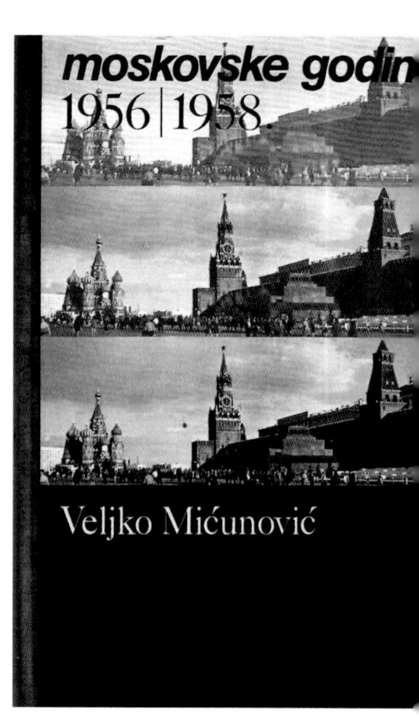

但是怎样才能知道不同的颜色套在一起会是什么效果？除了已有的专业知识，最重要的还是在工作中慢慢总结出来的一些技巧。我经常对年轻美编说，下厂看印很重要，因为我那时候就通过这种办法学到了很多学校里学不到的东西。

我刚参加工作时，下厂第一件事就是捡工人师傅印坏了的样张或者是车间的废纸拿回去琢磨，因为这些废纸上面已经有油墨了，用它去过版，就会留下不同颜色叠加的痕迹，而且同样两个颜色先印哪个再印哪个也会有区别。就像《莫斯科的岁月》，黑色下面没有颜色和下面有咖啡色印出来的感觉完全不一样，利用的就是这个原理。

手稿毕竟还是我画在纸样上的，印刷出来究竟满不满意也要下厂去看。在此之前我也会找印刷品的色标，找出来就贴上去，印的时候再去调，看工厂追得准不准。在这个过程中能不能发现问题，出了问题能否找到原因并及时解决，也离不开下厂积累的经验。

现在好多人都懒了，不愿意去工厂，其实要经常去，要经常跟工人师傅多学习多沟通。我们掌握不了那么多

封面设计原稿

知识，而他们有的是经验。很多时候，我们的好想法也是受工人师傅启发而来，通过他你才知道，有什么工艺，可以实现哪些效果，可以说没有师傅，好多书出不来。

尤其是制版。制版是一件非常专业的事，要先拍样稿，然后制出版来。美编如果不知道怎么制版，很多问题就无法指出。什么纸张，给什么曲线，都是靠人工操作，去多了才知道。不去，肯定很多细节就无法了解，不了解怎么能指出问题？所以，虽然我们不自己动手，但必须清楚它的过程是怎样的，当哪个环节出了问题，就可以快速地纠正。不然，工人师傅一直不知道问题出在哪里，就怎么都出不来你想要的效果。

设计、装帧、印刷、出书，这是一个大家合作的事儿，我们美编的想法要通过工人师傅才能实现，所以作为美编，要永远学会在工厂里学习。

我的同学秦龙刚从义利食品厂调到人民文学出版社任美术编辑时，做书籍设计。有一次他接到任务后，请我帮忙设计这套《高尔基文集》。

我用绿色基调设计了护封，画了高尔基的剪影像印金色，放在深绿色椭圆色块中，又画了13条竖线，表示田野。从苏联建筑图案集中找到网格曲线装饰纹样，用在书脊上印金色，书名分两行印黑色，用仿宋体书写了本集的内容，最下面是卷次。封面“高尔基文集”是我手写的。

精装全布面用的是绢丝纺材料染成咖啡色，像成熟的果实。封面下方烫印金色高尔基的签名，书脊先烫印一黑色方块儿，后在上、下烫上金色装饰纹样及书名，下方烫金色卷次，环衬是泥土的颜色，扉页也是用苏联的装饰图案组织的，印红色和黄灰色。

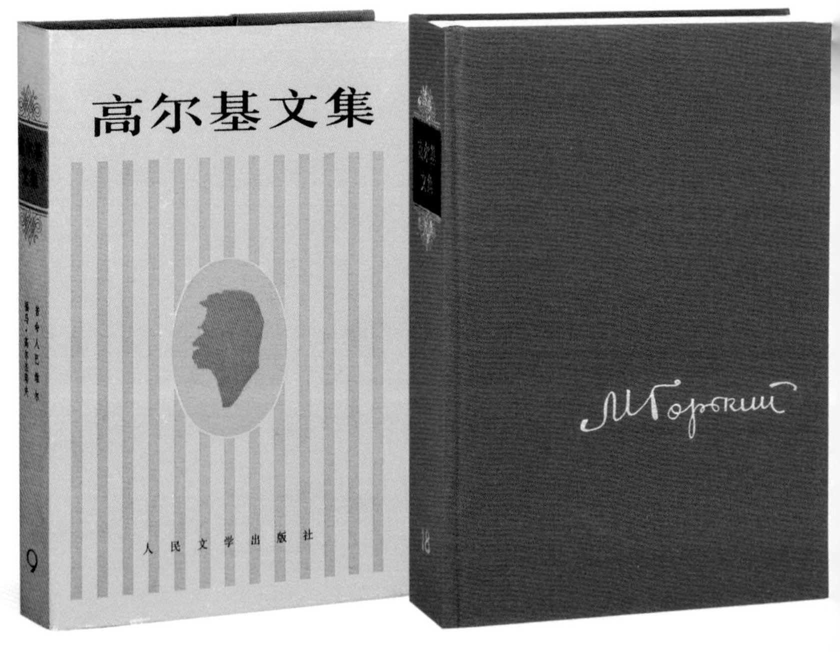

80年代初，为了向广大音乐戏剧工作者和外国音乐的爱好者提供研究西洋音乐文化史的参考资料，介绍欧洲歌剧三百年来的发展，人民音乐出版社编写了一套“外国歌剧”小丛书，每年出版若干种，内容包括作品分析、文学脚本及歌剧选曲和剧照。《茶花女》是第一本。

我选用紫色底，把女主角茶花女处理成白色的剪影形象，给读者留下更多的想象空间，只在头上放了两朵红色茶花。封面底色是茶花的红色和“外国歌剧”“音乐分析·脚本·选曲”以及“人民音乐出版社”等文字的浅蓝色相压而成，就是先印浅蓝色，空出剪影，再印红色茶花和满版底色空出文字的浅蓝色，上面再印银色的五线谱，书名印黑色，书脊紫色底露出红色方块，再印黑色文字。

日本现代图书设计 大16开

1990

1984年，我受中国出版工作者协会委派，赴日本讲谈社美术局研修一年。在日期间，我曾每周四师从著名图书设计家杉浦康平先生学习书籍设计。1986年，我自费再度赴日本学习，在横滨国立大学教育学院视觉研究室师从真锅一男先生研修一年，其间曾在道吉刚先生、志贺纪子女士的工作室工作学习。

去日本留学的机会太重要了，当时我的留学待遇不错，一周学习三天，工作三天，这是很好的机会，可以看看他们实际怎么工作。我在日本学到的最重要一点就是网格排版。他们做杂志，哪怕很厚的一本周刊，一周就做好了，因为他们采用网格设计。我的许多前辈接受的是绘画教育，设计出来的封面都是大写意，他们不懂网格设计。但中国原本是有这个东西的，中国古代的建筑设计很多地方就用到网格，中国的汉字模块化也很先进。外国人将这些加以总结，开始运用到设计中。我们的文化里本身存在这样的基础，如果再把他们的先进理念拿过来，就能很快理解并且超过他们。

1988年，我陪邱陵老师参加华南地区装帧设计展与讲座，并展出我在日本收集的封面样张。志贺纪子女士

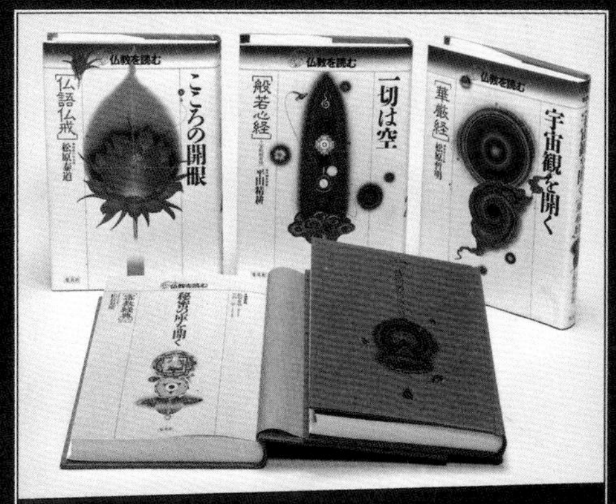
日本现代图书设计
Contemporary Book Design in Japan
仏教を読む
こころの開眼
仏語仏戒
一切は空
般若心経
宇宙観を開く
華厳経

虚懐
藤枝静男

日本现代图书设计
Contemporary Book Design in Japan
地獄を読む
地獄
読む
高橋睦郎

的朋友在图书馆工作，上架图书时为了借阅方便都把书的护封拿掉。她积攒了很多，送给了我。我把收集的封面展示出来，主办方当时就说能不能出一本关于日本装帧的书。我就跟讲谈社的朋友联系，他们1986年出过《日本现代图书设计》，一本很大的八开画册，我想引进国内出版。这个想法得到我在日本研修时的讲谈社部长、局长的支持。最终，讲谈社提供了质量特别好的彩色正片，日本方面还给了30万日元的资金支持。

三联推出的这版《日本现代图书设计》是在日文版基础上重新编辑而成的，这次我不但负责装帧，还承担了编辑工作。首先，日文版是按图书分类法编排的，比如文学、历史等，按学科分类。我当时考虑到这本书是给设计师看的，就采用日文五十音标顺序，将同一作者的作品集中在一起重新编排，以便充分反映不同设计家的风格特色。其次，日文版采用四加一的印刷方式，有部分作品是黑白的，我想这种书出黑白的可怎么看，所以这次全部印成彩色。

书里收录了三篇文章，原弘的《装帧与图书设计》日文版中就有，杉浦康平的《从“装帧”到“图书设计”》和菊地信义的《好的装帧》则是特别为三联版撰写的。三篇文章都很重要，尤其杉浦康平那篇，他的理念后来经由吕敬人在我国推广，最初的理论源头就出自这篇文章。

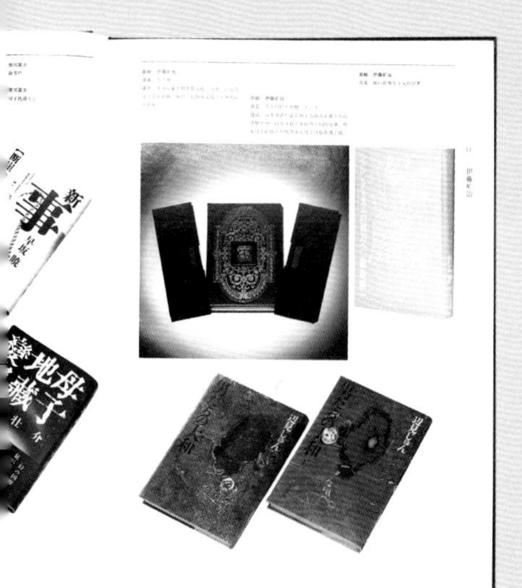

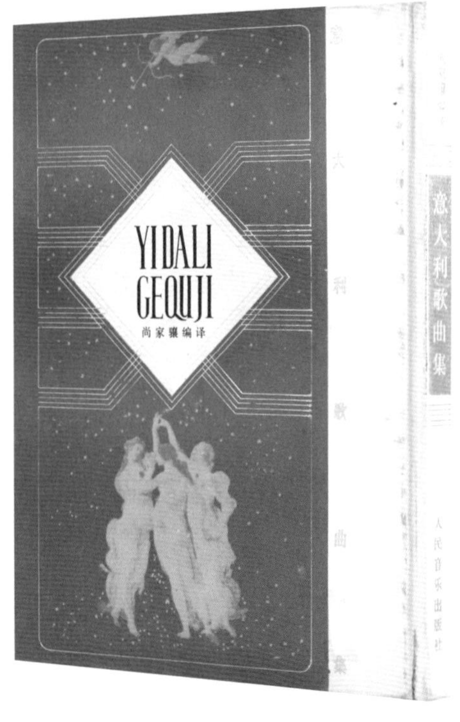

YI • DA • LI • GE • QU • JI

意大利歌曲集

尚 家 骧 编 译

人民音乐出版社

1985年我第一次赴日去讲谈社学习回来以后，人民音乐出版社请我设计《意大利歌曲集》。16开本，纸面布脊精装，布脊白色皮纹布占封面的五分之一，封面用亚粉纸印蓝色底，上面画爱神小天使，下面是名画《春之歌》中的三位女神携手起舞，满天星斗和花朵印淡湖蓝色。用五线谱的五条细线组成菱形图案，满版烫金，书名分两排和编译者排在中间印深蓝色。白色布脊部分烫印金色拼音“YI DA LI GE QU JI”，封底和封面设计相同，只是封底书名印拼音文字。书脊在白色皮纹布上全部烫金。环衬印粉红色，扉页用10×14的网格布满整页，40枚星花散落其上，将拼音文字和书名、编译者、出版社穿插其中，星花印金，其他印深蓝色。

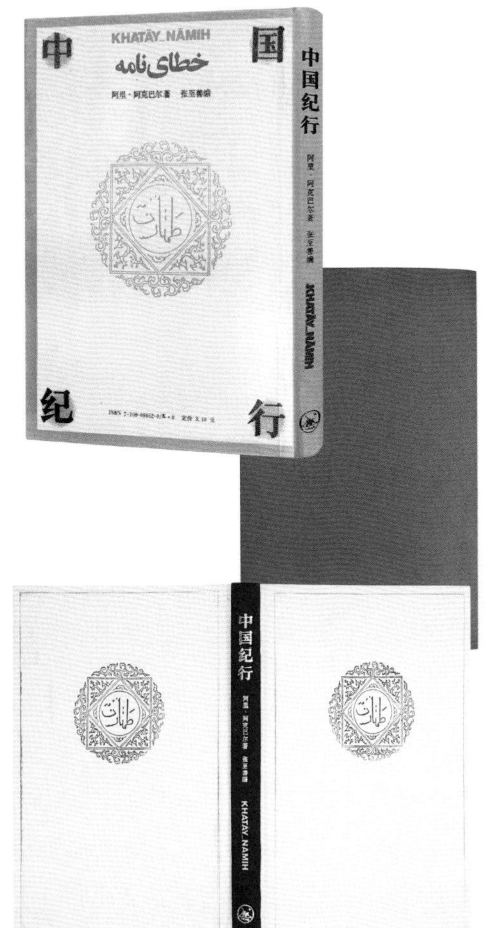

《中国纪行》是赛义德·阿里·阿克巴尔·哈塔伊在公元1516年写著的，由张至善教授等，译成中文。作者描述了中国明朝早期城市、堡垒、军队、仓库、农业、经济、货币、学校、书院，以及社交集会和娱乐情况。

大32开，精装，护封明黄底色，四周咖啡色框，四角咖啡色麻点圆形色块上印“中国纪行”四字。中间偏下画了一组骆驼商队，由右向左慢行，远方是云雾下隐约可见的明代古城，中间最上方印了两种文字的外文书名和著者编者，最下方印出版社名。背面边框、书名文字与封面相同，只是把商队换成了明朝正德年间中国瓷盘上的图案，圆形图案中有波斯文。

精装内封使用白色绢丝纺印深蓝色书脊，外文书名翻白色，中文书名、编著者及社标烫金。封面、封底四边烫金框，中间偏上烫蓝色漆片带波斯文的瓷盘图案。环衬满版印深蓝色。扉页印波斯文原书图案，三种文字书名及编著者和出版社全部印深蓝色。

邱陵的装帧艺术 小8开

2001

邱陵老师在书籍装帧方面是元老，1947年毕业于国立艺术专科学校，北京成立中央美院的时候他就从浙江到北京教学了，去的是工艺系。那时候雷圭元、张仃、邱陵都在一个系。从前，邱陵老师曾在上海联营书店以及苏联人办的时代出版社工作，还参与了人民英雄纪念碑的设计。中国几个大出版社的美编室主任几乎都是他的学生。邱陵老师教我们装帧史及书籍设计课程，在设计理论方面对我们影响很大，他最大的贡献就是撰写《书籍装帧艺术简史》和《书籍装帧设计知识》，中国书籍的演变过程是他整理出来的，立了大功。

1995年，我办了个新知设计事务所，这一年去山东淄博参加装帧艺委会举办的关于邱陵老师的座谈会，会上提到了出版邱陵老师的作品集。最初，安徽人民出版社答应出版，但是几年过去了都没有落实，我就决定要为他做点事。当时，我的新知事务所赚了一些钱，便跟安徽人民出版社商量，把书稿接过来继续出版。

我请文物出版社的一个摄影师拍了四百多张书影和邱陵老师的作品。然后就请求董总，希望三联能出这本书。当时三联很困难，但董总还是答应了，让张琳做责编，

邱陵的
装帧艺术
装帧史论·装帧设计·写生作品选
今天，邱陵这个名字
在中央工艺美术学院和装帧界
已是熟悉和受尊敬的名字。
他的论著和设计作品，
他的教学思想和教学经验，
已成为书籍艺术教育事业的财富。
生活·讀書·新知三联书店

邱陵的装帧艺术
装帧史论·装帧设计·写生作品选

我来做设计。这本书用 940×635mm 的纸做成小长 8 开的开本，书里既有大量的关于装帧史的文字，也有邱陵老师的作品照片。因为经济困难，董总通过她的人脉又找到中华商务印刷公司的罗总，希望他们免费印制，减少成本。尽管如此，我也没想到，出书以后董总还给邱陵老师开了稿费，另外还送了一百本特制的带函套的书。三联对作者就是这样好。

这件事在学校里轰动了，我们系的老师都想出书，但是都没有能力，所以都特别羡慕邱陵老师。后来我几次见到学校的老师，他们都非常感激三联为邱陵老师出书。

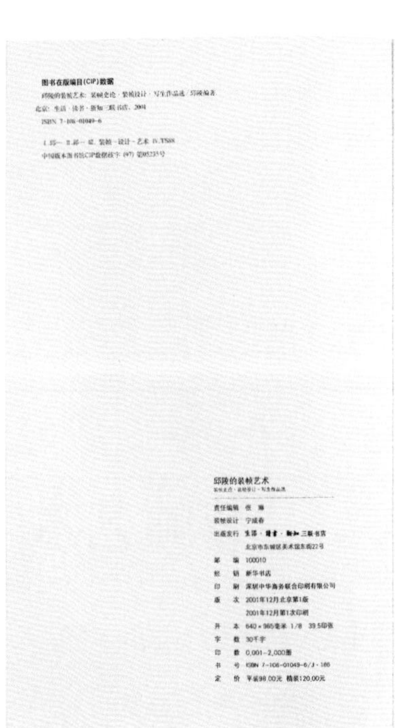

图书在版编目（CIP）数据

邱陵的装帧艺术：装帧史论·装帧设计·写生作品选 / 邱陵编著

北京：生活·读书·新知三联书店，2001

ISBN 7-108-01049-6

邱陵的装帧艺术
装帧史论·装帧设计·写生作品选

责任编辑 张 琳
装帧设计 宁成春
出版发行 生活·讀書·新知 三联书店
北京市东城区美术馆东街22号
邮 编 100010
经 销 新华书店
印 刷 深圳中华商务联合印刷有限公司
版 次 2001年12月北京第1版
2001年12月第1次印刷
开 本 640×965毫米 1/8 39.5印张
字 数 30千字
印 数 0,001–2,000册
书 号 ISBN 7-108-01049-6/J·188
定 价 平装98.00元 精装120.00元

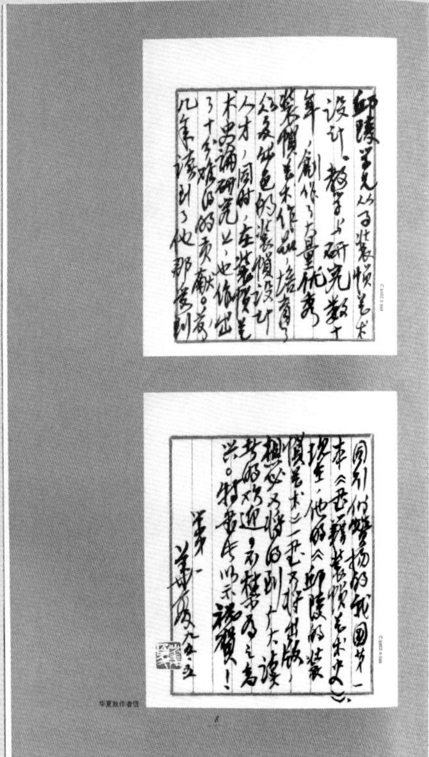

邱陵学兄从事装帧美术设计、教学与研究数十年，创作了大量优秀装帧美术作品，培育了众多出色的装帧设计人才，同时，在装帧美术史论研究上，也作出了十分难得的贡献。前几年读到了他那[illegible]同行们赞扬的我国第一本《书籍装帧美术史》，现在，他的《邱陵的装帧美术》一书又将出版，相信必将受到广大读者的欢迎，而[illegible]。特书此以示祝贺！

华夏

九八.五

华夏致作者信

总 目 录

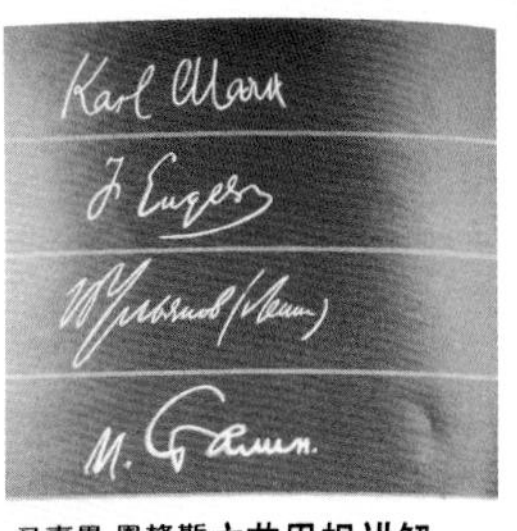

马克思 恩格斯 列宁 斯大林
文艺思想讲解

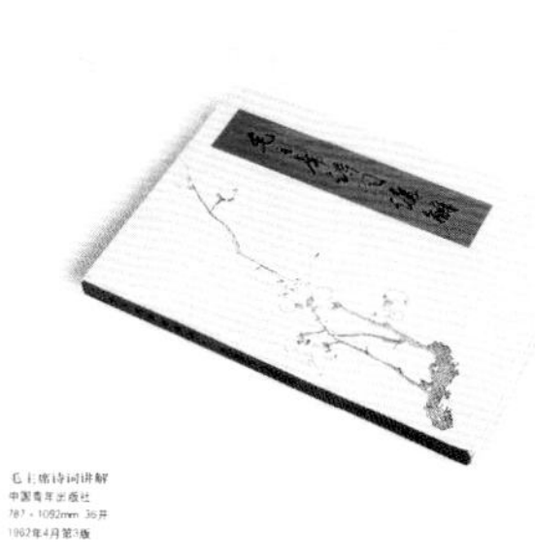

毛主席诗词讲解
中国青年出版社
787×1092mm 36开
1962年4月第3版

红旗飘飘
中国青年出版社
787×1092mm 32开
1979年5月第1版

铅印时代

从装帧到书籍设计

海誓
护封
亚麻布精装
海誓
作家出版社
32开
1961年11月第1版
扉页
插图
28
《海誓》插图
29

ESKIMO ART
32
33

铅印时代

从装帧到书籍设计

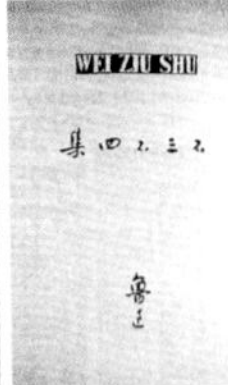

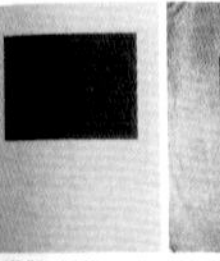

铅 印 时 代

设计作品图录

设计稿

《砸碎铁锁举红旗》· 32 开
中国青年出版社，1964

《砸碎铁锁举红旗》

我上大学时是五年制，前三年学习基础课，四、五年级学习专业课。我分到书籍美术专业，1964 年大学四年级期末，学校派我到中国青年出版社美术编辑室实习。诗人马萧萧是美编室主任，副主任秦耘生，都非常和蔼可亲，印象深刻的还有爱说笑而美丽的郑文慧，他是画家黄胄的夫人，也是我班同学傅振斗的姨母，因此对我格外照顾。还有一位聋哑人，沉默安静，心地善良。插图画得很好。

我在一座大庙似的房间里实习了一个月，心情特别愉快。设计了这本劳动模范家谱《砸碎铁锁举红旗》。设计稿通过了以后，记得是回到学校完成了制版墨稿。

1964 年 9 月出版。不久，我们学校的装饰绘画系被派到河北省邢台市任县的永福庄配合省政府机关参加“四清”运动，四清工作队队长是省长刘子厚。所以我一直没有收到样书，但是我保存了封面设计样稿。文白兄在孔夫子网上找到了这本书，从搜索到的几个版本得知，1965 年再版时书名换成了“劳动模范家谱”。我那时 22 岁，这是第一本正式出版的封面设计。

凸版印刷，锌版，四色。黄（书名是黄色，人的皮肤是黄色加 20% 红色）、蓝灰、黑和红。全是专色，墨色厚实。

2017 年 7 月 29 日

《毛泽东思想统帅的大寨劳动管理》
64 开　农村读物出版社，1968

《大寨人怎样活学活用毛主席著作》
64 开　农村读物出版社，1968

《革命大批判文选》· 32 开
人民出版社，1972

《好文章》· 64 开
人民出版社，1970

《毛泽东思想武装起来的人是无敌的》· 64 开
农村读物出版社，1969

《光辉的〈五·七指示〉万岁》· 32 开
中国人民解放军战士出版社，1971
《卑贱者最聪明》（毛主席字）· 32 开
人民出版社，1971

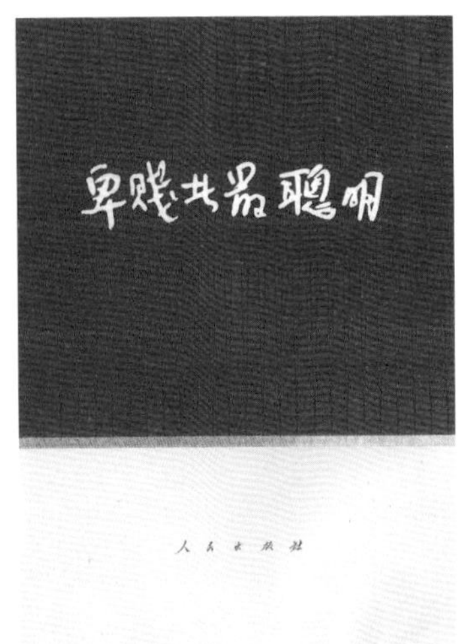

《卑贱者最聪明》

毛主席早在1958年提出“卑贱者最聪明”。这本小册子收录了二十篇材料，有的是工厂或各部门提供的，有的是根据资料编写的，反映了工业、交通等战线技术革新运动中的一些典型事例。这些动人事迹。

我把封面设计成一个舞台，上面三分之二部分用深红的线条两头交错画出类似幕布的效果，印在浅红底上，露出白色书名，书名加阴影，呈现立体感。下面三分之一是米黄色，印上红色的出版社名，中间印一条三毫米宽的银色线。

凸版四色印刷，先印米色，再印浅红、深红。最后银色粗带压在红色和米色的交接处，墨色厚实。1971年6月出版，46年了，我保存了封面样张，品相极好如同新书一样。孔夫子网上见于石河子新华书店。

2017年7月29日

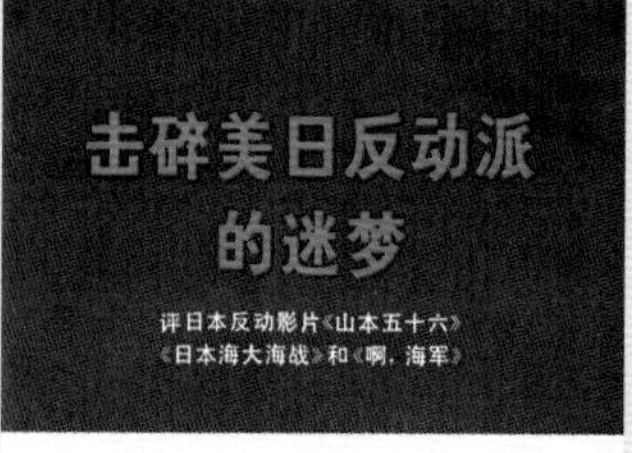

人民出版社

世界通史

周一良 吴于廑主编

近代部分

上册

人民出版社

《团结起来，争取更大的胜利》· 32 开
人民出版社，1972

《击碎美日反动派的迷梦》· 32 开
人民出版社，1971

《用毛泽东思想教育人》· 32 开
人民出版社，1971

《世界通史》· 32 开
人民出版社，1973

《革命化的必由之路》· 32 开
人民出版社，1971

《一定要把毛泽东思想真正学到手》
32 开　人民出版社，1970

《在自力更生勤俭建国的道路上》· 32 开
人民出版社，1972

革命化的必由之路

纪念毛主席发出《五·七指示》五周年

一定要把毛泽东思想真正学到手

1

在自力更生
勤俭建国的道路上

财政部写作小组编

设计稿

设计稿

设计稿

设计稿

《毛主席的哲学思想照亮了我国医学发展的道路》· 32 开
人民出版社，1970

《社会主义再生产问题》· 32 开
生活·读书·新知三联书店，1980

《苏联七十年代经济展望》· 32 开
生活·读书·新知三联书店

《学习铁人王进喜》· 32 开
人民出版社，1972

《学习〈哥达纲领批判〉
加强无产阶级专政》· 32 开
人民出版社，1975

《学习〈国家与革命〉第五章》· 32 开
人民出版社，1975

《警惕啊，人们！》· 32 开
生活·读书·新知三联书店，1979

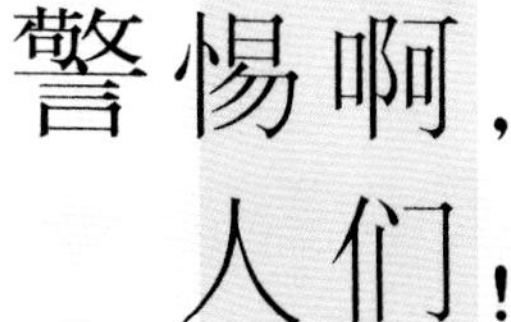

设计稿

《资产阶级政治经济学史》· 大 32 开
人民出版社，1975

《资本论》· 32 开
人民出版社

《政治经济学辞典》· 32 开
人民出版社，1980

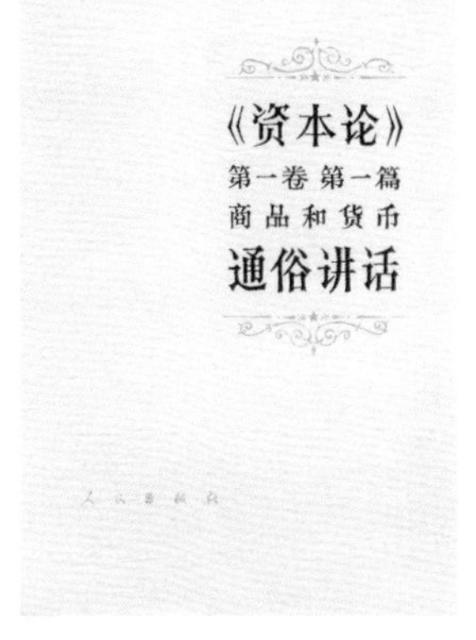

设计稿

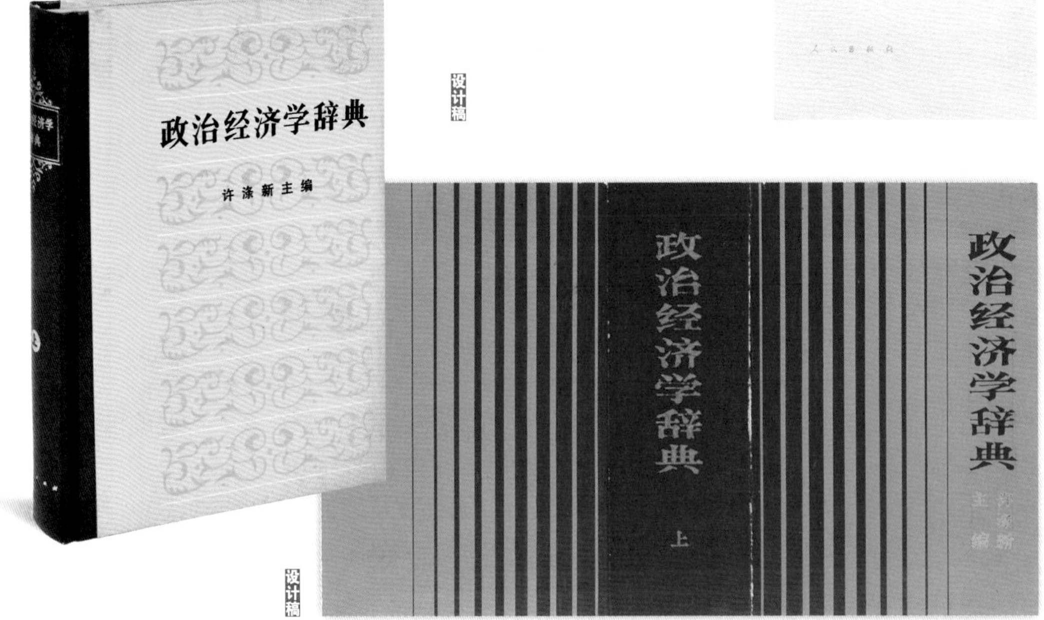

设计稿

设计稿

设计稿

设计稿

设计稿

《现代汉语逻辑初探》· 32 开
生活·读书·新知三联书店，1979
《五四群英》· 32 开
河北人民出版社，1981
《欧洲哲学史简编》· 大 32 开
人民出版社，1972

设计稿

《杨开慧》· 32 开
人民出版社，1978

《英雄的朝鲜人民》· 32 开
人民出版社，1971

《试论社会主义生产中的 C.V.M》· 32 开
人民出版社

《让哲学变为群众手里的尖锐武器》· 32 开
人民出版社，1970

《激战无名川》· 32 开
人民文学出版社，1972

宁成春、叶然设计

设计稿

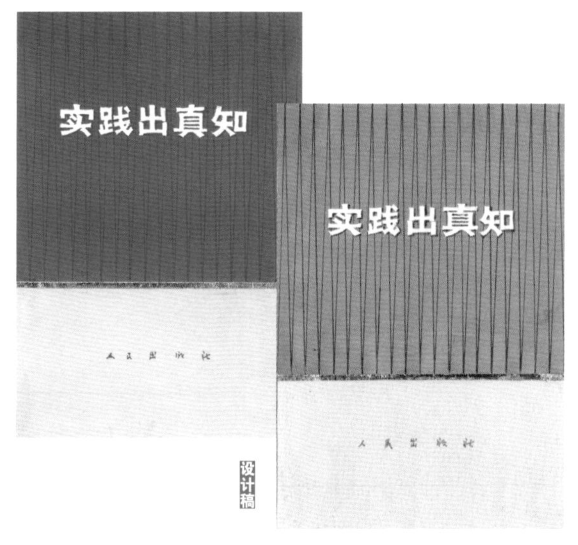

《实践出真知》· 32 开
人民出版社
《跨国公司剖析》· 32 开
人民出版社，1978
《政治经济学问题解答》· 32 开
人民出版社，1976
《情深如海》· 32 开
农村读物出版社，1974
《剪影》· 32 开
新华出版社
《文科教学》

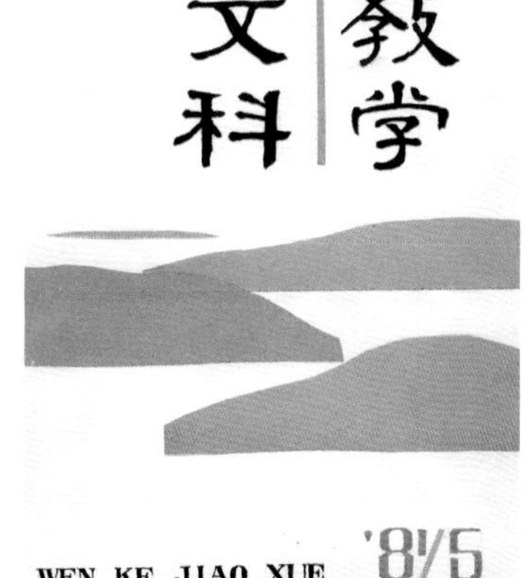

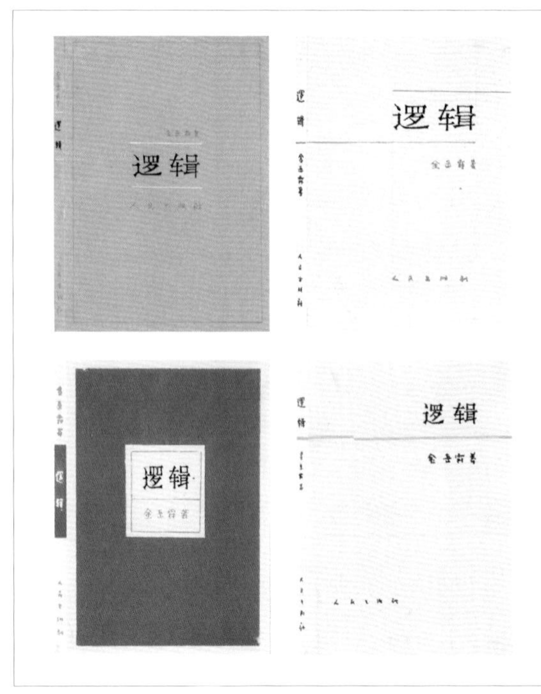

《逻辑学》· 32 开
生活·读书·新知三联书店，1979

《国际贸易知识》· 32 开
人民出版社，1973

《国际金融知识》· 32 开
人民出版社，1973

《资本主义国家经济统计指标基本知识》
32 开　人民出版社，1973

《在毛泽东思想哺育下成长》· 32 开
人民出版社，1971
《玩具们造船》· 48 开
人民美术出版社，1979
《寒假作业》· 20 开
《大自然的趣闻》· 32 开
新华出版社，1979

设计作品图录

《朝鲜歌曲集》· 32 开
人民音乐出版社，1978

《魔窟里的战斗》(封扉、插图)· 32 开
中国少年儿童出版社，1979

《列宁回忆录》· 32 开
人民出版社，1972

《写作》· 32 开
农村读物出版社，1968

《欢腾的洪流》· 32 开
农村读物出版社，1977

《交城晨曦》· 32 开
人民文学出版社，1978

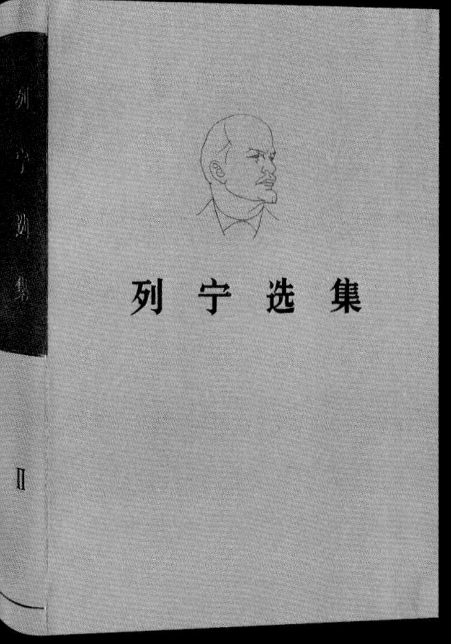

《伟大的领袖和导师
毛泽东主席永垂不朽》· 32 开
人民出版社，1976

《列宁选集》· 32 开
人民出版社，1972

《列宁印象记》· 小长 32 开
生活 · 读书 · 新知三联书店，1979

《台尔曼狱中遗书》· 小长 32 开
人民出版社，1980

《约翰 · 里德》· 小长 32 开
人民出版社，1980

《马克思的女儿》· 小长 32 开
生活 · 读书 · 新知三联书店，1980

马克思恩格斯美学思想论集

马克思　恩格斯
美学思想论集

人民文学出版社

《根》平装·32开
生活·读书·新知三联书店，1979
《马克思恩格斯
美学思想论集》·大32开
人民文学出版社，1983
《高尔基文集》·大32开
人民文学出版社，1983

根
一个美国
家族的历史

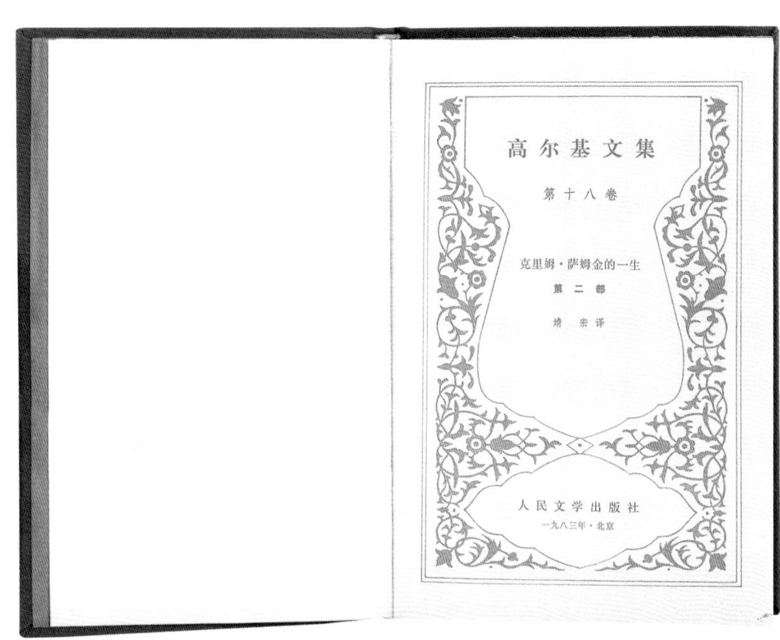
高尔基文集
第十八卷
克里姆·萨姆金的一生
第二部
靖宏译
人民文学出版社
一九八三年·北京

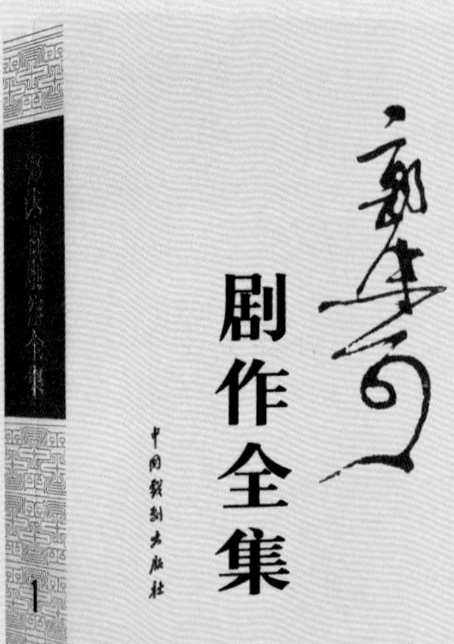

《郭沫若剧作全集》· 大 32 开
中国戏剧出版社，1982
《法兰克福学派述评》· 32 开
生活 · 读书 · 新知三联书店，1980
《我从事革命斗争的略述》· 32 开
人民出版社，1980
《赣东北苏维埃创立的历史》
32 开　人民出版社，1980

设计稿

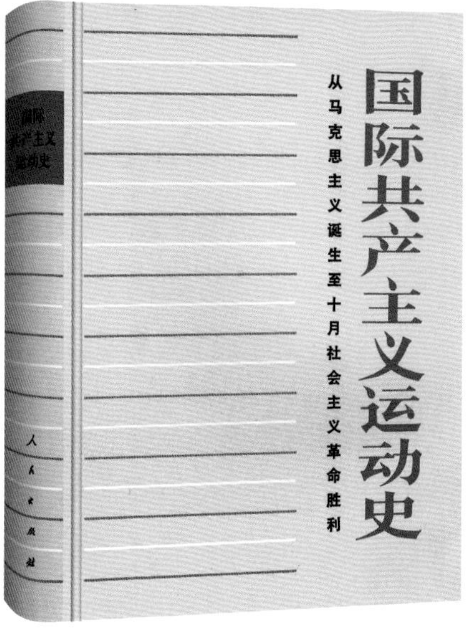

《南斯拉夫共产主义者联盟章程》· 32 开
人民出版社，1980
《历史性的大事》· 大 32 开
人民出版社，1979
《国际共产主义运动史》· 大 32 开
人民出版社，1978
《钟声》· 32 开
外国文学出版社，1979

设计稿

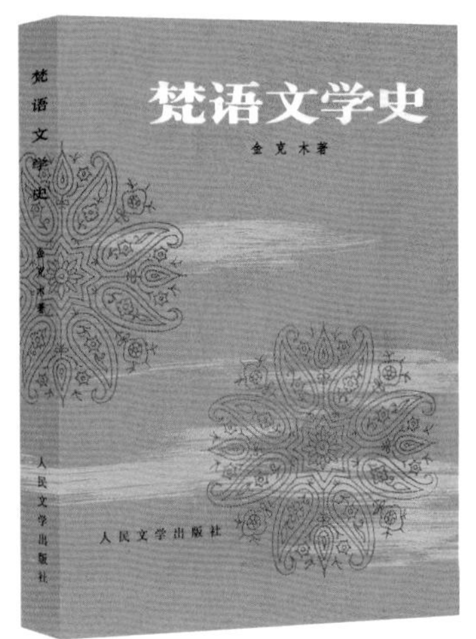

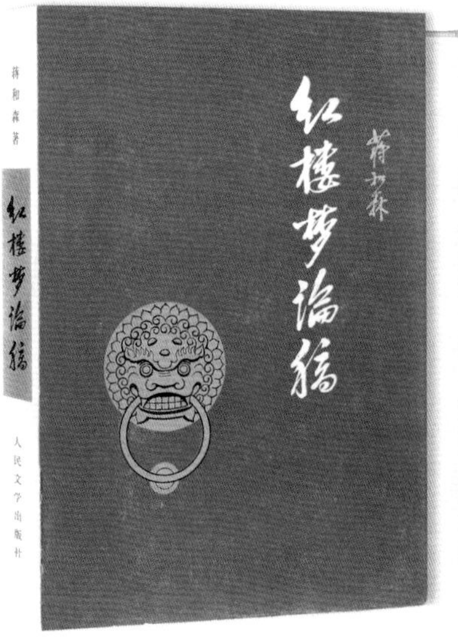

《伍光建翻译遗稿》· 32 开
人民文学出版社，1980

《神枪镇恶魔》· 32 开
新华出版社，1981

《新闻记者》· 32 开
新华出版社，1980

《阿 Q 正传》（封面图：赵延年）· 32 开
中国戏剧出版社，1981

《梵语文学史》· 32 开
人民文学出版社，1980

《水》· 32 开
外国文学出版社，1980

《红楼梦论稿》· 32 开
人民文学出版社，1981

中国现代革命史资料丛刊 · 32 开
人民出版社，1979

《目击者》· 32 开
生活 · 读书 · 新知三联书店，1974

《一千零一夜》· 大 32 开
人民文学出版社，· 1984

设计稿

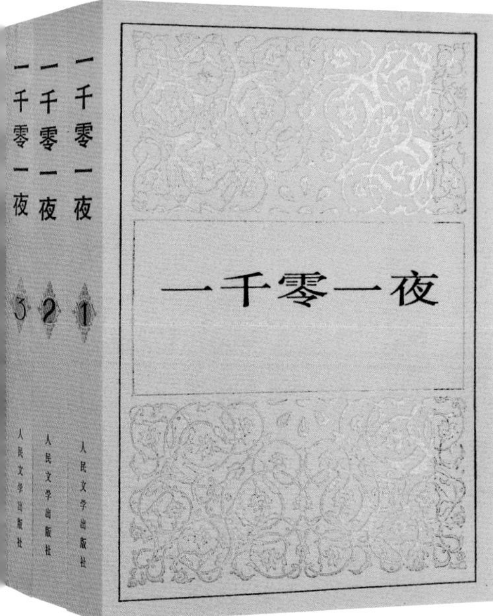

印金版

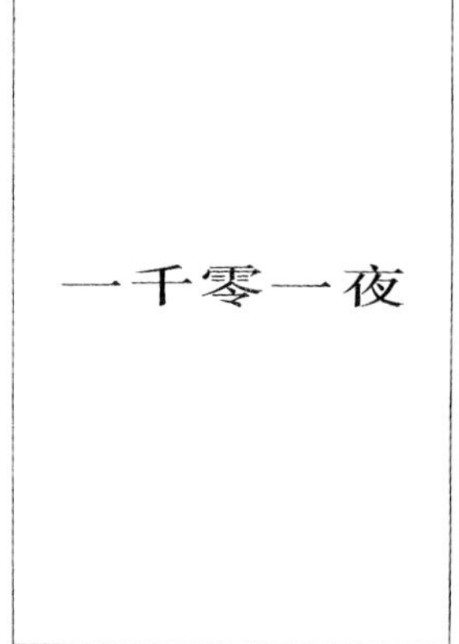

黑版

《中国逻辑思想史稿》· 32 开
人民出版社，1979

《马克思主义哲学史稿》· 32 开
人民出版社，1981

《布哈林文选》· 32 开
人民出版社，1981

《中国社会主义经济问题研究》· 32 开
人民出版社，1980，1982

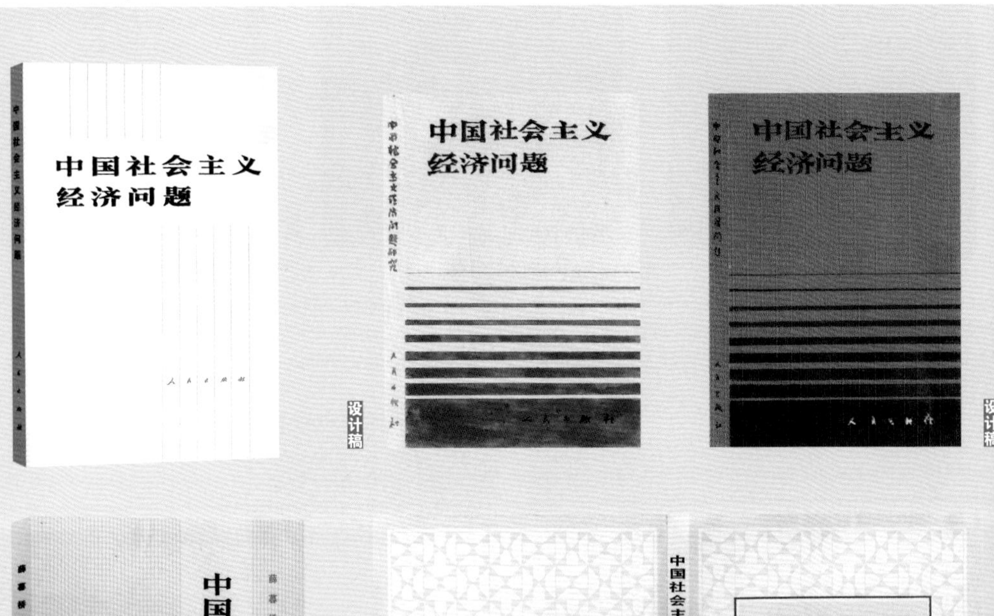

《提一点建议　讲一点理论》· 32 开
人民出版社，1981

《论剧作》· 32 开
人民文学出版社，1979

《续西行漫记》· 32 开
生活 · 读书 · 新知三联书店，1991

《西安事变纪实》· 32 开
人民出版社，1979

《中国民兵》· 32 开
人民出版社，1983

《归侨丹心》· 32 开
人民出版社，1981

《辛亥革命时期期刊介绍》· 32 开
人民出版社，1982

设计稿

《战争年代的朱德同志》· 大 32 开
人民出版社，1977
《青春》· 32 开
内蒙古人民出版社，1973
《杜甫传》· 32 开
人民文学出版社，1980

设计稿

《剑》· 32 开
江西人民出版社，1973
《美国加拿大农业机械化考察见闻》· 32 开
人民出版社，1978
《坚持毛主席革命路线就是胜利》· 32 开
人民出版社，1972
《金色的花环》
人民文学出版社，1978
《纪念向警予同志英勇就义五十周年》
32 开　人民出版社，1978
《红霞万朵》· 32 开
人民文学出版社，1976

《白求恩在中国》· 32 开
人民出版社，1977

《赤帜高擎贯始终》· 32 开
人民出版社，1979

《唯物辩证法大纲》· 32 开
人民出版社，1978

《大众哲学》· 32 开
生活 · 读书 · 新知三联书店，1979

《现代西方哲学》· 32 开
人民出版社，1983

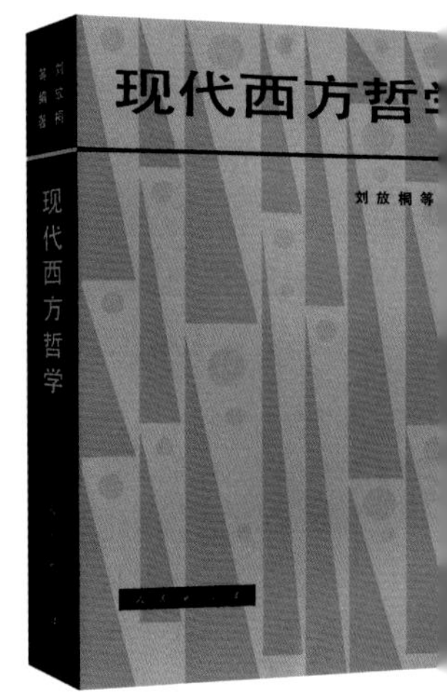

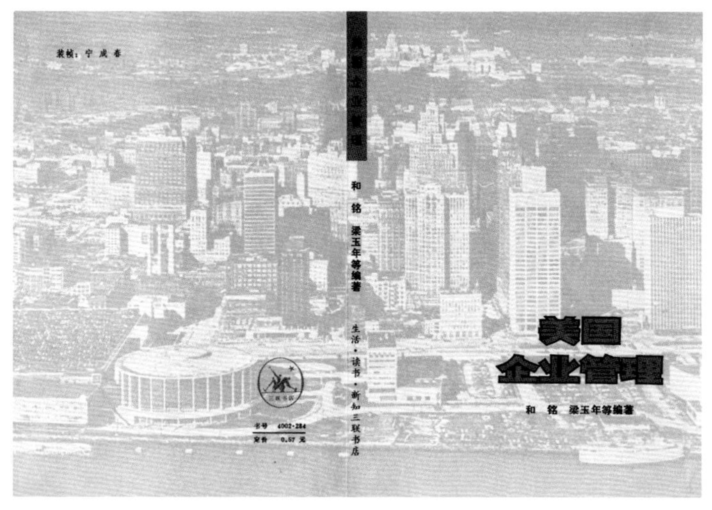

设计稿

老舍剧作选

老舍剧作选

人民文学出版社

号：10019·1476
价： 0.95 元

人民文学出版社

设计稿

《美国企业管理》· 32 开
生活·读书·新知三联书店，1979
《老舍剧作选》· 32 开
人民文学出版社，1978
《老舍论剧》· 32 开
中国戏剧出版社，1981

马克思的青年时代

〔苏〕尼·拉宾著

南京大学外文系俄罗斯语言文学教研室翻译组译

生活·读书·新知三联书店

一个革命士兵的回忆

威廉·李卜克内西著

舒昌善译

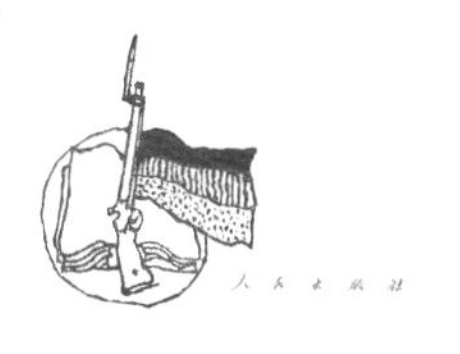

人民出版社

《马克思的青年时代》· 大 32 开
生活 · 读书 · 新知三联书店，1982

《一个革命士兵的回忆》· 32 开
人民出版社，1980

《震撼世界的十天》· 大 32 开
人民出版社，1980

《恩格斯的青年时代》· 大 32 开
生活 · 读书 · 新知三联书店，1980

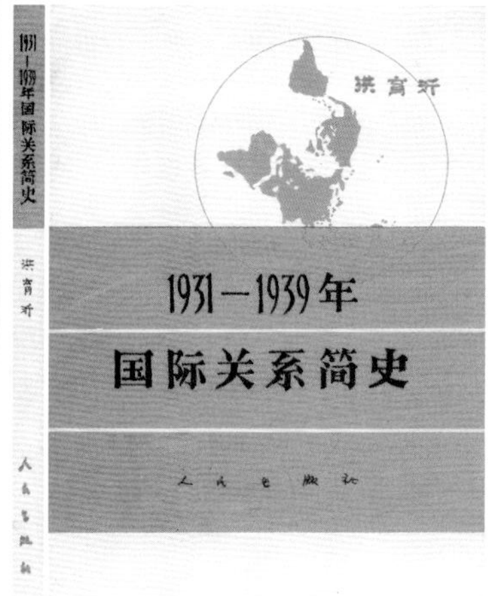

设计稿

《1931–1939 年国际关系简史》· 32 开
生活·读书·新知三联书店，1980

《印度现代文学》· 32 开
外国文学出版社，1981

《恐怖的前奏》· 32 开
新华出版社，1982

《李达文集》（全三卷）· 大 32 开
人民出版社，1981

《艾思奇文集》（Ⅰ Ⅱ）· 大 32 开
人民出版社，1981

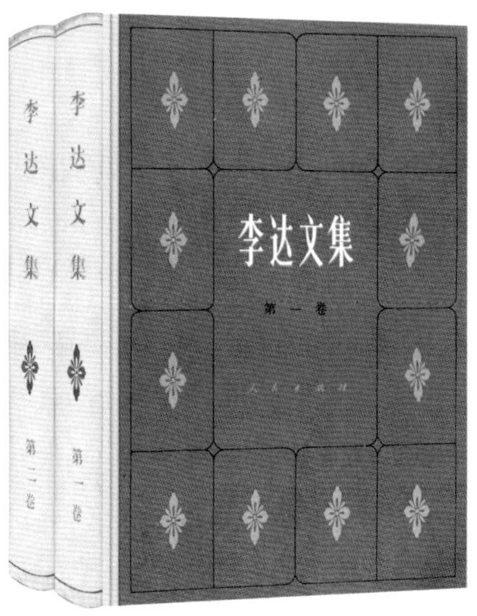

设计作品图录

《谍海求生记》· 32 开
新华出版社，1982

《带血的谷子》· 32 开
中国戏剧出版社，1981

《乞丐罢乞》· 32 开
新华出版社，1982

《绿色的五月》· 小长 32 开
生活 · 读书 · 新知三联书店，1981

《西班牙吉他演奏初步》· 16 开
人民音乐出版社，1982

《谎祸》· 32 开
中国戏剧出版社，1981

《凯蒂》· 32 开
新华出版社，1981

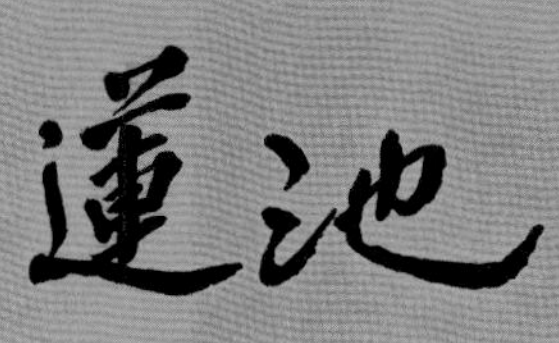

LIAN CHI

4

1981

文学双月刊

1 1982 文学双月刊 LIAN CHI

2 文学双月刊 LIAN CHI

设计稿

1 1982 文学双月刊 LIAN CHI

2 1982 文学双月刊 LIAN CHI

3 1982 文学双月刊 LIAN CHI

4 1982 文学双月刊 LIAN CHI

5 1982 文学双月刊·小说专号 LIAN CHI

刊明题字：陈叔亮

《莲池》· 16 开

1981—1982

设计稿

《歌颂列宁的戏剧三部曲》· 32 开
中国戏剧出版社，1982
《杂格咙咚》· 32 开
生活·读书·新知三联书店，1981
《苏联当代小说选》· 32 开
外国文学出版社，1981
《郑文光科学幻想小说选》· 大 32 开
天津科学技术出版社，1981
《音乐》· 32 开
人民音乐出版社，1980

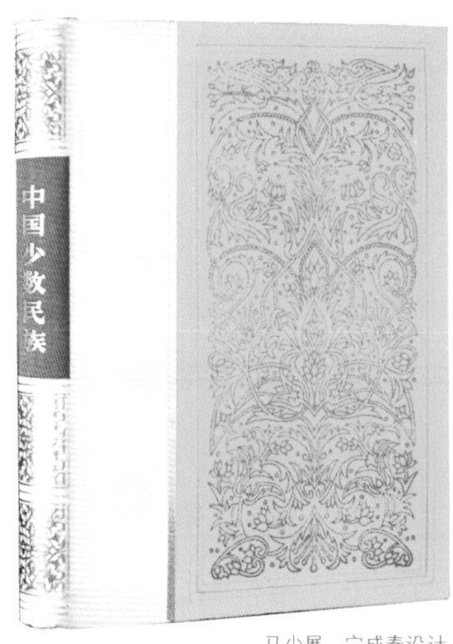

马少展、宁成春设计

《桀骜不驯的女性》· 32 开
新华出版社，1982
《白宫内外》· 32 开
新华出版社，1981
《火狐》· 32 开
新华出版社，1980
《最后一幕》· 32 开
中国戏剧出版社，1980
《泰国文学简史》· 32 开
外国文学出版社，1981
《往事回忆》· 32 开
人民出版社，1981
《中国少数民族》· 16 开
人民出版社，1981

设计稿

《袁鹰作品选》· 32 开
中国少年儿童出版社，1983

《彭德怀自述》· 32 开
人民出版社，1981

《警卫参谋的回忆——在彭总身边》· 32 开
四川人民出版社，1979

《从武汉到潮汕》· 32 开
人民出版社，1982

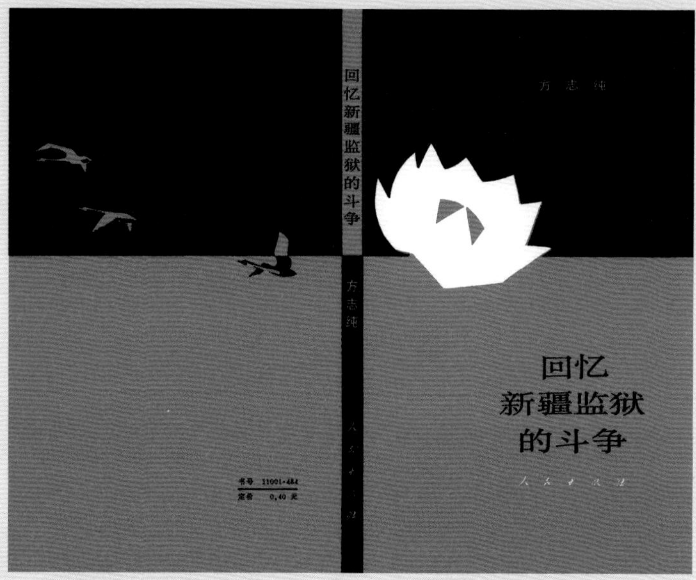

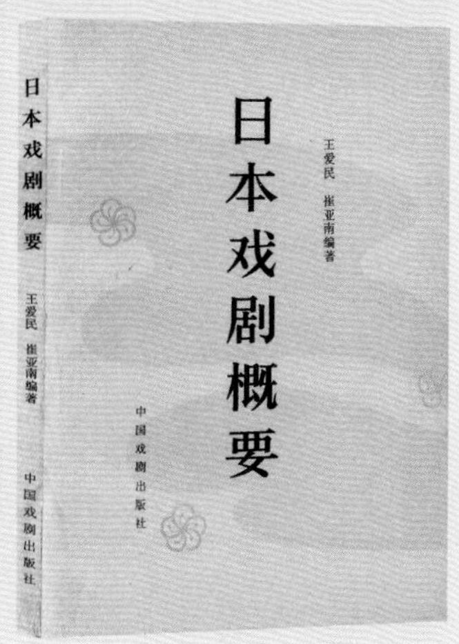

《回忆新疆监狱的斗争》· 32 开
人民出版社，1982

《维特根斯坦哲学述评》· 32 开
生活 · 读书 · 新知三联书店，1982

《日本戏剧概要》· 32 开
中国戏剧出版社，1982

《春天的摇篮》· 32 开
中国青年出版社，1982

《游击草》· 32 开
生活 · 读书 · 新知三联书店，1983

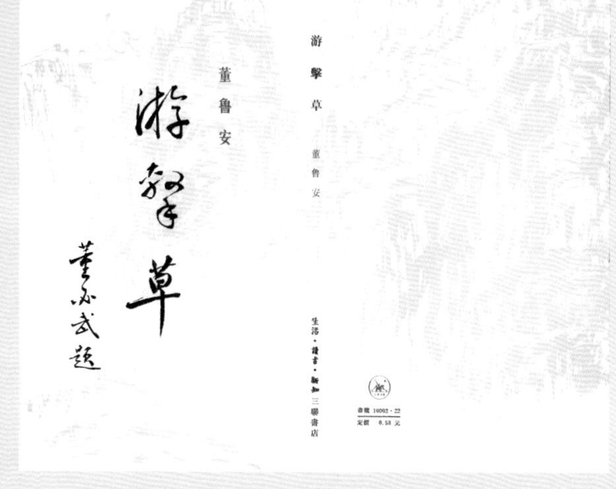

《英国文学简史》· 32 开
人民文学出版社，1984

《苏中关系》· 32 开
生活·读书·新知三联书店，1982

《英国文学史》· 32 开
人民文学出版社，1984

《日本帝国的衰亡》· 大 32 开
新华出版社，1982

《萨特及其存在主义》· 32 开
人民出版社，1982

《第三帝国内幕》· 大 32 开
生活·读书·新知三联书店，1982

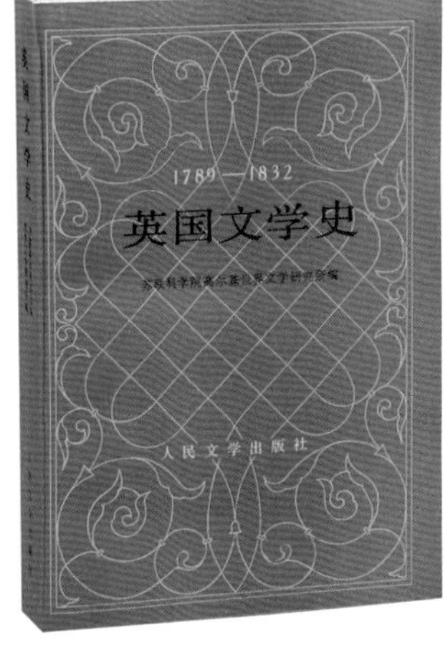

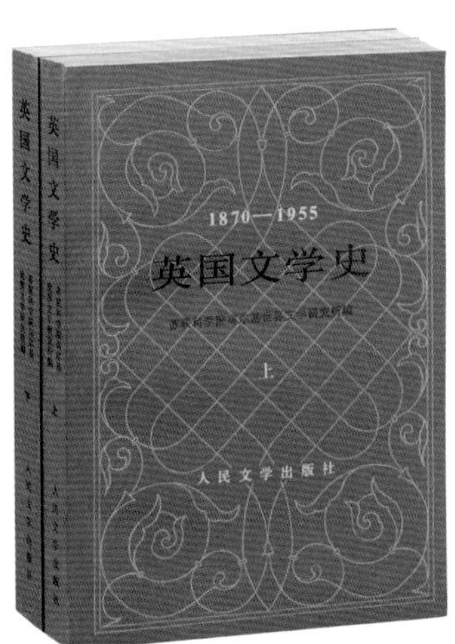

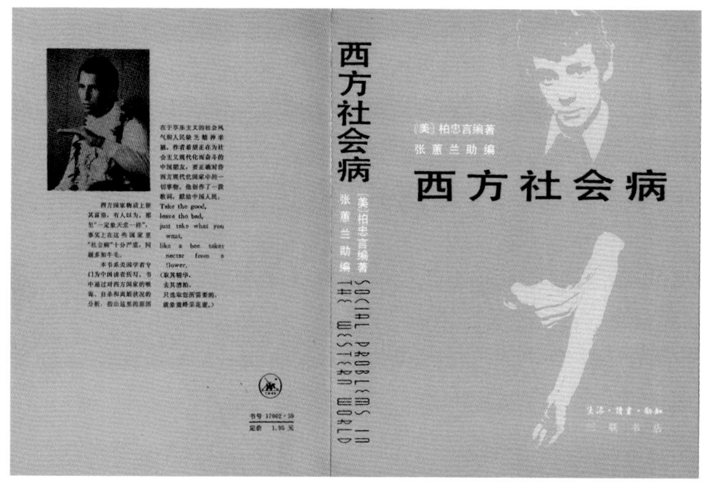

《西方社会病》· 32 开
生活·读书·新知三联书店，1983

《北京郊区乡村家庭生活调查札记》
32 开　生活·读书·新知三联书店，1981

《探险家的胜利和悲剧》· 32 开
新华出版社，1983

《拖拉机手》· 32 开
中国农机院，1981

《插图本中国文学史》· 32 开
人民文学出版社，1982

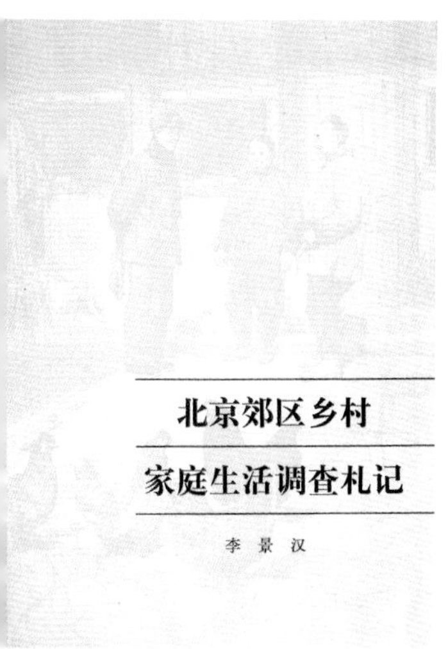

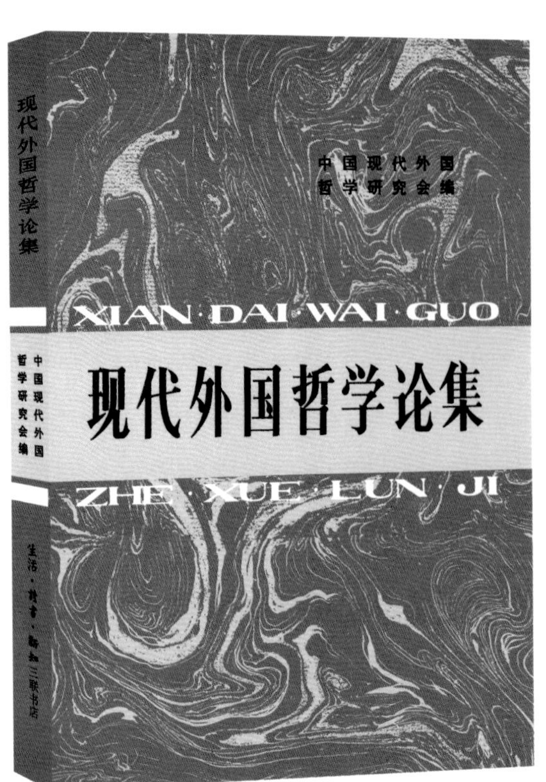

实藤惠秀著
中国人
留学日本史
生活·读书·新知三联书店

《现代外国哲学论集》· 32 开
生活·读书·新知三联书店，1981
《中国人留学日本史》· 32 开
生活·读书·新知三联书店，1983

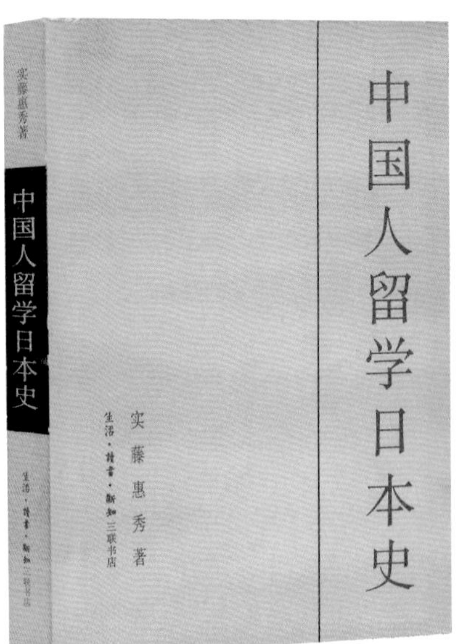

设计稿

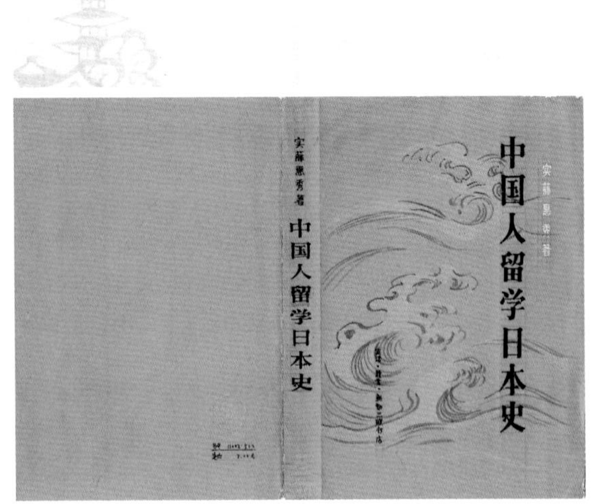

设计稿

《舒克申短篇小说选》· 32 开
外国文学出版社，1983
《桑戈尔诗选》· 32 开
外国文学出版社，1983
《行知歌曲集》· 32 开
人民音乐出版社，1983
《美丽的西藏可爱的家乡》
32 开　人民音乐出版社，1983
《长安集》· 32 开
生活 · 读书 · 新知三联书店，1983

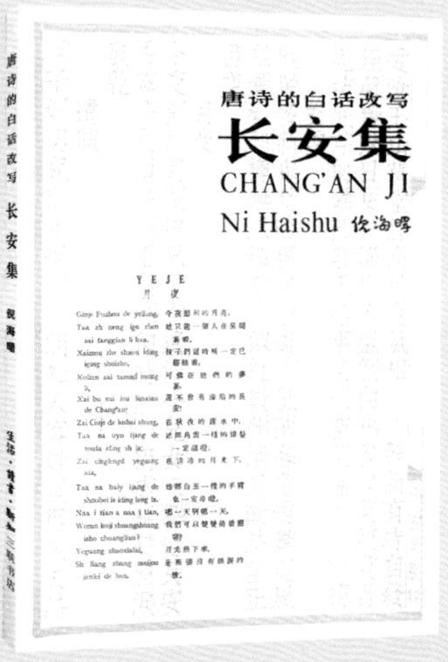

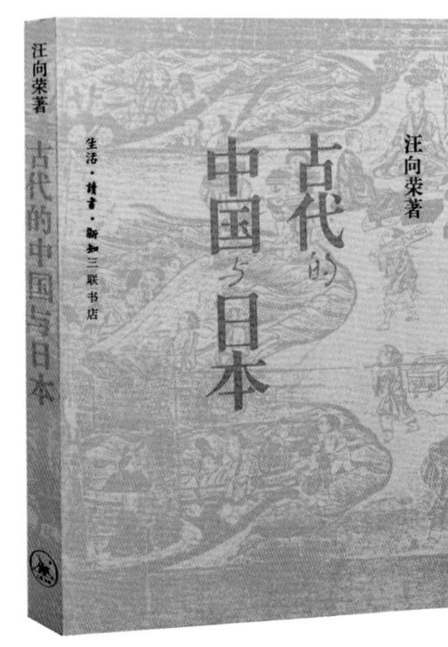

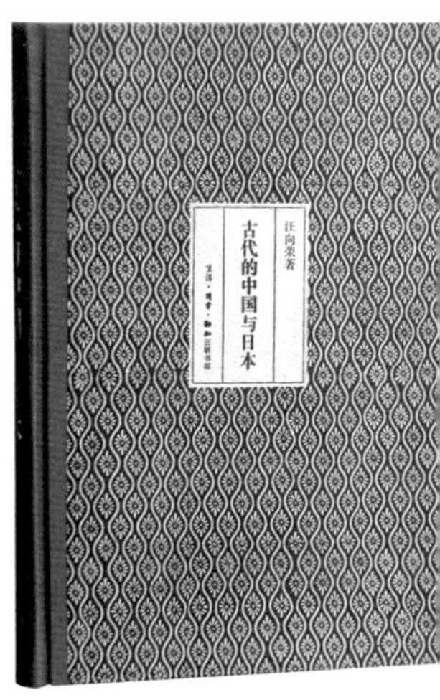

《草荡里的枪声》· 32 开
福建人民出版社，1984

《太平天国史论文选》· 32 开
生活·读书·新知三联书店，1981

《古代的中国与日本》· 32 开
生活·读书·新知三联书店，1989

《竺可桢日记》Ⅰ Ⅱ · 32 开
人民出版社，1984

《中国学术思想史随笔》· 32 开
生活·读书·新知三联书店，1986

版画：东方志功作

外国歌剧系列·大长32开
人民音乐出版社，1984

《川端康成掌小说百篇》·32开
生活·读书·新知三联书店，1989

"朱自清"系列·32开
生活·读书·新知三联书店，1984

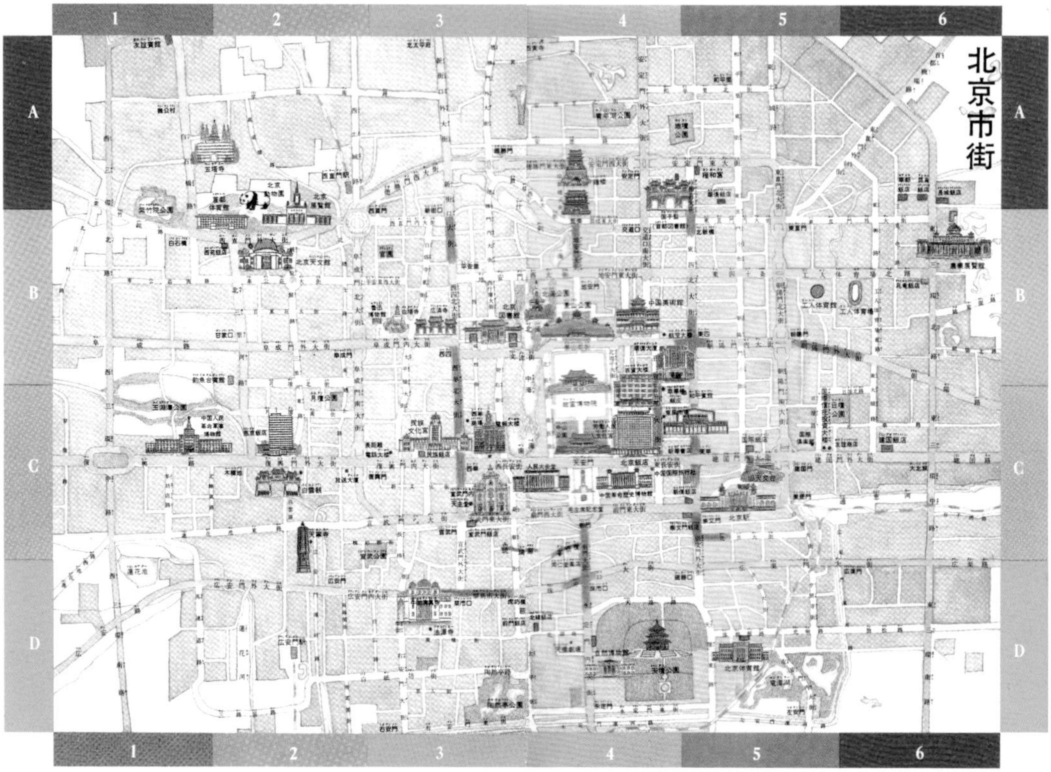

1985 年留日期间为《北京散步ノート》一书绘制插图

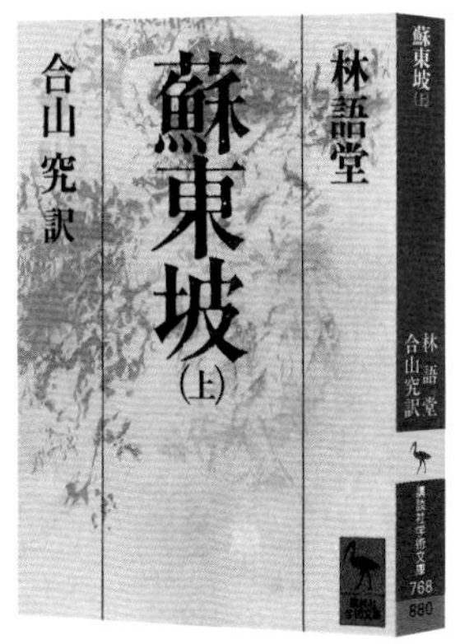

《北京散歩ノート》· 64 开
讲谈社，1985
《苏东坡》(上下)· 64 开
讲谈社，1985
《中国故事物语》· 32 开
讲谈社，1985
《基本中国语学双书》· 32 开
光生馆，1989

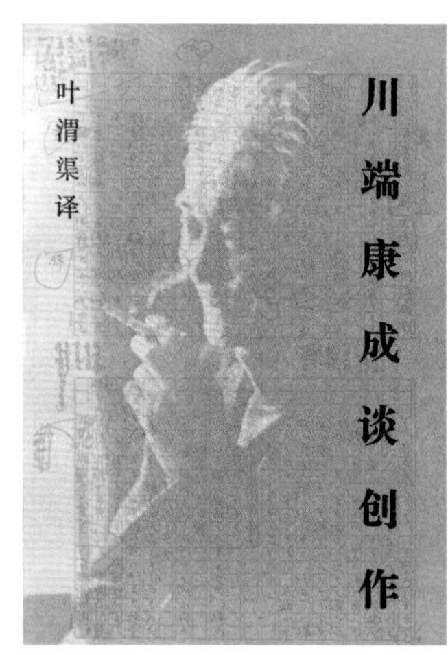

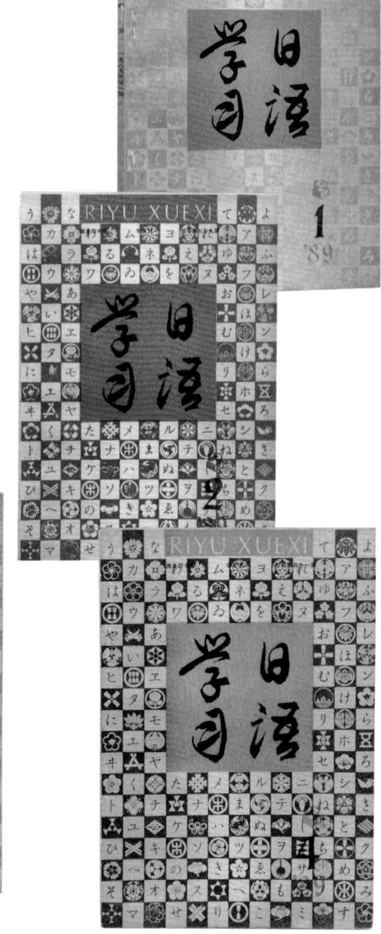

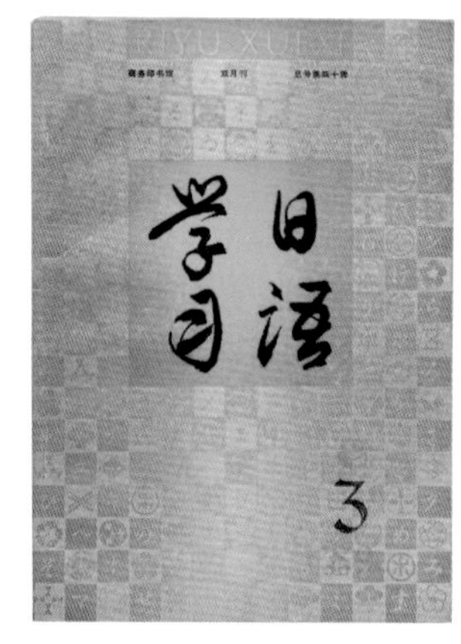

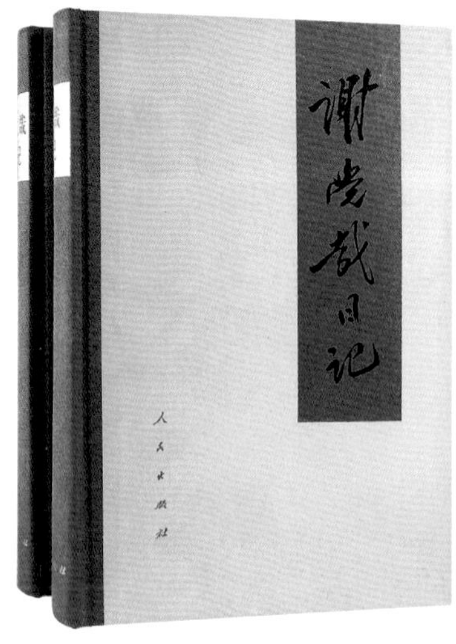

《川端康成谈创作》· 32 开
生活 · 读书 · 新知三联书店，1988

《持故小集》· 32 开
生活 · 读书 · 新知三联书店，1984

《日语学习》(1－4)· 32 开
商务印书馆，1989

《日本战后文学史》· 32 开
生活 · 读书 · 新知三联书店，1989

《谢觉哉日记》· 大 32 开
人民出版社，1984

事业管理
与职业修养

稽 奋

生活·读书·新知三联书店

《社会主义经济的若干理论问题》· 32 开
人民出版社，1985
《政治经济学社会主义部分探索》· 32 开
人民出版社，1985
《事业管理与职业修养》· 32 开
生活·读书·新知三联书店，1982

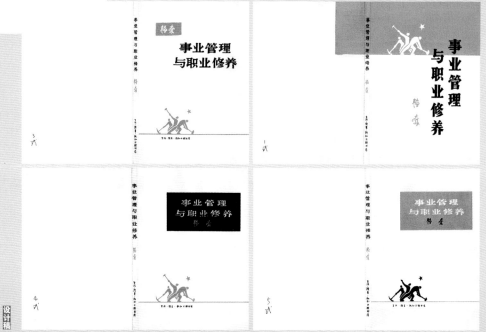

设计稿

稽奋
事业管理
与职业修养

3式

1式

事业管理
与职业修养
稽奋

4式

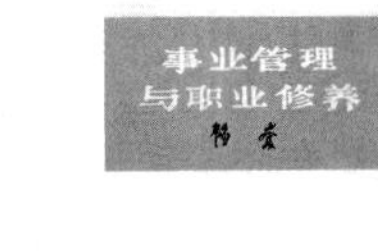

5式

设计稿

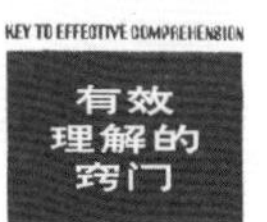

《草叶集》· 32 开
人民文学出版社，1987

《有效理解的窍门》· 小长 32 开
生活·读书·新知三联书店，1987

《大熔炉两年》· 32 开
生活·读书·新知三联书店，1987

《文人笔下的文人》· 32 开
岳麓书社，1987

文人笔下的文人

林语堂/郑振铎/等著
蔡人路/孙玉蓉 / 编

岳 麓 书 社

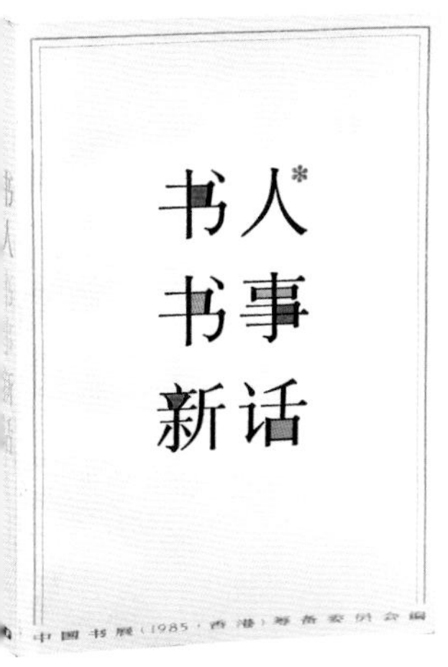

《书人书事新话》· 32 开
东方出版社，1985
《智能学论纲》· 32 开
生活 · 读书 · 新知三联书店，1988
《探索历史》· 32 开
生活 · 读书 · 新知三联书店，1987
《中国韵文学刊》· 16 开
中国韵文学刊编辑部，1987，1988
《中国名歌 201 首》· 32 开
人民音乐出版社，1988
《论中国传统文化》· 大 32 开
生活 · 读书 · 新知三联书店，1988
《中外文化比较研究》· 大 32 开
生活 · 读书 · 新知三联书店，1988

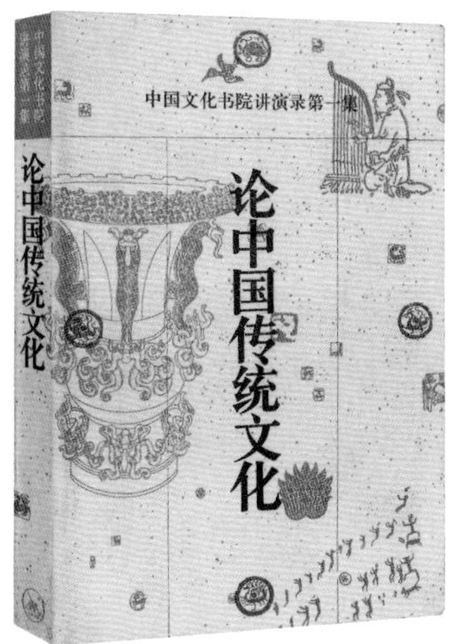

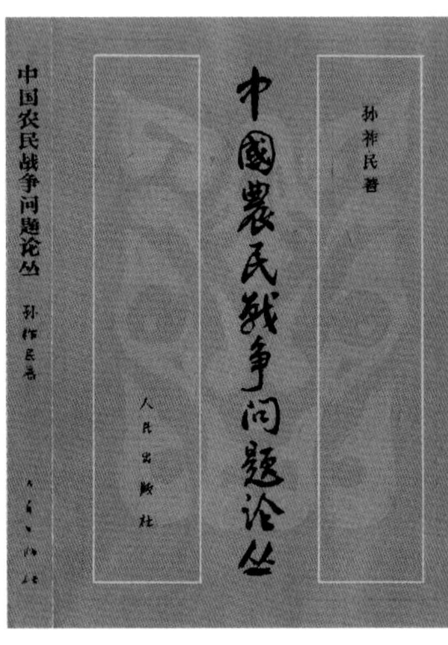

《企业家》· 32 开
生活 · 读书 · 新知三联书店，1989
《漫游科学世界》· 32 开
生活 · 读书 · 新知三联书店，1989
《美国的舞蹈》· 32 开
生活 · 读书 · 新知三联书店，1989
《中国农民战争问题论丛》· 32 开
人民出版社，1982
《美国文化的经济基础》· 32 开
生活 · 读书 · 新知三联书店，1989

新知文库
禅与日本文化
铃木大拙著 陶 刚译

新知文库
基督的人生观
詹姆士·里德著 蒋 庆译

新知文库
叙事虚构作品
里蒙—凯南著 姚锦清等译

新知文库 · 小长 32 开
生活 · 读书 · 新知三联书店，1989

《中国文化地理》· 16 开
生活 · 读书 · 新知三联书店，1983

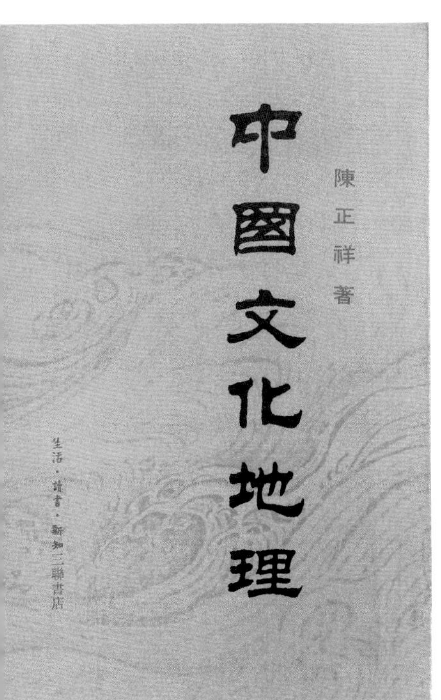

中國文化地理
陳正祥著
生活·讀書·新知三聯書店

新知文库
托马斯·曼
克劳斯·施略特著 印芝虹 李文潮译
新知文库
文学结构主义
罗伯特·休斯著 刘 豫译

铅印时代

设计作品图录

范用设计内封

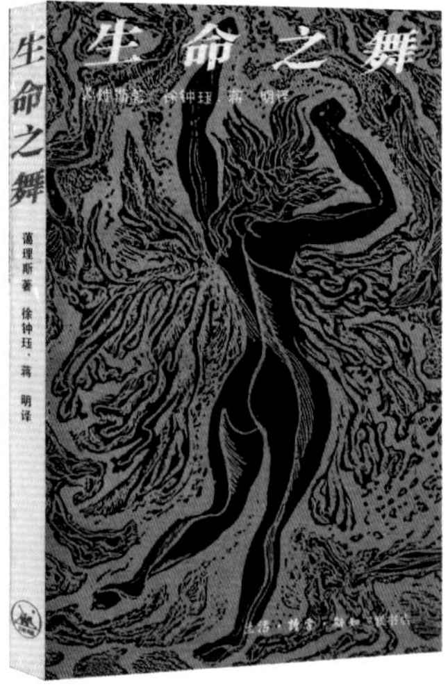

生活·读书·新知三联书店

《风狂霜峭录》· 32 开
生活 · 读书 · 新知三联书店，1989
《腥风血雨》· 32 开
作家出版社，1989
《恩犬》· 32 开
人民文学出版社，1989
《生命之舞》· 小长 32 开
生活 · 读书 · 新知三联书店，1989

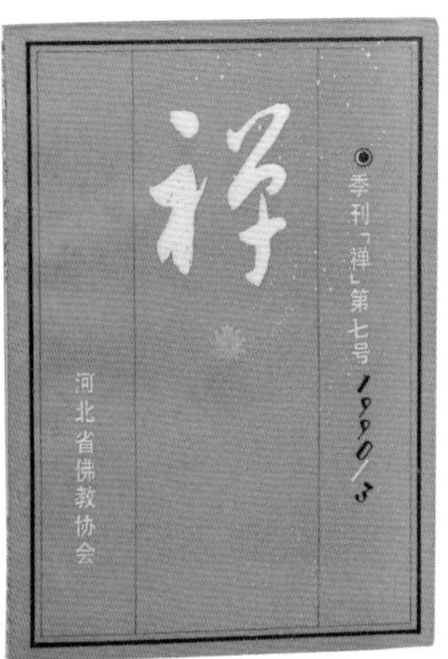

《羞耻心的文化史》· 32 开
生活·读书·新知三联书店，1988
《禅》第六号 / 第七号 · 32 开
河北省佛教协会，1990
《心》· 32 开
生活·读书·新知三联书店，1992
《迈向生命底圆满》· 64 开
生活·读书·新知三联书店，1990

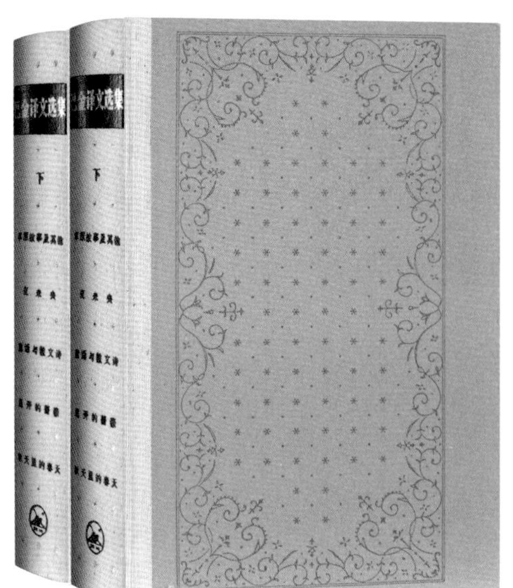

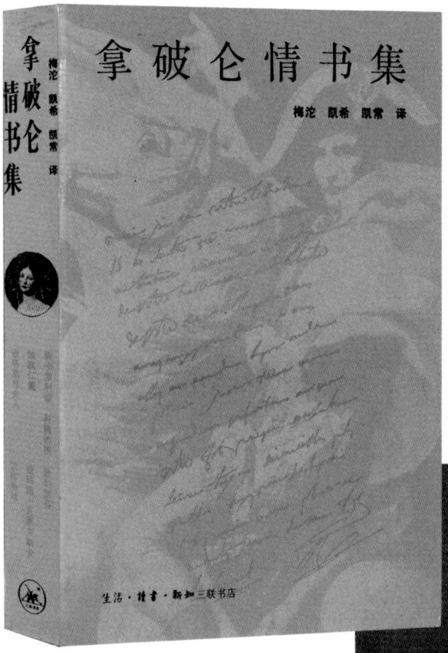

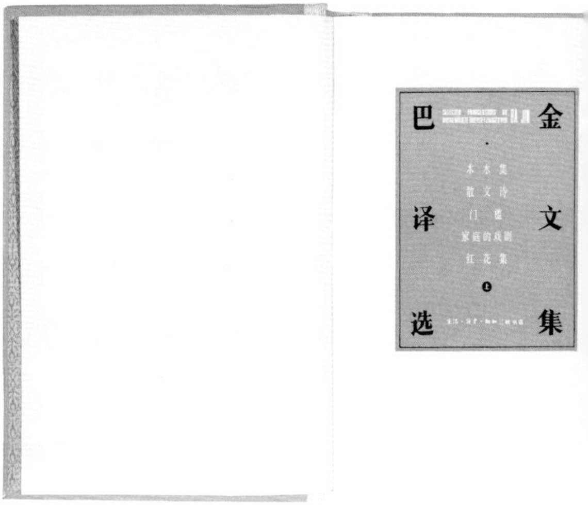

《巴金译文选集》· 大 32 开
生活 · 读书 · 新知三联书店，1991

《拿破仑情书集》· 大 32 开
生活 · 读书 · 新知三联书店，1992

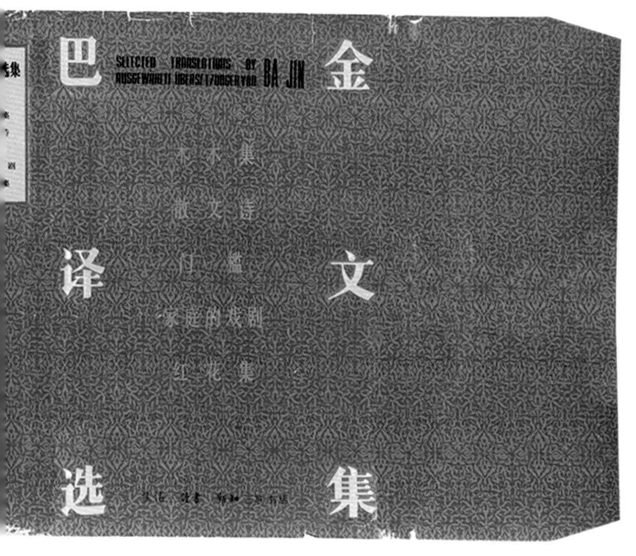

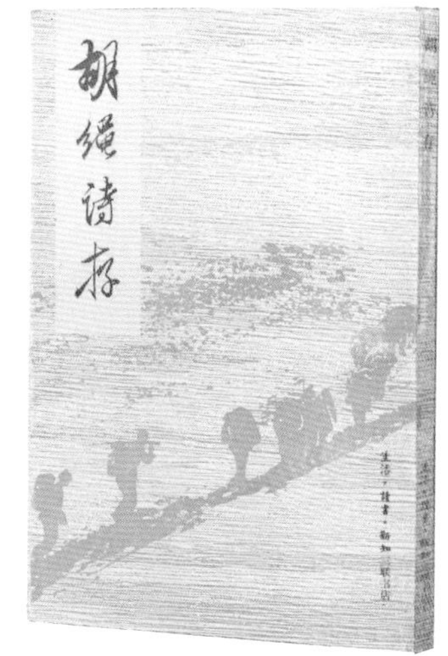

《胡绳诗存》· 大长 32 开
生活·读书·新知三联书店，1992
《法兰西文化的魅力》· 大 32 开
生活·读书·新知三联书店，1992
《中国青铜时代》· 32 开
生活·读书·新知三联书店，1990

将门
男女

北京十月文艺出版社

设计作品图录

《将门男女》· 32 开
北京十月文艺出版社，1990

《猪年的棒球王》· 32 开
生活 · 读书 · 新知三联书店，1988

《信赖与友爱》· 32 开
生活 · 读书 · 新知三联书店，1989

《桥》· 大 32 开
生活 · 读书 · 新知三联书店，1992

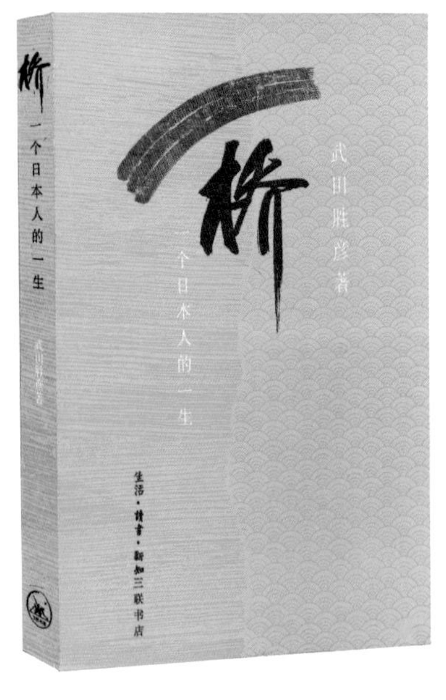

美国人文化丛书·大 32 开
《美国人开拓历程》
《美国人建国历程》
《美国人民主历程》
生活·读书·新知三联书店，1993

一个出版社的出版物风格的形成，

绝不是哪个人创造的神话，

而是几代出版人及他们的编辑、作者和读者

与装帧设计师们不断磨合，相互感染，

达成的共识，是一种精神的体现。

三联风格

把书做成最好的样子

引 言

一位年轻的设计师，带着他设计的书来到我的工作室。他在一家出版社做设计工作，来北京已经五年多了，觉得自己没有什么进步，十分苦恼。我问他拿到一部书稿设计通知，是怎样开始设计的。他说，只看看书名、内容简介，就开始设计了。脑袋空空没什么主意的时候，就去逛书店。看到感兴趣的形式，受到启发，就搬过来用。有时用得好顺利通过，有时碰钉子，就再试别的形式。

我问他："社里谁来批准你的设计？"他说："是管我们的副总编。"

"与副总编有交流吗？"我问他。"隔得太远，人见不着，说不上话。"他说工作压力很大，每年要设计几十、上百种书。还有内文、插图什么的。

我十分同情他，试着将自己的体会讲给他听。

首先要对自己所从事的工作有兴趣，没有兴趣，要逐渐培养兴趣，热爱这份工作，有了兴趣，压力再大、再忙也不会感到苦和累。

别把"设计"看成是普通的工作而采取完成任务的被动态度。要把"设计"看成是艺术创作，通过"设计"表达自己的感受，表述自己的情绪。先对你设计的对象产生"爱"，再来抒发表达你的"情"。这样作品就会有生命，能感染读者。

从书籍分类的角度来看，文艺作品、小说、诗歌、传记等比较容易掌握内容，可以直接阅读原稿，接受感悟。而社会科学类的书籍就有一定难度，也容易被设计师忽略。我曾在人民出版社、生活·读书·新知三联书店工作，设计过政策文件、马恩列斯经典著作、哲学和社会科学类的学术著作，如《逻辑学》《维特根斯坦》"中国近代学术名著"等等。内容读不懂，也来不及读，怎么办？我就找责任编辑聊天，了解书稿的背景资料。为什么要出这本书？目的何在？给什么人看？读者群是谁？主要讲的什么内容？尽量把责任编辑对书稿的感受变成自己的，了解深了、广了、全面了，总会找到感觉。假如没有"感觉"就设计，只能从"形式”到“形式”。没有深度，不会打动别人。

你把从责任编辑那里接受的感觉表达出来了，责任编辑对和你就不会产生很大的分歧，就比较容易认同、接受。我在农村读物、人民和三联工作了三十七年，与编辑部的同事都相处很好。因为我尊重他们、依靠他们，他们是我合作的伙伴。

过去人民出版社有完整的书稿档案，为了了解书稿情况我常到总编室调阅书稿档案，那里面从选题的确定到与作者往来的信件、电话记录，样样齐全。看了档案再与责任编辑交谈，对书稿有了立体的全面认识，然后寻找一本书的个性。最终再考虑用什么手段、表现方法，再现、表述这个性，这样的个性化设计方案只属于书籍本身，放在别的书上不合适，这样才有生命力和存在价值。

生活
讀書
新知

店徽社标设计稿

1986 年生活·读书·新知三联书店从人民出版社分离出来恢复独立建制。我从 1987 年回国到 2000 年，担任三联书店美编室主任，2002 年退休。这十五年间，我非常努力地做事，很多作品出自那个阶段，的确是比较累的。工作忙时，我常常同时设计十几本书，分别了解它们、区分它们，把不同的感受用不同的方式方法、不同的创意表现出来，对比着拉开距离。最重要的是个性化，避免千篇一律，绝不可只是重复自己或别人的形式。

我也常去逛书店，尤其是中国图书进出口公司东大桥的外文书店。经常购买有关设计、建筑方面的画册。有空闲常常翻阅这些画册，不只是注意作品的独特形式，而且要分析优秀设计的创意手法，欣赏视觉语言的巧妙运用，丰富自己的“语言”“词汇”，培养对形式感的敏锐观察力。

运用恰当的形式准确表达内容的个性，是十分困难的。要么表现不充分、不够味、不生动；要么形式脱离内容，玩形式，走向纯艺术。纯艺术，甚至装置艺术的装帧设计有存在价值，在教学上它拓展设计创意的想象力，作为训练手段是不可缺少的；但是对于书籍而言，书稿有了准确表现自身个性的形式才能成为有生命力的书籍。形式服从内容、表现内容，但不可过分张扬而忽视内容。形式与内容应和谐、统一。

生活·讀書·新知三联书店
北京朝内大街一六六号

社标下的文字，今后中文用"三联书店"，英文用"JPC"。中、英文取其一即可，不要并用。

7.20

责任编辑从选题策划到组织编写的过程中，逐渐对书稿的形态有所设想，资深的编辑结合对市场销售的预测，对成书的设想更清晰，以什么面貌（形态）、形象与读者见面，心中会有一个朦胧的具有个性的设想。要把这些变为现实，必须寻找适合的设计师，资深成熟的编辑根据书稿的个性特点，寻找熟悉的装帧设计师，装帧设计师自然成为责任编辑的合作者、好朋友、知心人。经过多年的磨合、训练，资深的责任编辑对装帧设计都会有一定鉴赏力，他们会准确及时地把书稿精神传达给设计师，并给设计师视觉形象创意的发挥留有充分的余地。画册、图文书的出版更需要责任编辑与设计师密切合作，设计师最好在选题策划的开始就能介入，选题策划不只是文字内容，也包括成书的形态，立体完整的形象。从策划到成书是一个漫长的过程。

我一直庆幸能到三联，遇到范用先生，遇到三联的书。装帧设计归根到底要表达的是书的个性，而不是设计者的个性。从范用先生开始，三联书店出了很多知识分子的书，形成了很独特的文人文化。我理解知识分子的思想是比较复杂的，因此在设计中比较多地采用丰富的灰色调，在中间色调里面寻求对比和变化，用色彩来说话，表达情绪情感，这就形成了一种独特的人文味道。后来香港三联的陆智昌延续发展了这种风格，但他有来自英国的教育背景和知识结构，又融入了西方的特点，形成了自己的独特风格——很内敛、不张扬。

1993 年以后，董秀玉从香港回到北京，接任三联书店总经理，带回了很多新的思想，图书出版相比之前有了很大变化，对装帧设计也提出了新的要求。她跟范老一样，对于书有自己的理解和喜好，对于要把出版社带到什么方向，有自己的看法。董总信任我，把美编室和重要的书交给我做，要求就是把最好的书做成最好的样子。从90年代到2002年，我们密切合作，从选题、排版到用纸、材料，进行了很多从无到有的尝试，尤其是图文书的概念，引领风气之先，接连出版了《世界美术二十讲》（插图珍藏本）、“乡土中国”、《中国重大考古发掘记》等代表性图书。1995年，我们还效仿日本出版社，把美编室从体制内独立出来，注册为新知设计事务所，成为社属三产企业，免费完成出版社设计工作，也对外营业。一年后，三联书店以“新知设计事务所”名义与民营企业合作创办“三联生活周刊”，于是我退出，回到书店继续担任美编室主任。公司就这么办了一年，算是一个经历吧，很有活力的一段时间。

接下来还有汪家明，他们都是我的直接领导，懂书、爱书、出版好书，对装帧设计高标准严要求，是他们成就了三联书店的书籍装帧风格。

仔细思考，凡卓有成效的出版社领导者，绝对不是在做官，而是有文化有理想的出版人。他们都有一个共同的特征，就是结交与产品形象有关的装帧设计家，因为这是职业的需要。就像导演必须寻找、结识、培养几位名演员一样。不能想象，对书籍设计一窍不通、鉴赏力平庸而有出版权力的人能把书籍出好。可以这么说，对书籍装帧艺术有鉴赏能力，几位高水准的装帧家做朋友，是做好出版人的重要条件之一。反过来讲，凡成功的装帧设计家，背后都一定有几位出版人做支撑。

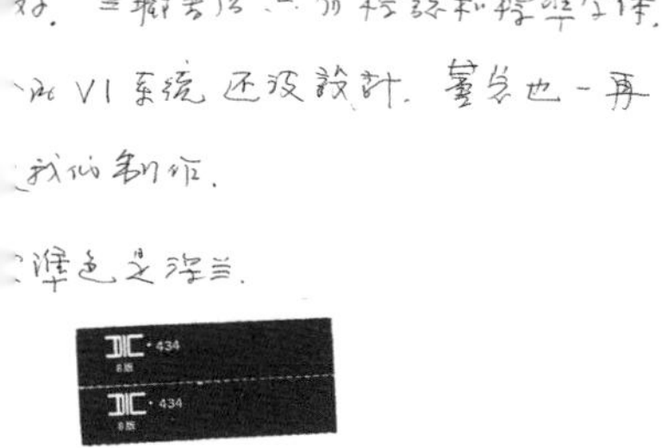
先生：
好，三联书店只有标志和标准字体，
VI系统还没设计。董总也一再
我们制作。
标准色是深兰。

成分：C100
M90
Y40
致
宁成春
十二月十六日

综上所述，一个出版社的出版物风格的形成，绝不是哪个人创造的神话，而是几代出版人及他们的编辑、作者和读者与装帧设计师们不断磨合，相互感染，达成的共识，是一种精神的体现。它不以主观意志而消亡，可能在某个社暂时会被淡忘，但总会在另外的场合再现。因为这“风格是时代的产物”。

三联书店的装帧传统

——《三联书店书衣500帧》写在前面

宁成春

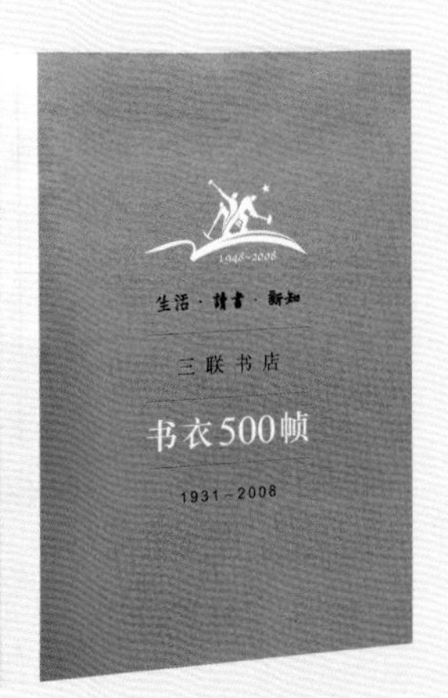

耸立在这里的500帧书衣，是从人民出版社和生活·读书·新知三联书店资料室的书库里，查找并拍摄的两千余帧书影中选出的。在查找、拍摄过程中，抚摸着几十年前质朴的书衣，我的心情复杂微妙。其中许多上世纪30年代、40年代的书衣，如今虽然显得衰老而古旧，但仍气度不凡。翻阅这些书籍，能体会到设计者精心细腻的创作态度和风格。扉页、版权、广告页与封面同样倾注了心血，和谐统一——那时已经有了“整体设计”的观念。不同时代的书衣，反映着不同时代设计师的精神风貌和文化素养。书衣也是有生命的。

上世纪三四十年代的装帧设计，技术手段简单，书名几乎全部是手写，很有创意。后来有了照排机，现在有了电脑，有了图像处理和排版软件，很少再有设计师在字体上下功夫，不再手工写字了。技术进步了，设计其实是退步了，失去了运用字体表现个性的空间。如今，欧美、日本的字体设计（Typography）形成了独立的设计领域，有字体设计家协会，每年办展览、比赛，还出版年鉴。中国有两千多年的书法传统，却没有很好地运用在设计领域，字体设计远远落后于世界水平——这是面对这些书衣引起的断想。

三联书店这些精美、质朴的书衣是谁设计的？怎样设计的呢？没有现成装帧史可查阅，只能在零星的回忆文章中寻踪。莫志恒先生在《书籍装帧艺术漫谈（二十年代——三十年代）》中说：

我搞书籍装帧工作，共约二十五年，自 1931 年至 1955 年……30 年代我在三个出版单位从事装帧美术工作：开明书店、生活书店和商务印书馆……

在抗日救亡运动蓬勃发展的 1936 年，徐伯昕同志叫我为生活书店画些封面，不久，我就来到这个邹韬奋创办的革命的出版单位工作。生活书店在 1933 年以后，编辑出版了好几辑《生活周刊》主编韬奋答读者问的书信集子，还出版了韬奋编译的《革命文豪高尔基》。之后，新定了编辑计划，发行十多种定期刊物外，单行本的重点是出版马克思恩格斯、列宁、斯大林等革命导师的经典著作，又出版国际问题的译著，如“世界知识丛书”。时事性的如“黑白丛书”（取白山黑水、抗日救亡之意）和各种文学名著。马列主义经典著作的封面，多数是以宋体美术字题书名，有的用阳文，有的用一块长方的阴文版，黑墨印，著者译者名字则用铅字排版，红墨印，求红黑分明，对比强烈。“世界知识丛书”各册，不用统一的丛书封面，而是每出一册，即设计一幅不同的图案，如《世界政治》《现代十国论》《国际问题讲话》等，都以世界地图为素材再设计图案为底色，上面套印书名，印深棕或黑色。“黑白丛书”各册是用统一的丛书封面：书名用宋体字制阴文版，黑底白字，下面约四分之三位置绘了一个大火炬，橘黄色印刷。文学书籍由我装帧的有：《中国的一日》（茅盾主编，1936 年版），这是一部抗日救亡运动中的报告文学、散文集，意在表现一天之内的中国的全般面目，由全国各地的一切作家非作家，用轻松而隽永的笔调写下他的印象。此书很厚，用布面精装和纸面精装两种装订。书脊用双线连环组成了图案，表示团结；书名写美术字，布面的烫金，纸面的印黑色字；封面图案都轧硬印（凹凸）。《夏伯阳》（富曼诺夫著，郭定一译），此书有精装、平装两种。封面构图采用一幅夏伯阳跨骏马冲锋的雄姿，给以浮雕图案化，

轧硬印于棕色漆布面上，书脊烫金字。《高尔基创作选集》，在当时国民党白色恐怖笼罩下，发行有困难，由编辑部决定取其中的一篇“坟场”为书名，我画的封面也特地用了些花草组成图案，形式上表现轻松一点，为的是便于发售出去。我为生活书店装帧的文学书籍中比较满意的一种是思慕译的《歌德自传》：构图是用粗细线条组成，天头和靠书脊附近用一阔边和数条细线，90 度直角相交，印绿色，书名及著译者名字写美术体字，制阴文版，印棕色，采用淡灰书面纸为底色，看上去还比较庄重大方。

……之后，我跟随生活书店总店迁到武汉、广州、重庆。由于制版、印刷和纸张等技术和供应关系，生活书店出版的有些书籍仍在上海英法租界地区秘密生产，所需封面，由我在重庆设计成色稿和黑稿，辗转寄去制版印刷。记得 1939 年重庆生活书店总店请沈志远主编《理论与现实》月刊，装帧也是我做的。封面是用四方连续图案为底纹，上面套印刊名的文字而成。

他还谈到另一位生活书店的设计师：

郑川谷 30 年代初期在上海书局学习石版画，他进取心很强，不久考入了杭州西湖艺术院（当年由林风眠任院长）学习。毕业后，就到上海生活书店从事装帧工作，同时又在上海澄衷中学兼任美术课（与钱君匋同事）。1936 年曾去日本东京约半年，没有进什么艺术大学，主要是参观各美术院校，搜购美术书籍。

1936 年底，郑川谷从日本回国，1937 年初又回到生活书店，每日工作半天。我们二人共同把书店的出版物装帧得美观、朴素、大方，在新出版业中树立起一种新的式样。

1937 年抗日战争爆发后，他迁武汉，住在上海杂志公司汉口分店内。

1938 年秋武汉沦陷前，他向重庆撤退，在客轮上染痢疾，及至重庆，治疗无效，不幸逝世。年纪还不到三十岁！

经郑川谷装帧的书籍、杂志的种数是不少的，下面举的例子，不过是主要部分：《政治经济学讲话》(A．李昂吉叶夫著，张仲实译)、《战神翼下的欧洲问题》(钱亦石著)、《飞机翼下的世界》(宾符、贝叶合编)、《上海——冒险家的乐园》、《世界的激变》(莫志恒编)、《邂逅草》(纪德著，黎烈文译)，《赛金花》(夏衍编)、《世界文库》(郑振铎主编)、《文学》月刊(郑振铎等主编)、《光明》半月刊(沈起予主编)、《译文》(鲁迅、黄源主编)等等。郑川谷为生活书店设计的封面，以理论书籍为多；为上海杂志公司设计的封面，以文艺书籍为多。他绘封面图案，多以黑墨着笔，不多花工夫于色稿。有的封面以色块线条切割，请制版社按彩色草稿和说明，摄制铜版或锌版，套色效果是很好的。有时用石版画方法，黑蜡笔皴在粗纹的铅画纸上。有时用钢笔黑白画模仿木刻版画风格(他曾在鲁迅组织领导的“一八艺社”听过木刻版画方法论，由内山嘉吉主讲，鲁迅任翻译)来设计。题材方面，他和钱君匋不同，不用植物叶瓣来组成，而常用机械零件形象组合。喜欢用赭石、淡棕、橘红、黑诸色。封面多采用白色胶版纸。他设计的封面有明快、醒目的特点。

1941 年“皖南事变”爆发，莫志恒先生移至桂林，他的工作由曹辛

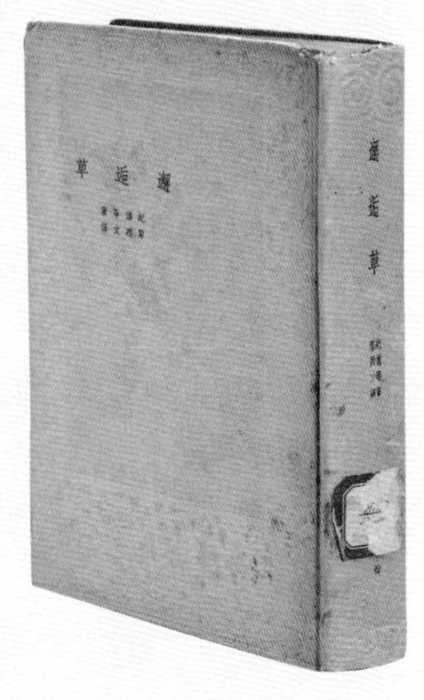

之(1917—1995)接替。曹先生是1940年进入生活书店的，他曾回忆：

对书籍装帧，我在学生时代便发生了兴趣，常常把心爱的书用白纸或带色的纸包上个护封，在护封上画点装饰图案。有些厚本的平装书，还用布和绸糊在厚纸版上作为封面，与书芯粘牢，改装成“精装本”。一方面是为了保护书，另外也想使书增加点“美”。当然，那时的审美趣味是很幼稚的，不讲究画的图案及色彩是否与书的内容相谐调，只单纯地为了“好看”。随着年龄的增长，读书范围的扩大，对书籍封面的审美水平也逐渐提高。当时，我最爱看陶元庆、郑川谷、钱君匋、莫志恒等美术家所设计的封面，从他们设计的封面上能感受到书的内容和倾向。生活书店所出版的书的封面设计，也具有明显的时代特色。

三联书店的老领导范用同志在《叶雨书衣》中写道：

1938年在汉口，我到读书生活出版社当练习生，知道了书的封面是怎样产生的。社里派我到胡考先生那里取封面稿，有的封面是当着我的面赶画出来的。我看了挺感兴趣。

于是我也学着画封面。并非任务，下了班个人找乐儿偷着画。一次出版社黄（洛峰）经理看到了，称赞了几句，我非常开心。以后，有的

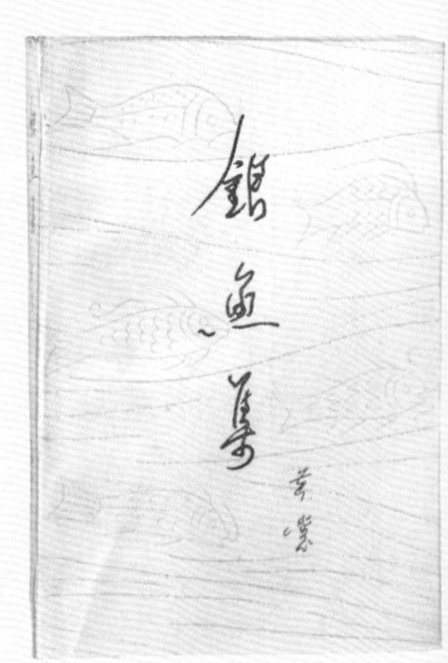

封面居然叫我设计了。当然，我的作品很幼稚，如小儿学步。

……在汉口，读书生活出版社的斜对面，是开明书店，丰子恺先生就住在开明书店楼上。我设计封面，请丰子恺先生指教，还请他写过封面字。

1948年我设计《巴黎圣母院》，封面字是请黄炎培先生写的；《有产者》（高尔斯华绥著）的封面字是我从碑帖里集来的。

……我是1949年到北京来的，5月上海解放，8月就调我到北京（当时叫北平）。1951年成立人民出版社，三联书店并入人民出版社，保留店名，有一个编辑部。我提出分管三联书店编辑部。我还分管人民出版社的美术组，他们设计了封面，让我审批。有时不满意，反复几次，书等着印，于是我就动手设计。可是我自己设计的封面，不能自己审批开发稿单，就请美术组的同志署名，或署两个人的名字。因为是业余做的，后来我就署名“叶雨”。“叶雨”，业余爱好也。

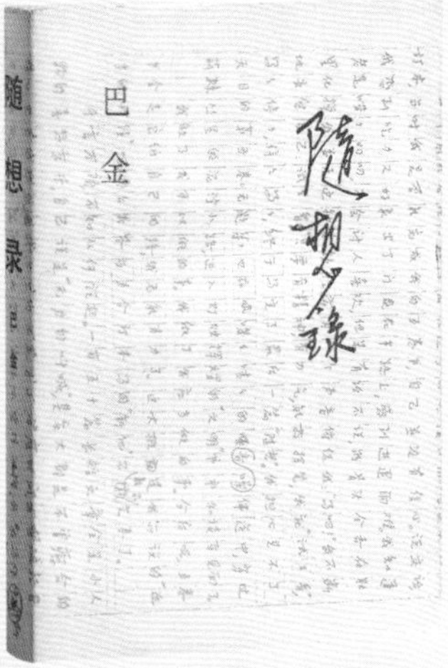

设计封面，是做自己觉得很愉快的事情，其实并不轻松。设计一个封面，得琢磨好几天，还要找书稿来看。不看书稿，是设计不好封面的。举一个例：有人设计黄裳《银鱼集》的封面，画了六七条活生生的鱼。他不知道这“银鱼”是书蛀虫，即蠹虫、脉望，结果闹了笑话。

范用同志在《书衣翩翩》的《书籍装帧之我见》（代前言）中说：

我看到很多外国的书，文学作品，小说、戏剧、诗，在出版方面给予很高的待遇，最好的装帧，而且把它与那些大量印的书区别对待，使人一拿到手就知道：啊！这是文学作品。我们呢？我干了多少年出版工作，就没有印出几本像样的书。只有一本自己比较满意的：巴金先生的《随想录》。巴老曾经来信说：“真是第一流的纸张，第一流的装帧！是你们用辉煌的灯火把我这部多灾多难的小书引进‘文明’的书市的。”那

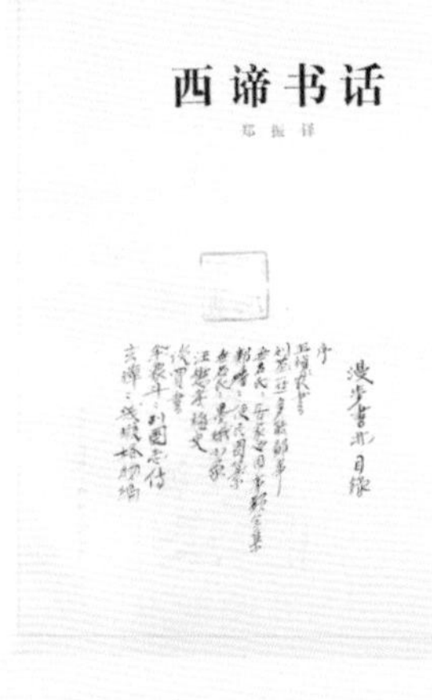

才像一本书，巴老满意，我很高兴。

总之，文学作品的封面，基本上要朴素一点。为了市场需要制作的那些所谓文学作品，是另一码事。封面花里胡哨，反正藏书家是不要的，看过就扔掉了。但是真正的文学作品，是要摆在书架上书房里的。

……当年三联书店出版书话集，在装帧上是用了一点心思的。书话集总得有书卷气，这十来本书话集，避免用一个面孔，连丛书的名都不用，只是从内封面(扉页)可以看出是一套书。

《西谛书话》，郑振铎先生不在了，封面请叶圣陶先生题写书名。叶老对我的请求从不拒绝。这一本和唐弢的《晦庵书话》的封面，请钱君匋先生设计，使这套书有个好的开头。这也遂了愿。至于内封面(扉页)，则采用同一格式，印作者的原稿手迹。这也费了一点力，叶灵凤的《读书随笔》，从香港找来一张《香港书录》目次原稿。《西谛书话》找到一张郑振铎先生《漫步书林》目录手稿。其他黄裳、谢国桢、杨宪益、陈原、曹聚仁、冯亦代、杜渐、赵家璧书话集，都承作者本人题签，或由家属提供。

《读书随笔》封面，选用叶灵凤先生最喜爱的比亚兹莱插图，有西书的味道。黄裳《榆下说书》则用了两幅中国古典小说木刻插图做封面。《傅雷家书》出新版，封面也换了。原来是特地请傅雷先生知友庞薰琹先生设计的，废而不再用，听说傅敏对此有意见，不知如何善后。

叶圣陶、钱君匋、庞薰琹先生都已作古，三联再也不可能请到这几

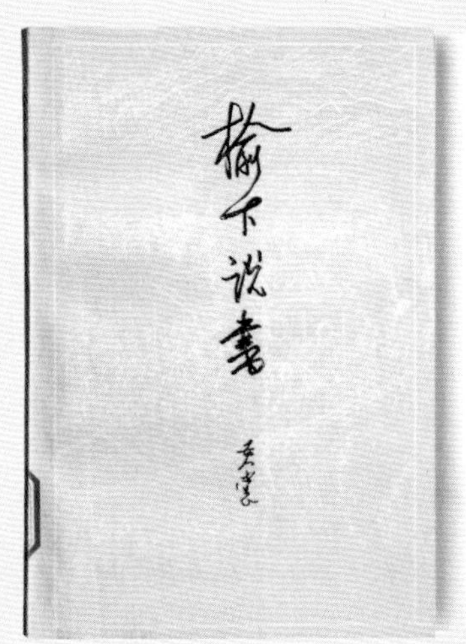

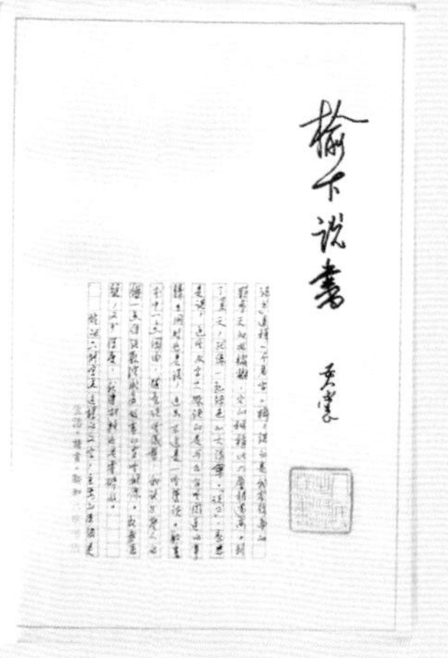

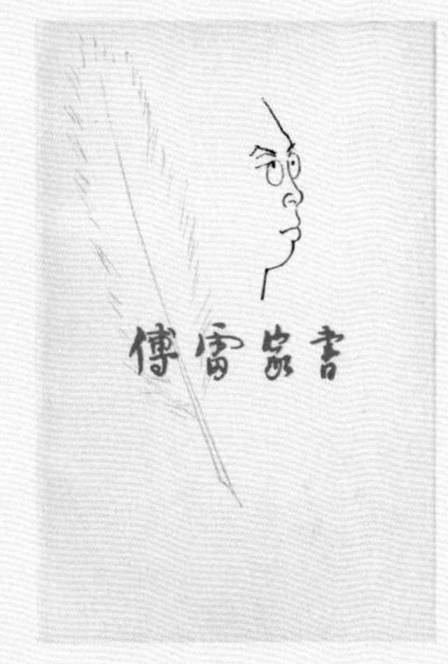

位前辈、名家了。他们的遗墨遗作，不也是出版社的可贵资产（有形或无形）？轻易废弃，未免可惜。

…………

1965 年我从中央工艺美术学院毕业，分配到农村读物出版社。毕业前来农村社实习，在胡愈之创办的《东方红》杂志工作，跟着曹洁（从人民美术出版社借调的装帧家）老师学习，帮助她画题头、补白、插图。毕业后，暑假没有回天津老家，就接着上班了。当时农村读物出版社正在组建，后勤、行政部门由人民出版社代管。“文革”后期农村读物出版社撤销，1969 年我调到人民出版社美术组，美术组组长是马少展和郭振华，组员有张慈中（反右运动前是组长）、钱月华、王师颉（也是从农村读物出版社调来的）、尹凤阁（我的学长，比我早一年分配到人民出版社），1973 年苏彦斌从北京手表厂调入人民出版社美术组。据说我的大学老师袁运甫先生反右运动前也曾在人民出版社工作，所以，资料室的许多书借书卡上都有他的名字。《尼赫鲁传》就是他设计的，他也为三联书店设计了许多封面，可惜当时不署名，现在也不好区分了。

美术组直属范用副总编辑领导，设计稿的终审由他执行。无形中，三四十年代生活书店、读书出版社、新知书店的设计风格、理念，都通过他强有力地贯彻下来。

当年的人民出版社美术组在全国出版社中最具实力。除张慈中是从上海聘请来的专家（1957 年错划成“右派”）以外，郭振华是中央美术学院绘画系毕业，袁运甫、钱月华夫妇是中央美术学院实用美术系（中央工艺美术学院的前身）毕业，王师颉是中央美术学院版画系毕业，我和尹凤阁、苏彦斌都是中央工艺美术学院装饰绘画系书籍装帧专业毕业。我年龄最小，学长、师长们各有所长，跟他们在一起，耳濡目染，潜移默化，从 1969 年到 1984 年十多年里，进步较快。这期间，因家里住房困难，没有加班工作 的条件，所以，除周日外，在办公室里搭一张床，就住在社里，以社为家。那时没有稿费，偶尔有外社请设计，稿酬也只有六七元钱。真的是全心全意为“人民（出版社）”服务。

1984 年社里派我去日本讲谈社学习一年。1986 年三联书店恢复独立建制后，领导又批准我再赴日本横滨国立大学研修。第二年回国后，担任生活·读书·新知三联书店美编室主任。范用同志仍然关注我们的工作。这以后庄凌、海洋、董学军、张红陆续加入美编室工作。现在只有张红还在三联书店。她毕业于中央美术学院版画系，上大学之前毕业于北京工艺美术学校，并在《人民中国》日文杂志社工作过几年。她素描、色彩基础好，有出版设计经验，工作认真，设计出许多好作品，《梦游手记》曾获全国书籍装帧设计金奖。

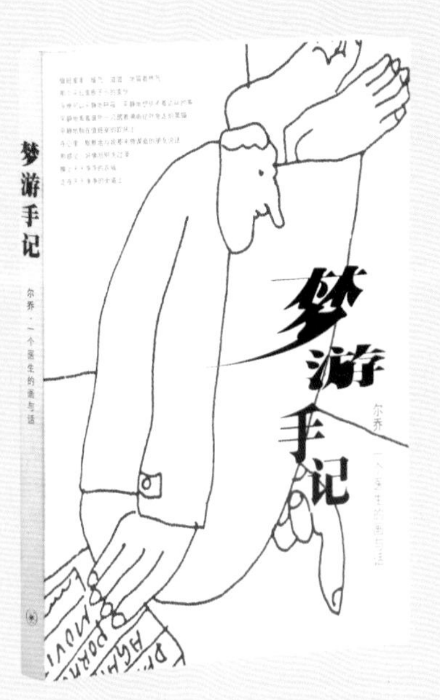

1997 年罗洪调入美编室。他曾任高等教育出版社美编室主任，曾“下海”与朋友创办设计公司，后来又想“上岸”了，来找我，我介绍他进入三联书店，一年后，接任我做美编室主任。罗洪性格温和谦逊，在大量工作压力之下，近五六年来突飞猛进，屡获奖项，延续并发展了三联的装帧风格。

2000 年董秀玉总经理在任期间，从香港将陆智昌（原香港三联书店的设计师）邀请到北京，参与北京三联书店的书籍设计工作。这些年他设计了许多优秀作品。陆智昌的设计不仅对三联书店，也对全国书籍设计界产生了巨大影响。他的设计创意简洁，色彩淡雅，形式新颖，尤其注重设计元素的空间处理。许多年轻设计师都受他的影响、启发，对提高中国整体书籍装帧设计水平做出了贡献。

三联书店前两年还调入朴实、鲁明静两位“80后”设计师，她们比我年轻时要成熟许多，都设计出了一些好作品。

今年，蔡立国调入三联书店。他多年仰慕三联书店，终于如愿以偿。此前他在山东画报出版社和广西师大出版社北京贝贝特出版顾问公司设计了许多精彩作品，如今加盟三联书店，相信会促进三联书店的装帧更好地发展。

今年6月，汪家明副总编辑派总编室的李小坤陪同我，将人民出版社和三联书店资料室书库所存三联书店的出版物全部翻查一遍。两个多月里，小坤爬上爬下，登记抄录，一丝不苟，不辞辛苦地工作，感动并鼓励着我。本书出版之际，在此深表敬意。

电脑网络已取代了书籍的部分功能，普及文化知识，保存、检索资料，可以不再用书的形式。图书出版需要价格低，能让普通大众买得起。可是价格低，质量就差，不容易保存，看过就扔掉。这是以前出版的方向，能否走另外的“精致”的方向？给书以精美、强壮的体魄，让书籍也能“再活五百年”！为爱书者出书，把最好的经典文本，用最好的纸张材料、最高水平的装帧设计、最精致的印刷工艺出版。虽然价格稍贵，但物有所值。这样会给装帧设计家一个施展才能的空间，数年、十几年、几十年后可以锻炼、培养出一批世界水准的装帧设计家。

我期待着。

2008年9月28日

常用开本

开本	纸张尺寸（mm）	成品尺寸（mm）
小8开	965x640 1000x720	228x305
大16开	889x1194	210x285
16开	787x1092	184x260
小16开	640x965 720x1000	152x228 170x240

读书文丛 小长 32 开

1984—

“读书文丛”与“文化生活译丛”是三联 80 年代中期开创的丛书，在当时都能启蒙思想、引领阅读，影响很大。几十年过去，虽然阅读潮流一变再变，但至今还在推出新书，应该是三联延续时间最久的丛书了。

“读书文丛”是范用先生初创的，他非常用心。作者多是思想文化界的前辈，不少还是他的朋友，都是历经劫难，“文革”后重获新生的，像李子云、丁聪、杨绛、舒芜、黄裳、柯灵、徐梵澄、吕叔湘、王佐良等等。后来加入了一些年轻的学人，皆为一时之选，一般是先在《读书》发文章，然后结集收入“读书文丛”。

我从 1983 年开始跟范用先生做“读书文丛”的封面设计，到 1998 年，总共做了四十五种，前二十九种的初版设计是比较经典的，延续时间很长。1996 年从王蒙的《双飞翼》开始做了改版，1997 年又微调过一次，总的来说，似乎第一版比较深入人心。

范老希望给丛书设计一个标志（logo），我画了好几个方案都没有通过，有一天他拿来一本他收藏的西班牙花笺图案的书，指着其中的一幅图片，提示我要画成“一位裸体少女伴随小鸟的叫声在草地上坐着看书”的场景，

读书文丛
情趣·知识·襟怀
谷林
读书文丛
净化人的心灵
李子云
生活·读书·新知三联书店
读书文丛
关于小说
杨绛
生活·读书·新知三联书店

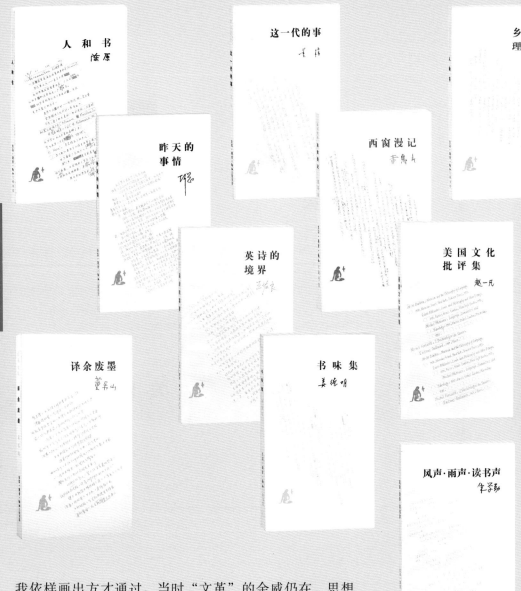

我依样画出方才通过。当时“文革”的余威仍在，思想禁锢，普遍保守，没有范老的启发和支持，我无论如何不敢画出一个裸体的少女来！

这套丛书开本小巧，大多篇幅不长，有的只有几十页，比如杨绛先生的《关于小说》。小开本可以随身携带，随时展读，是真正的“读书”文丛，像丛书 logo 想表达的那样，读书应如春风拂柳，心情是舒畅愉悦的。

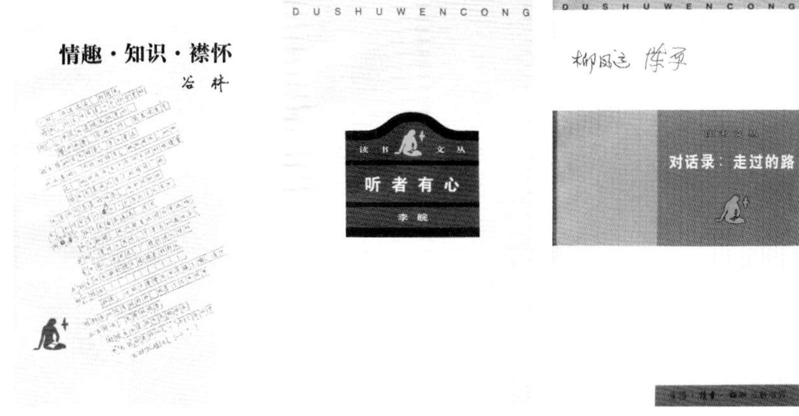

封面的主要设计元素是作者的手稿。我在纯白的纸上把风格各异的作者手迹断开，倾斜错落着排列，像雨像风，很有动感；下面是少女读书的丛书标志，一动一静。这个设计比较清新，有书卷气，很能代表三联风格中文人化的一面。

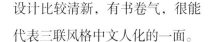

“读书文丛”颇能体现范用先生的出版风格，夏衍先生曾说，“范用出的，是文人写给文人看的书”，“他哪是在开书店（出版社），他是在交朋友”。

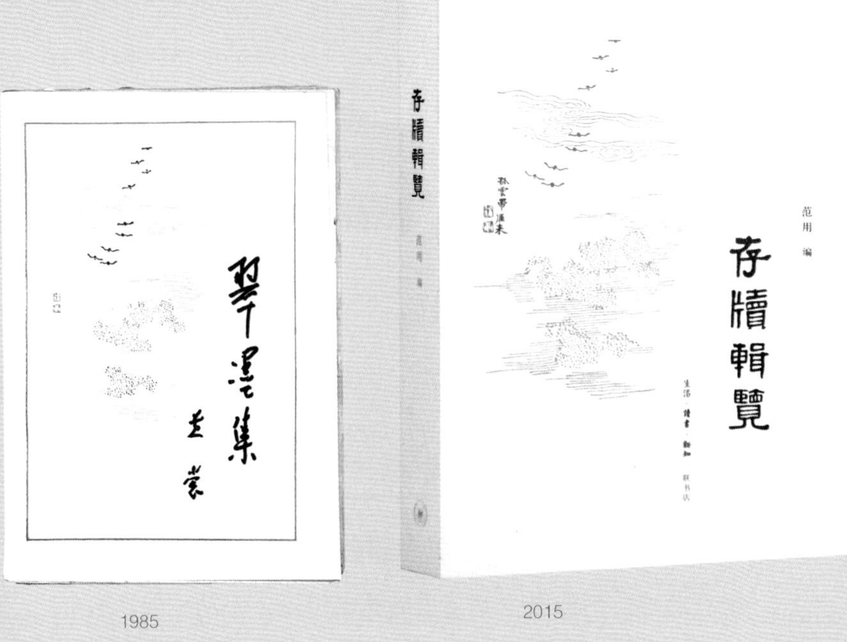

1985　　2015

范老一生与文人作家交往，积存了大批书信，晚年倾十年心力选编了一部《存牍辑览》，几乎做了全部的编辑工作，甚至画好了封面，并请了苗子先生题签。2015年出版的时候，他已去世，我遵照他的思路做了封面设

计。实际上1985年他给黄裳先生出《翠墨集》的时候，封面就用了同样的画稿，可见他发自内心喜欢这样天光云影、大雁高飞的画面，这个画面与“读书文丛”的logo一样，属于80年代文化的那个早春二月。

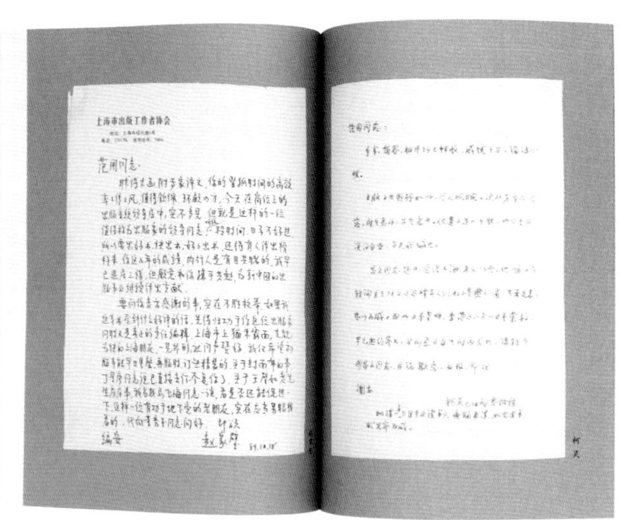

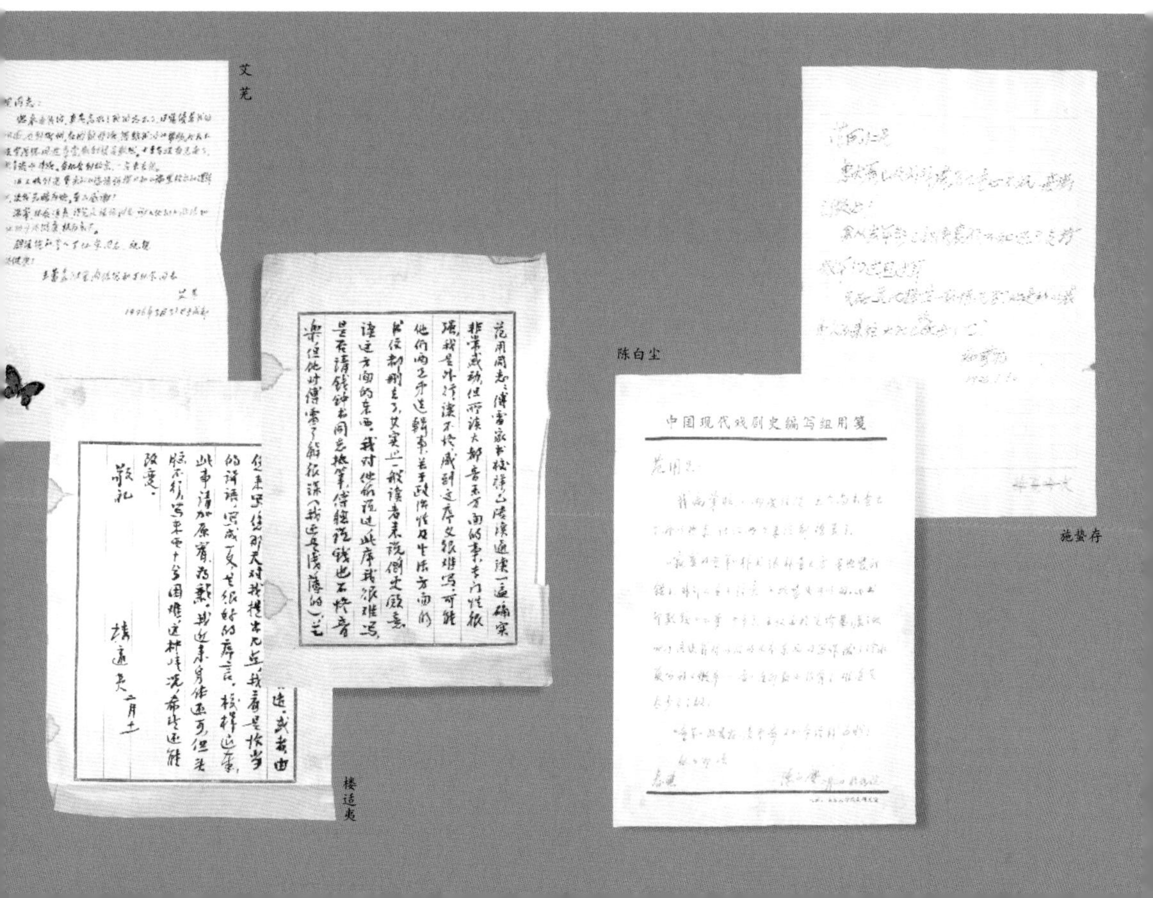

艾芜

陈白尘

施蛰存

楼适夷

陈原与范用

三联的很多老前辈都是热爱读书的文化人，比如50年代初就担任（人民出版社下属的）三联书店编辑部主任的陈原先生，他是1918年生人，比范老大五岁。

1994年我给陈原老的一本小书《书和人和我》设计封面。这本书我至今印象深刻，因为首次使用了特种花纹纸，当时的图书市场几乎没有。为了节约成本，封面只印了一个蓝色，但效果很好，因为纸张的纤维纹理本身就很漂亮。这本书设计简约，书名题签和漫画肖像都出自陈原老的手笔，随性俏皮，书人合一。

扉页是范用先生设计的，两位老前辈惺惺相惜。我们还用陈原老的自画像为他做了一些便签纸，他特别喜欢。

陈原
书和人和我
SHU HE REN HE WO
书和人和我
生活·讀書·新知三联书店

书和人和我

范用先生设计的扉页

用后请退
陈原
1993
0.55

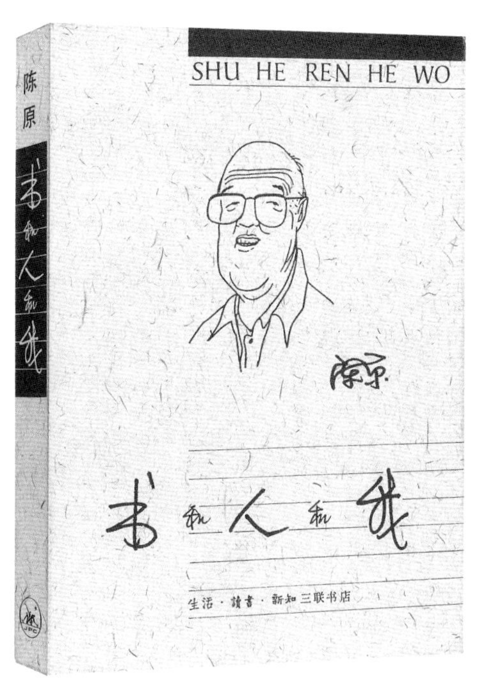

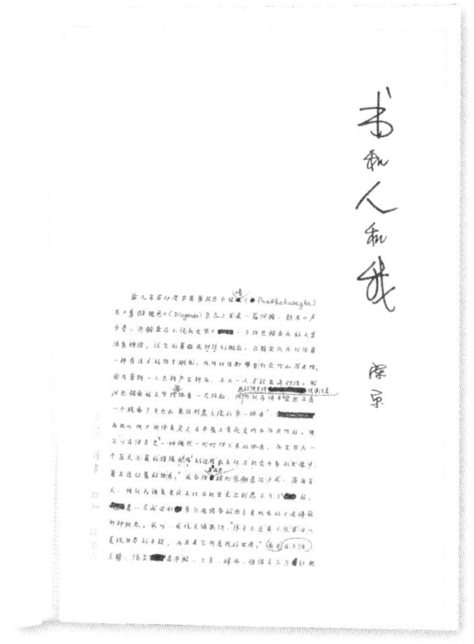

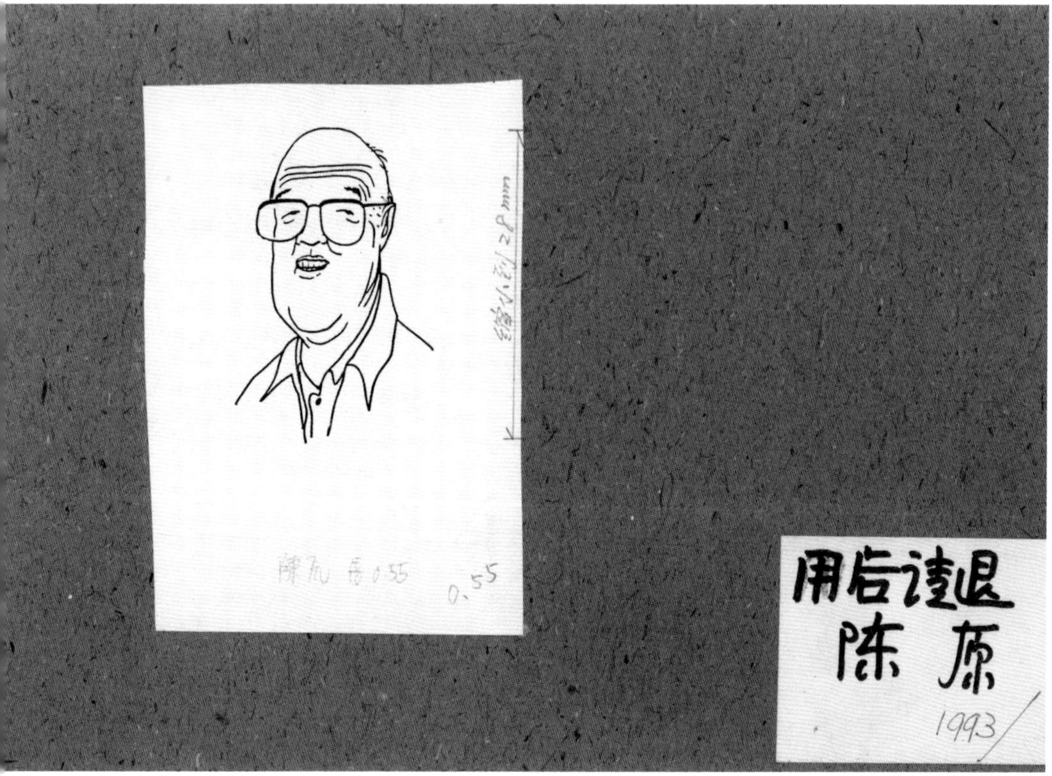

洗澡 32开
槐聚诗存 16开

1988
1995

钱锺书先生和杨绛先生与三联的渊源很深，杨先生在晚年的一篇文章里提到，他们上个世纪40年代在上海的时候，下午4点后常去住家附近的生活书店读书看报，感觉“生活书店是我们这类知识分子的精神家园”。

《干校六记》是1981年在三联出版的，当时能付梓面世很不容易，范用先生起了很大作用，还请丁聪先生设计了封面。小薄册子，五六十页吧，但影响很大。后来成了名作。

80年代杨先生高产，写了随笔、评论和小说，都是在三联出的。《关于小说》收入“读书文丛”；《将饮茶》和《干校六记》范老给做成姊妹篇的设计，小32开，白色封面，长方形线框里画了蒲公英和麦穗，属于80年代的浪漫意象。据说这一版设计杨先生很满意，她不大喜欢《干校六记》初版的封面。

范用、杨绛、李黎

三联书店20世纪80年代出版的杨绛作品

《洗澡》我看过手稿，很受触动，新中国的知识分子经受了太多磨砺。我虽然比杨先生小三十多岁，但经历过文革，她小说里写的 50 年代初的知识分子改造，我感同身受。

书籍装帧通知和记录表

急件	月 日
合同书	月
一般书	

书名	正题：洗澡 副题（只印扉页上）：
作者署名	封面：杨绛 扉页：
出版名义	三联　约计字数　19万
开本版本	小32开　平装　纸精　全精　横排　直排 大32开　平装　纸精　全精　横排　直排 开　平装　纸精　全精　横排　直排
丛书类书	—　多卷本　全一册
加印广告、内容提要（印在勒口或封四上）	
封面题字署名（印在扉页背面或版权页上）	发行方式：公开　内部　只限国内
内容提示和设计要求	作者要求封面雅致，或者只是洁白，题字（钱钟书写）。也可把这个钱题字另发。
发类编室附件	是否送作者看设计
责任编辑	沈昌文　年5月18日　室主任　年　月　日

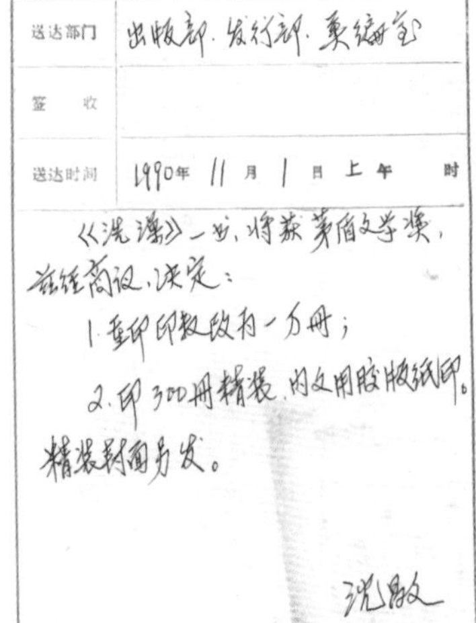

生活·讀書·新知三联书店内部通知单　编号

送达部门	出版部、发行部、美编室
签收	
送达时间	1990年11月1日上午　时

《洗澡》一书，将获茅盾文学奖，兹经商议，决定：

1. 重印印数改为一万册；

2. 印300册精装，内文用胶版纸印。

精装封面另发。

沈昌文

开单人

沈昌文先生告知“作者要求封面雅致，或者只是洁白、题字”。我体会杨先生的要求，希望封面能呈现一种知识分子内在的高洁疏旷的韵致，除了书名和作者，没有赘余，连三联的logo都只放在书脊上。封面用纯白色，中间一个椭圆形天蓝色块，像一枚指纹，或其他的什么，上面是钱锺书先生手书的“洗澡”二字，它可以让人产生与小说内容相关的丰富联想。

《洗澡》当年荣获茅盾文学奖，三联特地做了300册精装，封面用白色绢丝纺，在上面压凹凸书名，书脊烫蓝色电化铝。护封则是在0.7毫米的透明涤纶膜上做丝网印刷，这些材料和工艺在 80 年代末的出版界是比较罕见的。

钱先生的书最早在三联出的是他的诗集《槐聚诗存》，《钱锺书集》是 90 年代中后期开始启动，2001 年出版，那时候钱先生已经去世了。

《槐聚诗存》收录了钱先生 1934 至 1991 年间所作古诗约 270 余首。钱先生在序中写道：“自录一本，绛恐遭劫火，手写三册，分别藏隐，幸免灰烬。”以两位先生的影响力和联袂的方式，这显然不是一般的诗集，所以我和董总商量，可推出多个形式的版本。1994 年先出版了杨先生的手抄影印本，16 开，绿格宣纸，双色印刷，外加蓝色布面函套，完全采用传统线装书的封装设计。封面署名“钱锺书默存稿　杨绛季康录”，书名由杨先生手写——这是他们之间的一个“君子协定”，互相给对方的著作题签。

这一版定价 32 元，在当时不便宜，但依然洛阳纸贵。1995 年推出了铅字排印的平装本，给普通读者，印量很大。同年在线装本的基础上推出了木盒函套的限量典藏本。不同的版本针对不同的读者需求。

《槐聚诗存》后来收入《钱锺书集》，是阿智做的封面，简约大气。

杨绛先生手抄影印线装本

三联风格

把书做成最好的样子

槐聚詩存

錢鍾書默存稿

楊絳季康錄

生活·讀書·新知三联书店

一九七三年

叔子書來并示近什

書來行細報平安，因病能閒尚屬官。得酹腸猶起芒角，馳吟心未止波瀾。一流頓盡驚身在，六夢徐回視夜闌。為報故人善消息，殘年飽飯數相看。

序

余童時從先伯父與先君讀書，經、史、「古文」而外，有『唐詩三百首』，心焉好之。獨索冥行，漸解聲律對偶，又發家藏清代名家詩集泛覽焉。及畢業中學，居然自信成章，實則如鸚鵡猩猩之學人語，所謂「不離鳥獸」者也。本寡交游，而牽率酬應，仍所不免。且多俳諧嘲戲之篇，幾於謔虐。代人捉刀，亦復時有。此類先後篇什，概從削棄。自錄一本，絳恐遭劫火，手寫三冊，分別藏隱，幸

限量典藏本

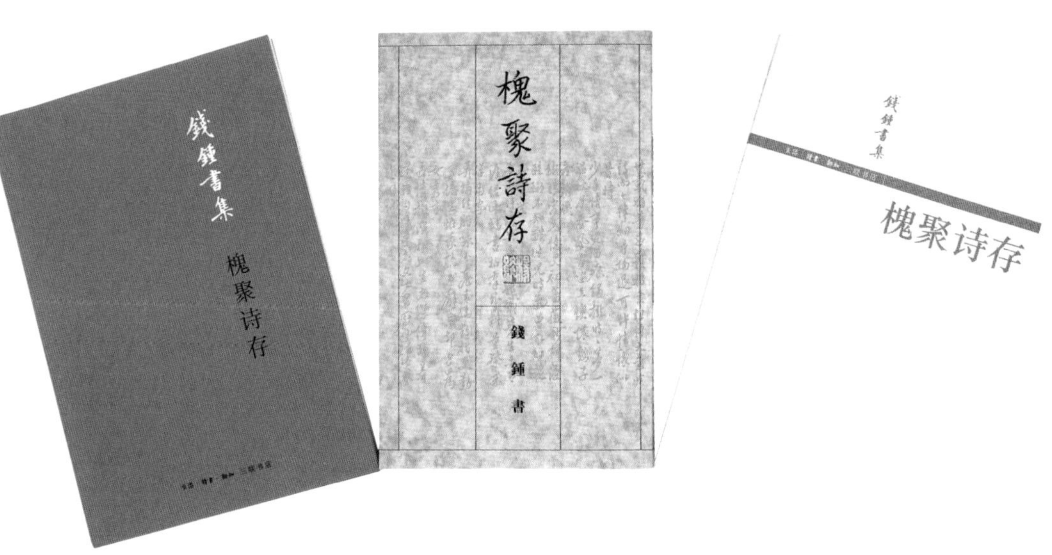

平装本，中间为宁成春设计；左、右为陆智昌设计，收入《钱锺书集》

《文化：中国与世界》集刊 大32开
文化：中国与世界新论 大长32开

1987—1988
2007—

“文化：中国与世界”编委会在20世纪80年代中期成立的时候，还是一群意气风发、志同道合的年轻人。他们与三联有很多合作，包括著名的“现代西方学术文库”和“新知文库”，这些书影响了大批的读者，也部分奠定了三联的思想气质。

编委会做过一个集刊《文化：中国与世界》，只做了5辑，时间是1987—1988年，估计现在知道的人不是很多了。

我当时刚从日本研修回来，在设计思路上受到他们影响，比如对称结构、颜色的冷暖对比、体现中西文化不同、使用西文字体等。这几点都体现在这套集刊的封面设计上。

“文化：中国与世界”几个字的布局比较有特点，上下左右结构并用，“文化”两个字最醒目，用经典的书法字体，从书法辞典里集出来。“文化”是80年代中国知识界的关键词，也是集刊的讨论宗旨。左上角的Ⓦ是编委会的logo，也是“文化”的意思。

“新知文库”和“现代西方学术文库”，最初的封面是范用先生设计的，我后来也参与了一部分。“新知文库”当

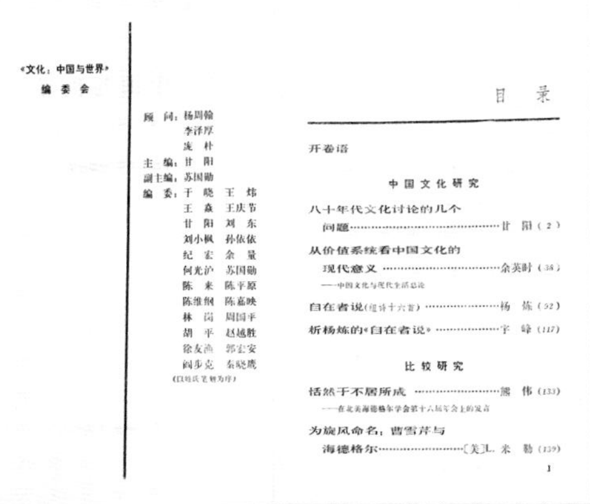

《文化：中国与世界》

编委会

顾　问：杨周翰
　　　　李泽厚
　　　　庞　朴
主　编：甘　阳
副主编：苏国勋
编　委：于　晓　王　炜
　　　　王　焱　王庆节
　　　　甘　阳　刘　东
　　　　刘小枫　孙依依
　　　　纪　宏　余　量
　　　　何光沪　苏国勋
　　　　陈　来　陈平原
　　　　陈维纲　陈嘉映
　　　　林　岗　周国平
　　　　胡　平　赵越胜
　　　　徐友渔　郭宏安
　　　　阎步克　秦晓鹰
（以姓氏笔划为序）

目　录

1

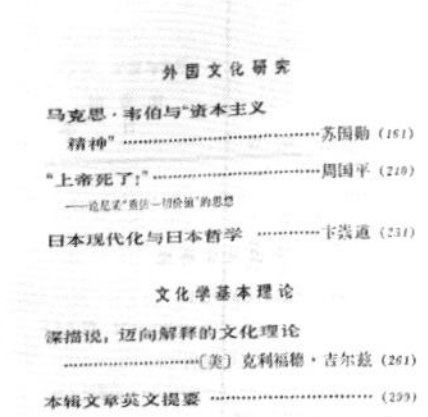

2

开卷语

中国要走向世界，理所当然地要使中国的文化也走向世界；中国要实现现代化，理所当然地必须实现“中国文化的现代化”——这是八十年代每一有识之士的共同信念，这是当代中国伟大历史腾飞的逻辑必然。

《文化：中国与世界》正是在这样一种时代氛围中诞生的。她以“文化”作为战略研究对象，力图对中国文化和世界文化的过去、现在、未来进行全面的、持久的、深入的总体性研究和系统性比较，以此为建设当代中国文化作坚实的理论准备和艰苦的实践探索。

当代中国文化的建设和形成必须具备三个最基本的要素或环节：一、坚持马克思主义、发展马克思主义；二、继承中国文化传统、光大中国文化传统；三、吸取世界文化成果、把握世界文化趋势——《文化：中国与世界》以此三点作为她的基本方针和奋斗目标。

为富有想象力地创造出当代中国文化的崭新形态，为满怀自信心地展望中国文化与世界文化交融会合的远景，我们愿意竭尽绵薄，与大家共同努力。

《文化：中国与世界》编委会

一九八六年一月于北京

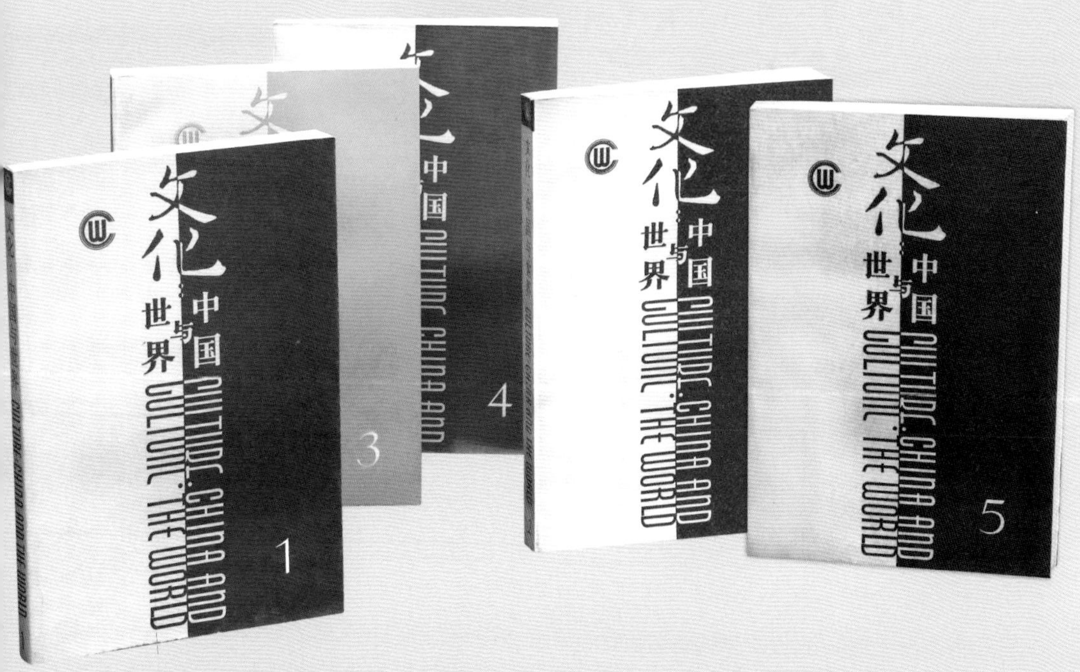

时影响很大，频繁更换封面，我做过一些，至今记得铃木大拙《禅与日本文化》封面上用的绿、红和黑色的大色块。

“新知文库”的 logo 是我设计的。当时有两个方案，一个是“苹果”，一个是“猫头鹰”，都是紧扣“新知”的西方寓意。后来都放弃了，因为追求知识是人的本能，是文化的共性，所以就换成了人举臂面向星光的造型。

形象：苹果，树的果实，知识的结晶。
猫头鹰：知识、智慧。

XIN ZHI WENKU

形象：猫头鹰的头，猫头鹰象征知识、智慧。
X：XIN“新”字拼音的缩写
Z：ZHI“知”字拼音的缩写
XYZ：英文的最后三个字母，象征专门、高级。
ABC象征初级、普及。

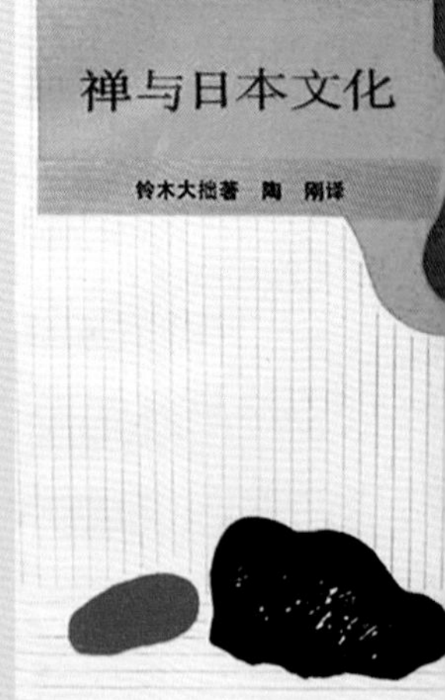

生活·读书·新知三联书店
北京朝内大街一六六号

杨进：
标志已退回，
选用下面这张。

袁
1988.6.14

新知logo的诞生

从人文思想的角度来说，“文化”和“新知”，代表了80年代。三联在那个时代恢复独立建制，应运而生，奠定了自己的个性特征与文化理想。

二十年后，编委会的核心人物甘阳在三联推出他主编的“文化：中国与世界新论”丛书。据责任编辑讲，甘阳主编这套书的初衷是想推出三五万字、言之有物的长文章，希望“每本书能以较小的篇幅来展开一些有意义的新观念、新思想、新问题”。因为篇幅不大，我就考虑用130×197mm的小开本，它比普通小32开（130×184mm）要长一些，比较秀气。三联在开本上总是“为新”的，喜欢根据内容特点做一些局部调整。

丛书的关键词依然是“文化：中国与世界”。我把二十年前那套集刊的中英文书名的设计压缩成一个logo，置于左上角，体现主编思想和丛书本身与80年代的延续和对话关系。另外我在右边口与书名齐高处设计了一个小小的长方形色块，它是对书籍内容的抽象提炼，比如《自杀作为中国问题》，我用的是纯黑色块；《“立面”的误会》是讲建筑的，我用了漂亮的建筑彩绘图案。这个小色块很小，但无论对内容还是视觉，都是点睛提神之笔。

三联·哈佛燕京学术丛书 大32开

1994—

三联90年代以后出版转型的一套奠基之作。董总在后来的一次座谈会上谈到了这套书的缘起：

跟哈佛燕京学社的合作很偶然，有很多人的帮助和推动。当时韩南博士有这样的心愿：帮助中国的年轻学者，推动他们的学术进步。我正好在哈佛开会，朱虹跟我提起这件事，我非常高兴，因为我也有这个心愿。80年代思想激荡，我们潮水一样地引进了西方很多思想著作，三联图书百分之七八十都是翻译著作。90年代大家希望在原创著作方面有一个进步。时代的需求和我们的愿望正好碰撞在一起，一拍即合。

"时代的需求和我们的愿望正好碰撞在一起"，这句话概括了三联90年代的出版理念，"哈佛燕京丛书"是这样诞生的，后来的"学术前沿"、"乡土中国"、大家著作集等很多三联标志性的图书，也都是这样碰撞和激荡出来的。我很有幸参与其间。

这套书从1992年发起，1994年开始出版，到今年整整30年了，总计已过百种。我参与设计了前12辑共

1994年版

1996年版

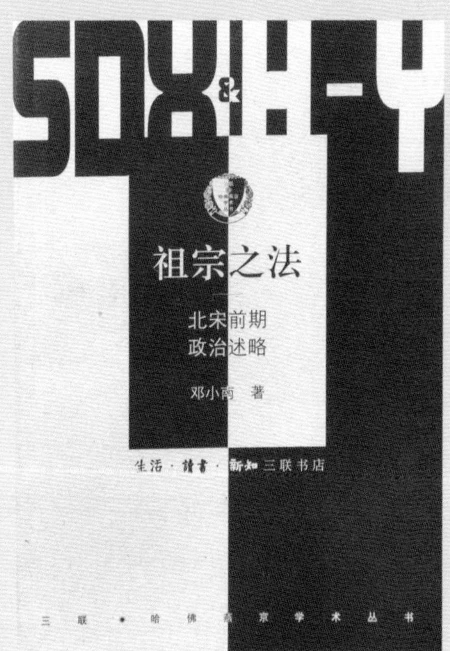

2001年版

2007年版

79 本，前后也有十五六年。

丛书设计重要的是提炼共性并抽象出一个形式，单本书的内容表达是其次的事情。这套书是三联与哈佛燕京学社合作的，所以我首先想到结构上的二分和颜色上的冷暖对比。丛书的常务编委赵一凡提供的哈佛大学的 logo 是个可以利用的图案，我做了些处理，把书名、作者和丛书名镶嵌其间。

1996 年做第三辑的时候，听取各方意见做了调整，首先是把哈佛的 logo 缩小，做成纯粹的装饰元素；其次是根据每本书的不同内容提取一些图案放在封面，这样每本书的个性就更鲜明一些，但这样做需要责任编辑和作者提供足够丰富的图片素材。

2001 年做第七辑的时候，又做了一个比较大的调整。如果说上一次的变化是想让封面更直观更具象，那么这一

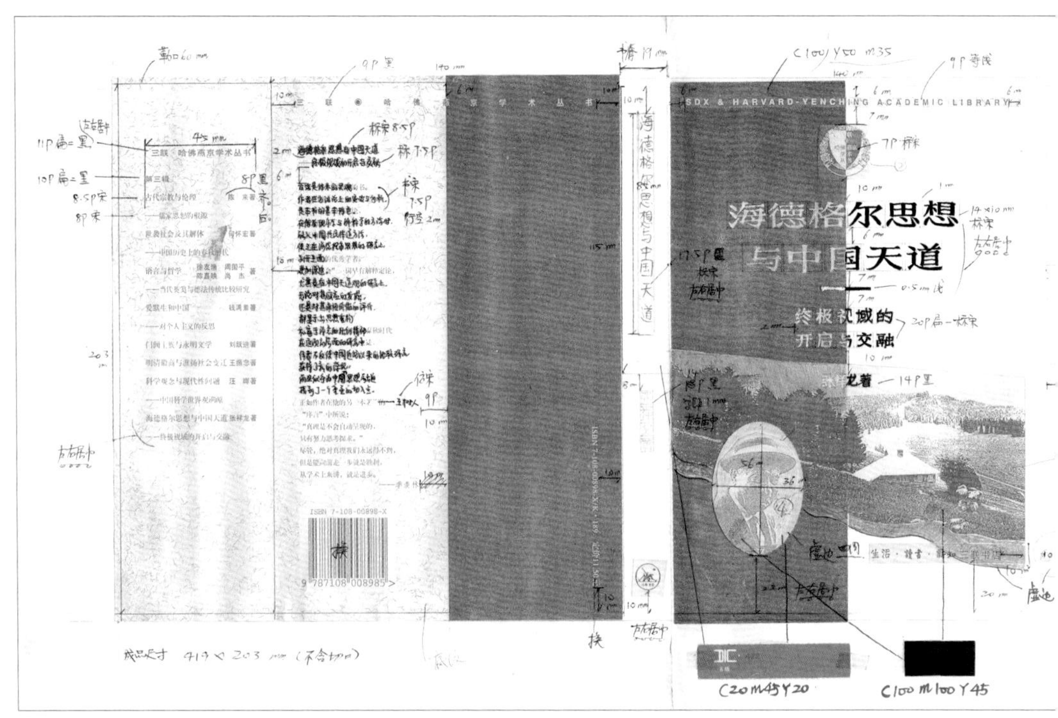

次是在西文字母的使用上做文章，把哈佛燕京学社和三联书店的英文缩写字母连缀放大，成为这套书真正的 logo，置顶于封面，它成了整个书衣最醒目的设计元素。

2007 年，我对这套书做了最后一次改版，删繁就简，去掉了其他元素，只保留了冷暖色调的嵌套对比和不能简省的文字信息。我当时的想法是，学术书的封面应该回归本质：简劲、朴素、庄重，不需要太多的装饰。

做这套书我有两个感受。第一，频繁调整封面，从今天来看，是不必要的。丛书的封面需要稳定，这样才会有经典性，像商务的“汉译名著”、中华的“二十四史”，以及国外的一些著名丛书，都是一个封面几十年不变，辨识度很高；第二，对学术书的装帧有一个认识和提升的过程。这套书十余年间我越做越简，哈佛的标志也是越做越小，某种程度上说明我们对原创性学术著作的认识越来越深刻，也越来越自信。

金庸作品集 大32开

1994

1993年三联准备出版《金庸作品集》的时候，也在紧锣密鼓地筹办《三联生活周刊》。董总让我和潘振平、钱刚（《周刊》首任主编，董总特地从《中国青年报》请来）一起去德国考察杂志运营，但在去之前要把《金庸作品集》的封面制版稿做出来，时间不到一个月。

那时候几乎全民都在读武侠、看金庸，我儿子也是金庸迷。为了做封面，我看了一部《鹿鼎记》，确实好看，但时间太紧，容不得我把12部36册全部看完。我就让我儿子把每一部小说的故事梗概讲给我听，尤其要讲故事发生的朝代背景，因为我被金庸小说丰富的历史内涵所打动，准备用古代的山水画来做设计素材。

我尽量给每部小说找到一幅或多幅历史背景大致相符的山水画，选取局部一一分配给各卷的封面和封底，比如《天龙八部》选用了明朱端的《烟江晚眺图》，《书剑恩仇录》选用了清袁江的《蓬莱仙岛图》，《碧血剑》选用了明仇英的《桃村草堂图》，《鹿鼎记》则用了多幅清人绘画，如王翚等的《康熙南巡图卷》、金廷标的《弘历行乐图》、郎世宁的《哨鹿图》，及清无名氏的《威孤获鹿图》。

金庸的小说是用武侠故事来讲述中国的历史文化及

射雕英雄传 四 金庸作品集
射雕英雄传 三 金庸作品集
射雕英雄传 二 金庸作品集
射雕英雄传 一 金庸作品集
金庸
射鵰英雄传
金庸作品集

神雕侠侣 四 金庸作品集 12
神雕侠侣 三 金庸作品集 11
神雕侠侣 二 金庸作品集 10
神雕侠侣 一 金庸作品集 9
神鵰侠侣

其背后的精神内涵，用山水画来表现在气质上是相得益彰的。山水画有山有水，天地人都包蕴其间，能引发读者丰富的联想，很适合表现似真似幻的武侠世界。金庸先生对这个设计很满意，估计也是因为契合了他的写作初衷吧。

在当时铺天盖地的各种盗版武侠小说中，这样的设计显得品味不俗，读者比较认可，后来出版的各种武侠小说，梁羽生的也好，古龙的也罢，基本都沿袭这个思路，以致后来大家都审美疲劳了。

三联版《金庸作品集》一直有很多盗版，前不久我听一个小朋友说，多抓鱼的鉴书师现在每天花时间最多的鉴定就是“三联版金庸”。想来虽然已经过去了二十多年，金庸作品也早已经转投他家，但“三联版金庸”依然深入人心，留存在大家的记忆中。

小长32开本

为发行设计的广告

大32开本

陈寅恪的最后 20 年 大 32 开

1995

三联 20 世纪 90 年代特别重要的出版物，掀起了知识界的“陈寅恪热”。看了这部书稿，我非常感动，作者陆键东采访多位当事人，“在超过千卷档案卷宗的翻阅累积上写成”，光写作就花费了四年多的时间。他在后来的一篇文章里说，这部书“交织着现实和个人精神的困惑与痛苦，以及久抑之下必蓄冲缺牢笼的气势”(《历痕与记忆》)。

无论是内容本身，还是作者的行文，给我的阅读感受都是情感的浓烈和气氛的压抑。为了传达这种感受，我首先考虑的是封面用黑色。陈寅恪先生晚年失明，无论在事实层面还是隐喻层面，我想不出其他的颜色，这是一个基调问题。

其次，我用了现代设计的表现手段，把全书的目录压缩到一起，用白字排列成颠倒割裂、错落无序的组合，置顶于书衣，约占 20% 的面积，它是传主人生最后 20 年的浓缩。我希望读者忽略这些文字的表面含意，把它看成一种有冲击力、有意味的形象。

右下方陈寅恪先生的照片是我从很多照片里一眼看中的，它特别能够代表陈先生晚年的精神气象，孤独而又坚定，仿佛在浓重的历史阴影里凝视着我们这些后人。

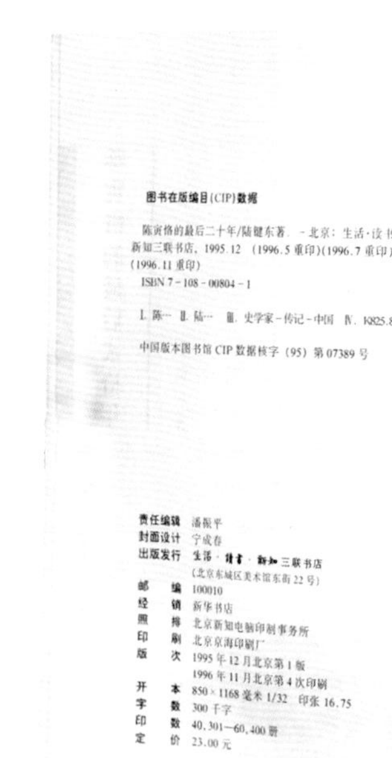

图书在版编目(CIP)数据

陈寅恪的最后二十年/陆键东著．－北京：生活·读书·新知三联书店，1995.12 (1996.5 重印)(1996.7 重印)(1996.11 重印)

ISBN 7－108－00804－1

Ⅰ. 陈… Ⅱ. 陆… Ⅲ. 史学家－传记－中国 Ⅳ. K825.8

中国版本图书馆 CIP 数据核字（95）第 07389 号

责任编辑 潘振平
封面设计 宁成春
出版发行 生活·读书·新知三联书店
(北京东城区美术馆东街 22 号)
邮　　编 100010
经　　销 新华书店
照　　排 北京新知电脑印制事务所
印　　刷 北京京海印刷厂
版　　次 1995 年 12 月北京第 1 版
1996 年 11 月北京第 4 次印刷
开　　本 850×1168 毫米 1/32 印张 16.75
字　　数 300 千字
印　　数 40,301—60,400 册
定　　价 23.00 元

1951年陈寅恪夫妇与三个女儿拍下的“全家福”

书名中的“最后20年”，“20”我用了阿拉伯数字是有考虑的，一方面陈寅恪先生是中西贯通的一代学人，既爱吃面包牛奶，又爱穿长袍，是位非常典型的现代中国学者；另一方面，阿拉伯数字“20”比起汉字“二十”在视觉上能使长方形色块有突破，给读者一种瞬间的速度感，醒目又有力。

这本书在我的设计生涯中有特殊的地位，不只是我以自己的理解传达了书籍的内容，让读者产生了思想和情感的共鸣，而且当年发生过一件事情，至今回想仍刻骨铭心，心有余悸。我可以把它当成一个故事分享给大家。

1995年4月15日的上午，时任三联编辑室主任的潘振平交给我一部书稿，说内容很好，让我先看看，并希望我亲自设计。书稿放在一个牛皮纸袋里，绿格稿纸手写，书名是《陈寅恪的最后20年》。下午我就开始看稿，看得很投入，舍不得放下，想带回家晚上接着看。

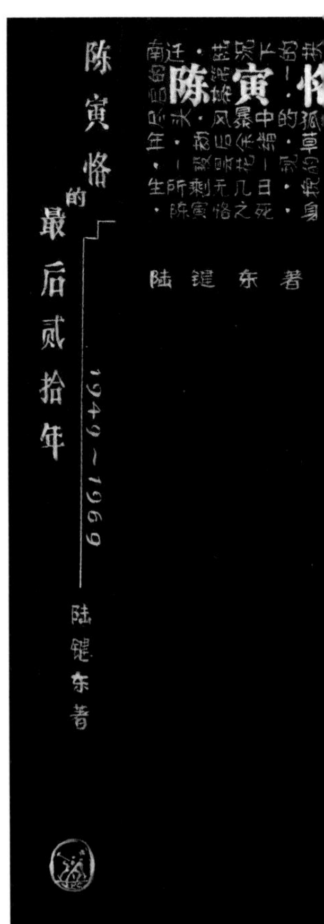

陈寅恪的最后贰拾年
1949～1969
陆键东著
陈寅恪
陆键东 著

下班后我把作者手稿放在书包里，夹在自行车的后座上就骑车回家了。当时三联借居在永定门外沙子口法国大磨房面包公司的一幢四层楼的办公室上班。我从永外沿着南护城河一路向东，过了玉蜓桥拐到龙潭湖西边的一条胡同。胡同不很宽，但人多热闹，是一个旧货市场，两侧都是摆摊卖旧瓷器的。

我骑车很慢以躲避行人，过了市场就拐到大街上，回到我在夕照寺街的家。我把自行车停放在车库，扭头一看，书包没了！当时又惊又急，心想是不是在单位车棚里没把书包放好，掉在地上了？没进家门，立马掉头就回三联。

设计稿

拼命地骑到三联车棚，一看什么也没有。失魂落魄。回来的路上慢慢地找，但是天快黑了，什么也没找到。哎呀，当时的心情不好形容，一宿没睡着觉，怎么也想不到会丢在哪里。

当晚就打电话告诉董总，董总当然也非常着急。据说前不久许医农大姐也丢过一部书稿，至今没找到。我听了以后更害怕，急得吃不下饭，睡不着觉，跑到永定门派出所、龙潭湖派出所报告。其后沿路寻找多次未果，那几天真是度日如年，悔恨愧疚！折磨了自己整整一周，头发一夜灰白。

潘振平比我更着急，没办法只好通知了作者。可想而知，作者听到这个消息该是多么痛苦。他没有留底稿，准备重写。我意识到我犯了多大的罪啊，重写一部二十万字的书稿，几乎是不可能的事！

两周过去了。一天上午，突然接到一个电话，说有一个书包在夕照寺街居委会，让我赶快去取。同事海洋立马开车带我到居委会去拿书包。原来是住夕照寺街——南护城河边上的一个胡同——的一位大妈早晨6点多钟开门，在门口发现了这个没有书包带的黑书包，里面有我的工作证和名片，还有一个牛皮纸袋，她就交给了居委会。见到书包的那一刻我高兴坏了，当时的心情也是不好形容。书稿完好无损，只是15号那天发的4000元工资不见了。

回想起来，这可能是我路过旧货市场的时候，因为骑车速度慢，被人从后面偷走的。我非常感激这个小偷，他没有把书包扔在垃圾桶里，没有把书包扔到河里。如果能见面，我一定好好感谢他。

爱乐 大32开

1996—

1993年董总从香港回到北京，正式接掌三联书店，确定了“一主两翼”的发展蓝图。当时董总和三联的梦想是在图书出版之外，开很多书店，做期刊群。《爱乐》1995年创刊，同年《三联生活周刊》正式出刊，《竞争力》杂志也在筹办中。

《爱乐》一晃都做了快30年了，能坚持下来特别不容易。古典音乐即使在西方，也是小众的。

这个刊物多次改版，光开本就变过多次。我参与封面设计是在1995—2000年，当时的开本还是大32开，像普通的书一样。

第一期是我做的，后来海洋和董学军也做了几期。大家一直在磨合调整，总不能确定统一的风格。1996年第三期的时候，我把封面的结构确定下来了，就是通过“爱乐”英文花体字把封面上下二分，上面是这一期封面人物的肖像，下面是某个欧洲音乐之都的绘画或场景照片，整体构图是想呈现古典音乐的历史氛围感。“爱乐”两个字用最明亮的黄色，摆在书店很醒目。

进入新世纪，《爱乐》就改版了，此后我再没有参与设计。

PHILHARMONIC
音乐与音响
1996
爱乐 4
1996 * 4
总第十一期
PHILHARMONIC
音乐与音响·双月刊
爱乐
虽不完美也动人：帕瓦罗蒂印象
现代圣乐的启示
"阿姐鼓"是否西藏
1999
爱乐 3
PHILHARMONIC
音乐与音响·双月刊
爱乐
穆特带给我们什么
我们时代的布里顿
"小奥"毕竟不是"老奥"
改变了我的音乐
钢琴留给我们什么

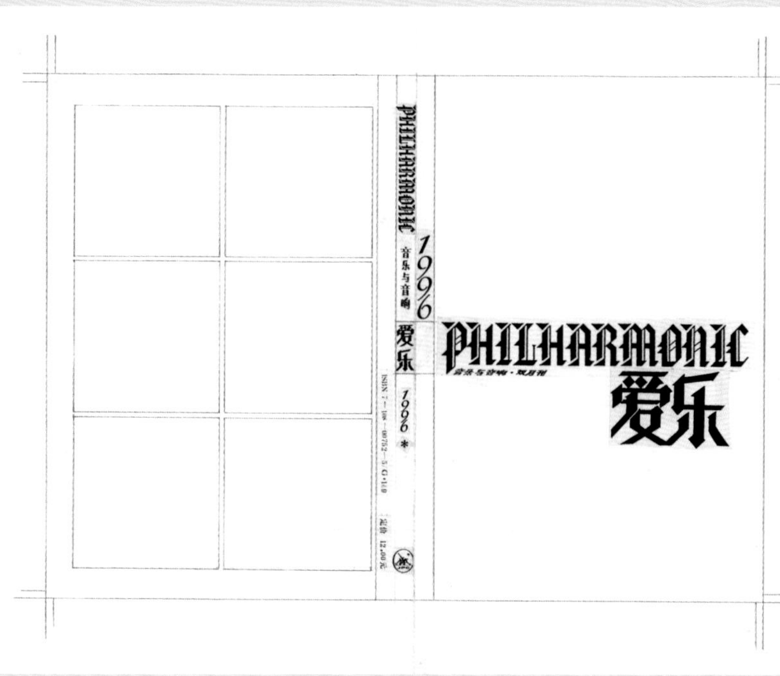

PHILHARMONIC

1998
2
PHILHARMONIC
音乐与音响·双月刊
爱乐
德彪西与法兰西趣味
我听到的哈农库特
1998年买什么唱片?
1999
4
PHILHARMONIC
音乐与音响·双月刊
爱乐
1998
3
PHILHARMONIC
音乐与音响·双月刊
爱乐
马勒的宿命
钢琴的黄昏?
我这样听巴赫
《留声机》的诞生
DG百年回顾
PHILHARMONIC
音乐与音响·双月刊
爱乐
版本断想
PHILHARMONIC
音乐与音响·双月刊
爱乐
享受"LIED"
"千禧龙年"—中国核桃夹子
我的瓦格纳选择
本世纪值得关注的10张唱片

学术前沿 大32开

1998—

90年代三联的学术出版多管齐下，除了“三联·哈佛燕京学术丛书”支持年轻学人的原创研究之外，在西学翻译方面非常活跃，继“现代西方学术文库”之后，陆续推出了好几套译丛，如1994年开始的“历代基督教学术文库”，1996年开始的“法兰西思想文化丛书”，1997年开始的“社会与思想丛书”，和1998年开始的“学术前沿”，这几套都是我设计的封面。当时还有一套“宪政译丛”，影响也很大，是董学军设计的。

这几套书的设计有两个比较相似的特点，一是用色饱满明亮，反差强烈，如“历代基督教学术文库”的黑白对比，“社会与思想丛书”的红、黄、绿、紫的大色块拼贴；二是使用西文字母作为装饰元素，像“社会与思想丛书”，我就用“社会”与“思想”英文的第一个字母S和T作为色块分割线的结构来整合整个封面，“历代基督教学术文库”的西文花体字（哥特体）也比较有特色。“法兰西思想文化丛书”与它们稍有不同，用了很多具像的元素，比如一些名画的局部，主要是跟内容有一个呼应，而且想表达法兰西文化比较浪漫、富有情趣的特点。

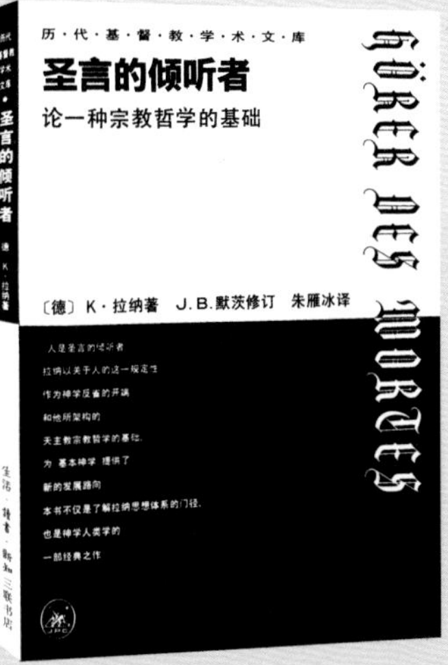

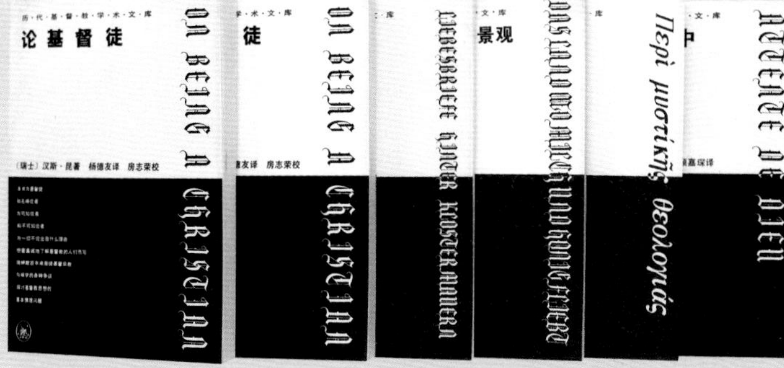

三联书店20世纪90年代比较重要的西学译丛

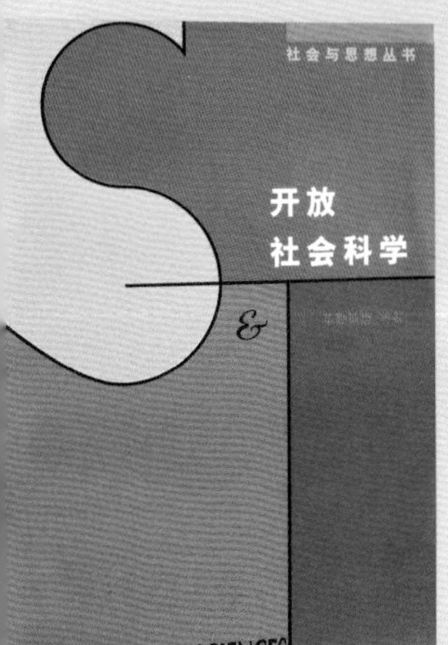

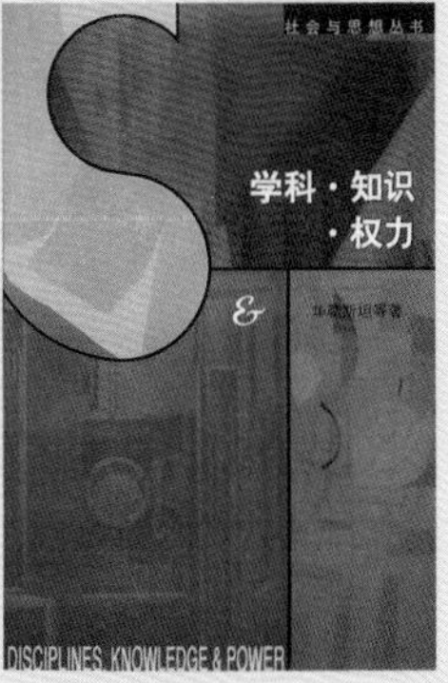

我想重点说一下“学术前沿”丛书，一是这套书比较有代表性，经典名作很多，二是它的生命力比较长，很多书迄今还在不断地重印。我前后做了二十多本，最初的几本部头都比较大，像《文明的进程》《家庭史》《15至18世纪的物质文明、经济和资本主义》，都是非常厚重的历史研究。我的主要设计思路是在书名上做文章，将中文和西文书名多行错落排列，字号很大，颜色跳跃富于变化，成为整个封面最吸睛的地方。“学术”的英文缩写 a 置于右下角，“前沿”的英文缩写 F 作为几何嵌套形图案铺底，整体显得又庄重又活泼，90 年代大家对前沿学术的理解可能就是那个样子吧。

学术前沿 THE FRONTIERS OF ACADEMIA
CHAOS AND GOVERNANCE IN THE MODERN WORLD SYSTEM
现代世界体系的混沌与治理
乔万尼·阿瑞吉
贝弗里·J·西尔弗 等著
王宇洁 译

学术前沿 THE FRONTIERS OF ACADEMIA
PHÄNOMENOLOGIE DER WELT
世界现象学
克劳斯·黑尔德 著
孙周兴 编 倪梁康 等译

学术前沿 THE FRONTIERS OF ACADEMIA
人权、国家与文明
〔日〕大沼保昭 著
王志安 译

学术前沿 THE FRONTIERS OF ACADEMIA
THE TREE OF KNOWLEDGE
知识之树
冯·赖特 著
陈波 编选
陈波 胡泽洪 周祯祥 译

学术前沿 THE FRONTIERS OF ACADEMIA
METAPHYSICAL HORROR
Leszek Kolakowski
形而上学的恐怖
莱斯泽克·柯拉柯夫斯基 著

学术前沿 THE FRONTIERS OF ACADEMIA
ORIGINS OF MODERN JAPANESE LITERATURE
日本现代文学的起源
柄谷行人 著

学术前沿 THE FRONTIERS OF ACADEMIA
The Beginning of THE END: FRANCE, MAY 1968
法国1968：终结的开始
Angelo Quattrocchi
Tom Nairn

学术前沿 THE FRONTIERS OF ACADEMIA
ORIENTALISM
Edward W. Said
东方学
爱德华·W·萨义德 著

学术前沿 THE FRONTIERS OF ACADEMIA
NATURAL RIGHT AND HISTORY
Leo Strauss
自然权利与历史

中国近代学术名著 小16开

1998

钱锺书先生平生唯一担任主编的丛书，以他遗世独立的个性能出面主持这样的事情很不容易，董总的热情和坚持打动了他。

从起意到出版先后花了整整十年（1988—1998）。宗旨是系统性地选辑19世纪初至辛亥革命前中国人文学者的代表性论著，展现中国学术文化从传统到现代的变易过程。计划出版50种。钱先生提出编辑设想，执行主编朱维铮先生提出编撰方案和拟选书目，并由钱先生改定。具体的组织实施是朱先生做的。

1988年立意做这套书堪称大手笔，有“预流”的性质，因为当时还是“西学东渐”的时代，三联影响最大的也是西学译丛。此时董总奉调到香港三联任总经理，她希望这套书能在大陆、台湾、香港同时出版，所以定为繁体字直排，开本则选择大陆还很少使用的小16开。这套书的版式是阿智（陆智昌）做的，他当时是香港三联的年轻美编；封面设计由我来做，因此是两个三联的合作，也是我和阿智的第一次合作。阿智的版式设计是比较新颖的，在传统繁体直排的基础上留出大片天头来放注释，是一种很大胆的格式，也方便读者阅读。

版式设计：陆智昌

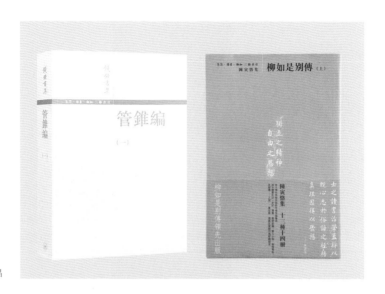

封面设计：陆智昌

后来三联出版《钱锺书集》《陈寅恪集》，我和阿智再次合作，只是角色颠倒了一下：他做封面设计，我做内文版式。

这套书封面设计的难点是如何突出主编和丛书名，同时又不弱化作者和书名，我利用其直排和中式翻身的特点，将这两部分信息分别放置于对称的两边，位置、排列、字体字号、工艺都不相同，各有特色，份量相当，比如“中国近代学术名著”几个字集自《张元济书信集》，用手写体；书名则用小标宋，烫漆片，书脊上的丛书名烫金，都很醒目。

书的用纸是比较讲究的，内文是 80 克纯质纸，包封和里封用的都是日本进口纸，这在 90 年代的大陆出版界还是比较奢侈的。包封纸张的纤维纹理非常漂亮，在上面印了细密的横纹；里封则在墨绿色有竖纹的纸上压凹凸，所谓“起鼓”，让“中国近代学术名著”几个字有碑文的效果。

里封在墨绿色有竖纹的纸上压凹凸，让“中国近代学术名著”几个字有碑文的效果

因为整体设计比较有特色，据说日本纸商来中国看到这套书后，特意请代理商来三联购买了一套带回日本。钱锺书先生拿到书后很满意，并提出他即将在三联出版的《钱锺书集》在设计和材质上“不能比这套书差”。后来董总兑现诺言，《钱锺书集》确实用了当时最好的设计和纸张。

三联后来的很多书都喜欢用 152×228mm 的小 16 开，其实是从这套书开始的，它成了三联的标志性开本，也带动了大陆出版界的开本革新。

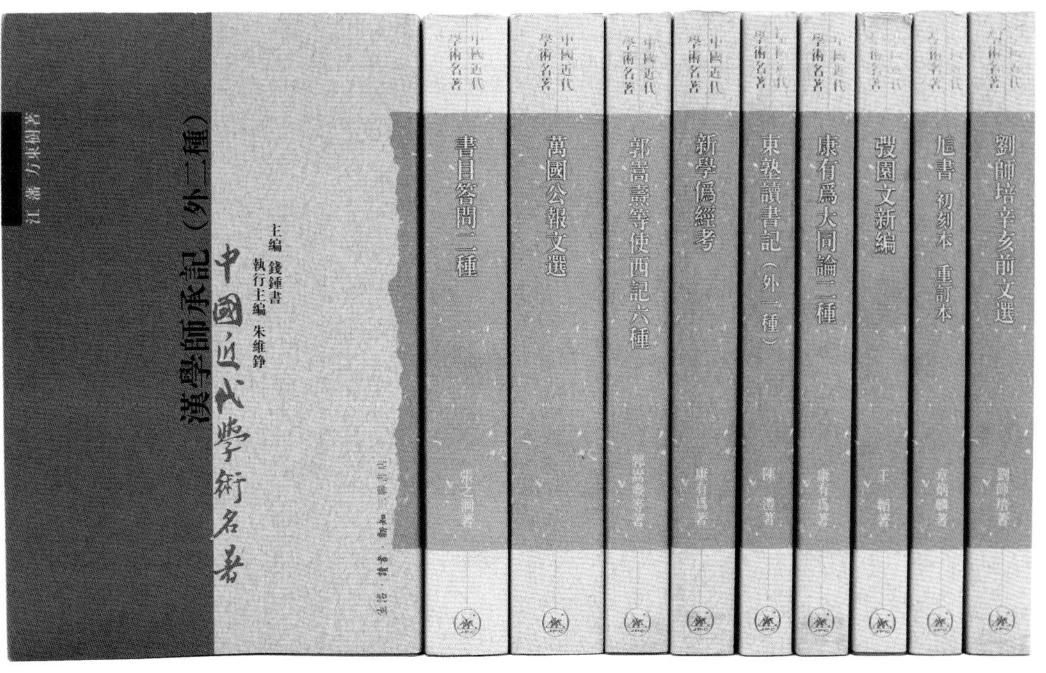

吴宓日记　大 32 开
吴宓日记续编　大 32 开

1998
2006

吴宓先生是陈寅恪先生的挚友，是钱锺书先生在清华读书时的老师，他们之间的友谊深厚绵长，《陈寅恪的最后 20 年》里有生动的记述；钱锺书先生为《吴宓日记》撰写序言，称赞吴宓"未见有纯笃敦厚如此者"。三联 90 年代中后期开始启动出版《陈寅恪集》《钱锺书集》，当时也准备出《吴宓集》，所以《吴宓日记》的书脊上有"吴宓集"三个字。

首批 10 册是 1910—1948 年间的日记，后来又推出第二批"续编"10 册，是 1949—1974 年间的日记。《吴宓日记》承载的固然是个人的生命记忆和心路历程，但也折射出大半个世纪的时代风云和沧桑巨变。为了呈现这种丰富的历史感，我把吴宓的日记手稿还有当时的报纸和日历进行拼接，与不同时期的吴宓照片一起构成一种叠印效果，仿佛回到日记的历史现场。

这个设计思路延用了 1995 年出版的《吴宓自编年谱》。它们都是吴宓的个人自白，应该有一种延续性。

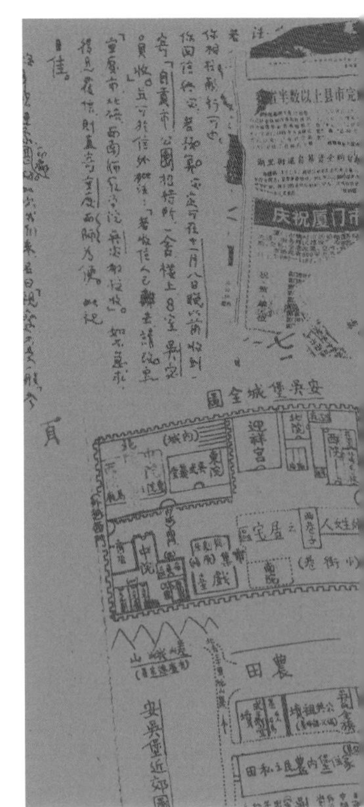

吴宓集
吴宓日记
I
1910~1915
吴宓日记
1917~1924
吴宓日记
II
III
IV
V
VI

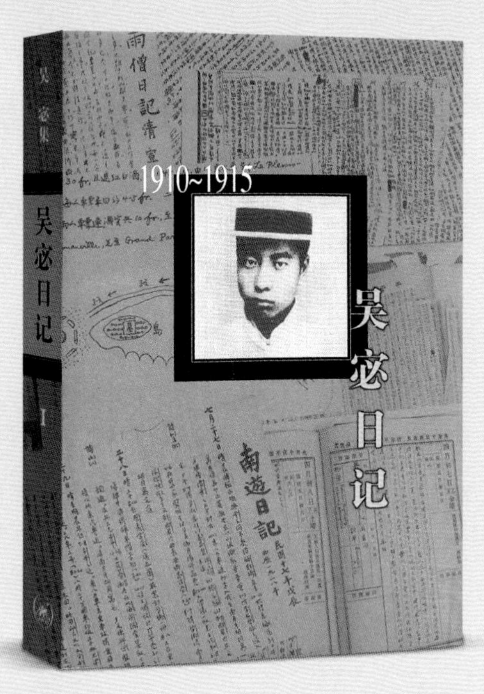

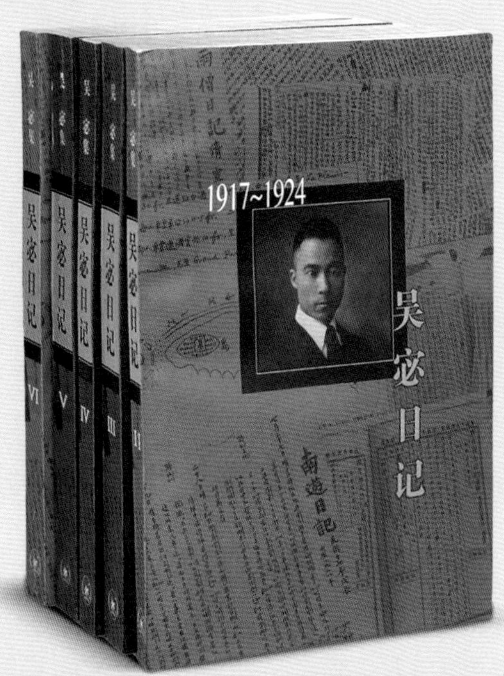

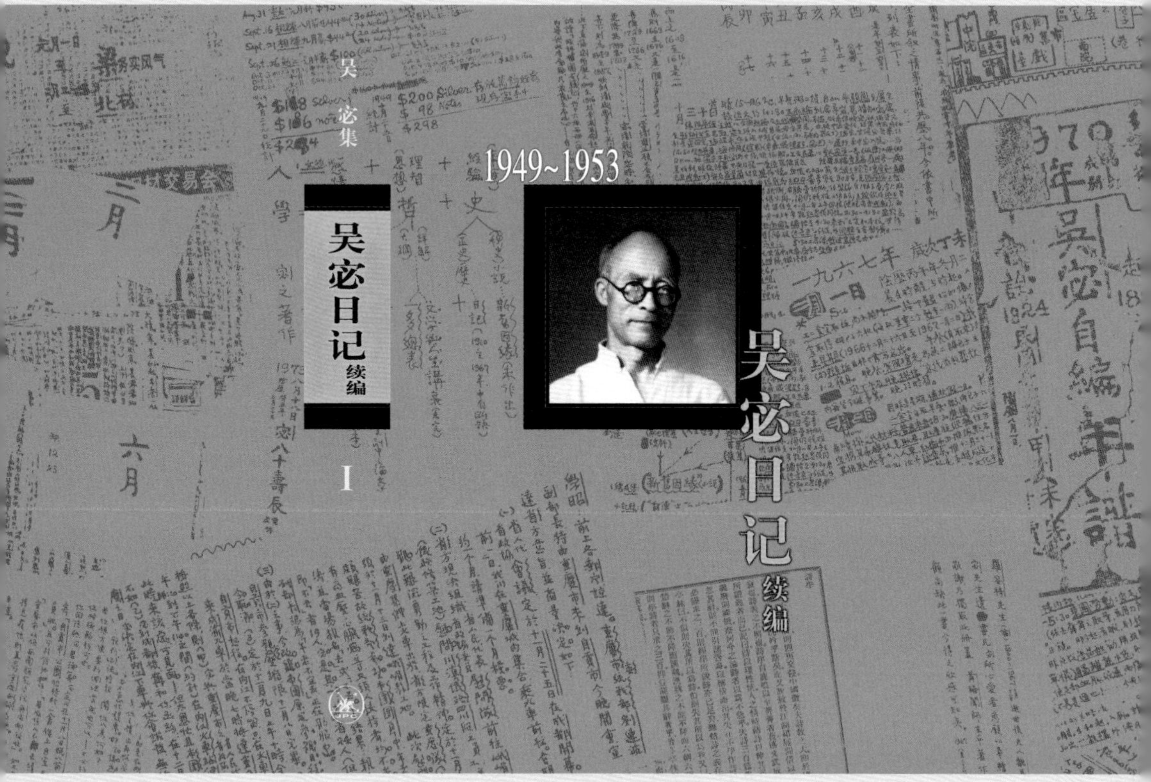

吴宓集
吴宓日记 续编
I
1949~1953
吴宓日记 续编

清酌用，如有不当处，便请删削。今权在先生之手，非[illegible]先吴宓

学昭女士大鉴：奉
摘示
先师日记中道及不才诸节，读後殊如韩退之之见殷
侑，"愧生颜变"，无地自容。先君与
先师雅故，不才入清华时，诸承
先师知爱。本毕业於美国教会中学，於英美文学浅
尝一二。及闻
先师於课程规划倡"博雅"之说，心眼大开，稍识祈向；
今代美国时流所讥DWEMS，正不才宿秉师说，拳拳勿失
者也。然不才少不解事，又好谐戏，同学复怂恿之，
遂才行小慧，以
先师[illegible]尊而不亲。且
先师为人诚悫，胸无城府，常以其言情篇什中本事，为
同学笺释之，众口流传，以为谈助。[illegible]适成
Imperfect Understanding 一书，中有专篇论
先师者；林语堂先生选作中文书评，甚赏拙译书名
为不够知己之雅切，温师遂命余以英语为书评
弄笔取快，不意使
先师伤心如此，罪不可逭，真当焚笔砚矣！承
命为
先师日记作序，本当勉为，而大病以来，心力枯耗，即就
摘示各节，一斑窥豹，滴水尝海。其道人之善，省己
之严，不才读中西文家日记不少，大[illegible]见有纯笃
敦厚如此者。於日记文学足以自开生面，不特一代文献
之资而已。
先师大度包容，式好如初，而不才内疚於心，补过无从，惟
有愧悔。倘蒙
以此书附入日记中，俾读者见老物尚非不知人间有羞耻事
者，头白门生倘得免乎削籍而标於头墙之外乎！敬请
卓裁，即颂
近祉。
钱锺书敬上 三月十八日

钱锺书为《吴宓日记》所撰写序言手稿

1916年清华学校明德社同仁
前排左起：曹明銮、凌其峻、张可治、叶企孙、瞿国眷、许震宙、唐崇慈。
后排左起：吴宓、陈器、余泽兰、王善佺、刘庄、董修甲、查良钊。

钱锺书先生《序言》手迹（一九九三年三月十八

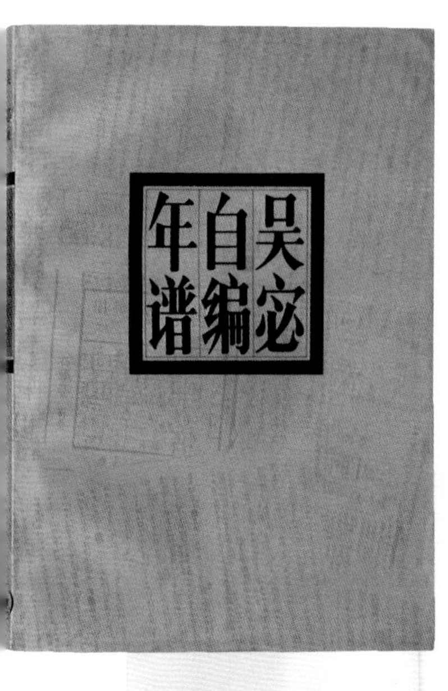

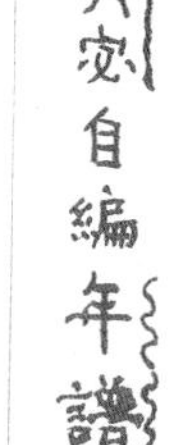

一八九四年至一九二五年
吴宓自编年谱
吴宓著 吴学昭整理

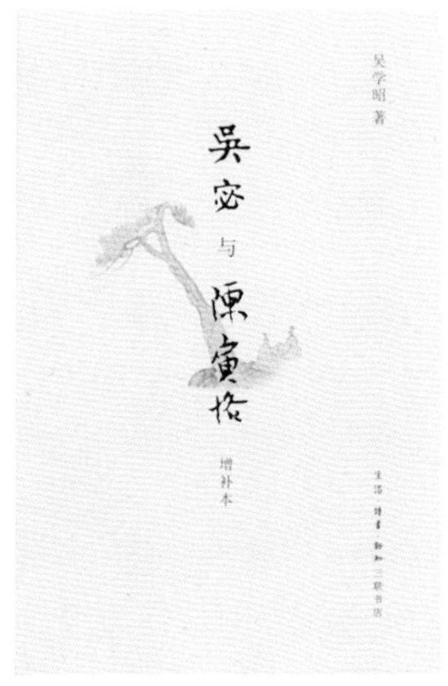

《吴宓与陈寅恪》，吴学昭著，封面设计：段传极

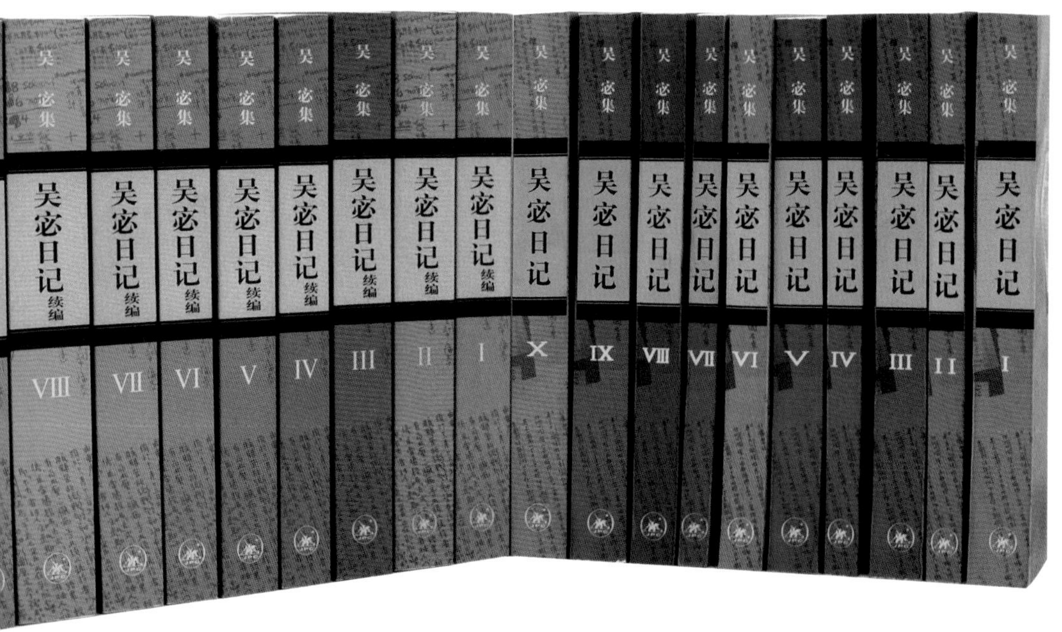

世界美术名作二十讲

（插图珍藏本） 小 16 开

1998

傅雷的《世界美术名作二十讲》自 1985 年由三联书店出版以来，一直是深受读者喜爱的艺术普及读物。之前做的是 32 开黑白版，卖了 12 万册左右。

1998 年三联五十年店庆，董总说要做个彩色插图珍藏版，这也是她从国际书展带回来的新概念。当时像英国 DK 那种图文书，中国大陆做得很少，一般还是把正文和图版分开排的，要想实现图文混排、图文并茂并不容易。

整体地考虑一本书的文字、图片安排和节奏，并在网格上把它画出来，大大地提升出版效率，这是我从日本学到的。留学时到一家出版公司参观，很厚的一本图文杂志，一周就能做出来，那时候也没有电脑，他们怎么做到的？用的就是网格设计这种办法，由一个人统一画小图，然后分成好多版面小组，很快就做出来了。我在志贺纪子工作室，干的就是在洗照片灯下画版式的工作。

责任编辑张琳拿来一些国外画册给我作参考。我注意到它们很多采用了双版心，即文字版心和图片版心分开设计，这样使图片得到了最大呈现，版式更为灵活，但仍然

插图珍藏本
世界美术名作
二十讲
傅 雷著
傅 敏编
生活·读书·新知三联书店
傅
雷
插图珍藏本
世界美术名作
二十讲
插图珍藏本
世界美术名作二十讲
傅
雷
新知 三联书店

柯罗《枫丹白露的森林》油画 1830年 175.6×242.6厘米

20

目 录

能保持严格的网格结构。书中图片原来用的是幻灯片，年久变色很厉害，我从自己的藏书里重新扫描，做了很多替换。封面的想法是把著名的蒙娜丽莎画像和傅雷的手稿叠加在一起，当时已经有电脑了，一边做一边调。

第一次决定做插图珍藏本，社里还是很紧张的。谁都拿不准。印多少呢？这么贵有人买吗？亏了怎么办？成本很高啊！开始的时候，先让出版部进行了一下测算，价格比较高。当时定价的方法是单本直接成本的 3 倍。我一看就放心了，因为我做出来不会太贵。开本是我定的，小 16 开，152x228mm 印刷费其实跟 32 开差不多。即使这样，最后定价也要 66 元，比之前黑白版的 12 元 8 角贵很多。去深圳中华商务印刷厂做这本书之前，副总编辑周五一叮嘱我千万不要印太多。那么到底印 3000 还是 5000 呢？董总交由我决定。考虑到降低单本印制成本，第一次还是印

19 乔托《圣方济各得圣痕》木板画 1290—1295年 313×163厘米 下面图为《圣方济各向小鸟说教》

第一讲 乔托与阿西西的圣方济各

第一讲

乔托与阿西西的圣方济各

乔托(Ambrogio ou Angiolotto di Bondone Giotto，1266?—1336)可说是基督教圣者阿西西的方济各(Saint François d' Assise，1182—1226)的历史画家。他一生重要的壁画分布在三所教堂中，其中二所都是方济各派的寺院。在阿西西教堂中，就有乔托描绘圣方济各的行述的壁画二十八幅。翡冷翠圣十字架大寺的内部装饰，大半是乔托以圣方济各为题材的作品。帕多瓦城阿雷纳教堂中，乔托描绘圣母与耶稣的传略的三十八幅壁画，也还是充满了方济各教派的精神。

所谓方济各教派者，乃是一二一五年时，基督教圣徒阿西西的圣方济各创立的一个宗派。教义以刻苦自卑、同情弱者为主。十三世纪原是中古的黑暗时代告终、人类发现一线曙光的时代，是诞生但丁、培根、圣多马的时代。圣方济各在当时苦修布道，说宗教并非只是一种应该崇奉的主义，而其神圣的传说、庄严的仪式、圣徒的行述、《圣经》的记载，都是对于人类心灵最亲昵的情感的表现。以前人们所认识的宗教是可怕的，圣方济各却使宗教成为大众的亲切的安慰者。他颂赞自然，颂赞生物。相传他向鸟兽说教时，称燕子为“我的燕姊”，称树木为“我的树兄”。他说圣母是一个慈母，耶稣是一个娇儿，正和世间一切的慈母爱子一样。他要人们认识充满着无边的爱的宗教而皈依信服，奉为精神上的主宰。

圣方济各这般仁慈博爱的教义，在艺术上纯粹是簇新的材料。显然，过去的绘画是不够表现这种含着温柔与眼泪的情绪了。乔托的壁画，即是适应此种新的情绪而产生的新艺术。

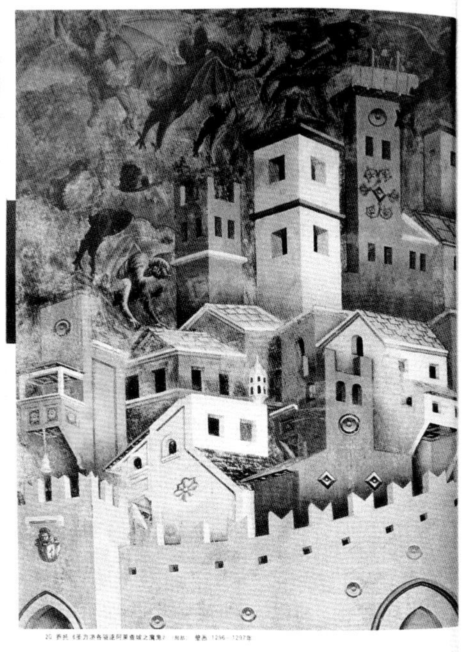

20 乔托《圣方济各驱逐阿莱佐城之魔鬼》(局部) 壁画 1296—1297年

乔托个人的历史，很少确切的资料足资依据。相传他是一个富有思想的聪慧之士，和但丁相契，在当时被认为非常博学的人。翡冷翠人委托乔托主持建造当地的钟楼时，曾有下列一条决议案：

“在这桩如在其他的许多事业中一样，世界上再不能找到比他更胜任的人。”

艺术革命有一个永远不变的公式：当一种艺术渐趋呆滞死板，不能再行表现时代趋向的时候，必得要回返自然，向其汲取新艺术的灵感。

据说乔托是近世绘画始祖契马布埃(Cimabuë)的学生；但他在童年时，已在荒僻的山野描画过大自然。因此，他一出老师的工作室，便能摆脱传统的成法而回到他从大自然所得的教训——单纯与素朴上去。

他的艺术，上面已经说过，是表现方济各教义的艺术。他的简洁的手法，无猜的心情，最足表彰圣方济各的纯真朴素的爱的宗教。

从今以后，那些悬在空中的圣徒与圣母，背后戴着一道沉重的金光，用贵重的彩石镶嵌起来的图像，再不能激动人们的心魂了。这时候，乔托在教堂的墙壁上，把方济各的动人的故事，可爱的圣母与耶稣，先知者与使徒，一组一组地描绘下来。

21 乔托《圣方济各在苏丹廷上》壁画

了5000，没想到两个月就卖光了，很快就加印。

这本书当时在国内是开创性的，之后市面上的彩色图文书和插图珍藏本就多起来了。三联还做过《米开朗基罗》以及“二十讲”系列，比如陈志华老师的《外国古建筑二十讲》和楼庆西老师的《中国古建筑二十讲》。他们都是清华大学的教授。有一次陈老师生病，董总陪楼老师去看他，聊天过程中就定下来这两本书的选题，请他们各写一本。他们很快就交稿，文笔流畅，通俗易懂。书中的照片是三联帮他们选配的，用带涂层的蒙肯纸来印四色，纸感更为柔软，便于阅读。通过“二十讲”系列，两位专业领域内的老师为更多大众所了解。当然这也跟当时的社会风气有关系，大家都开始关心古建筑。2004年三联还出版了他们的“乡土瑰宝”系列，展现乡土建筑独有的艺术魅力。

第十讲 皇家园林
承德避暑山庄
位于河北承德市内的避暑山庄是清朝最先建造的一座大型皇家园林。山庄所在地具有十分优越的自然条件，西北面有起伏的峰峦和幽静的山谷，东南面为平坦的原野，还有纵横的溪流与湖泊水面，山区的山泉，东面武烈河水加上庄内的热河泉使溪流、湖泊有丰富的水源。

楼庆西
插图珍藏本
中国古建筑
二十讲
生活·讀書·新知 三联书店
插图珍藏本
中国古建筑
二十讲
楼庆西著
生活·讀書·新知 三联书店

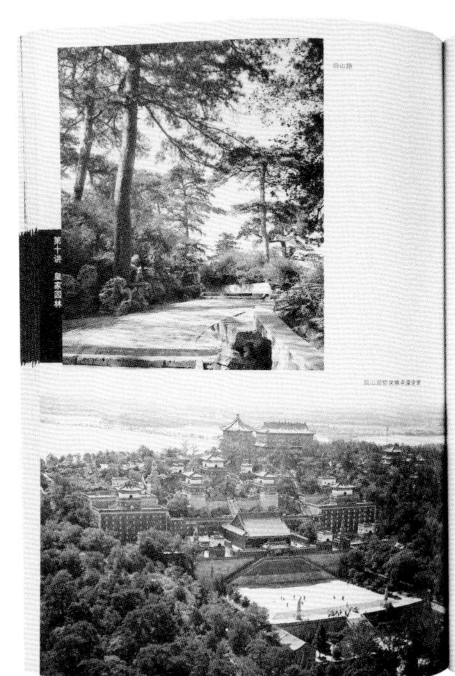

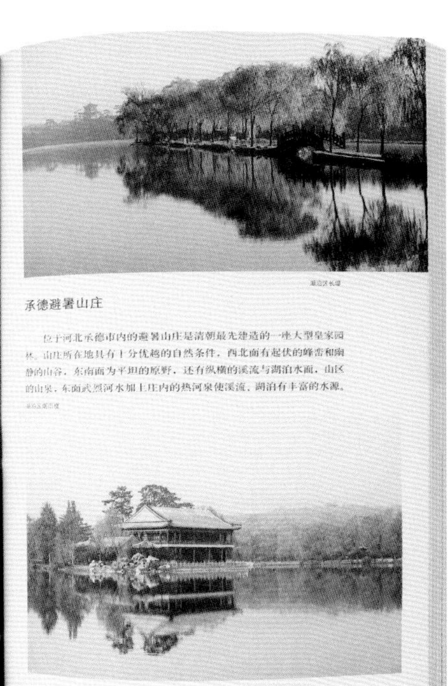

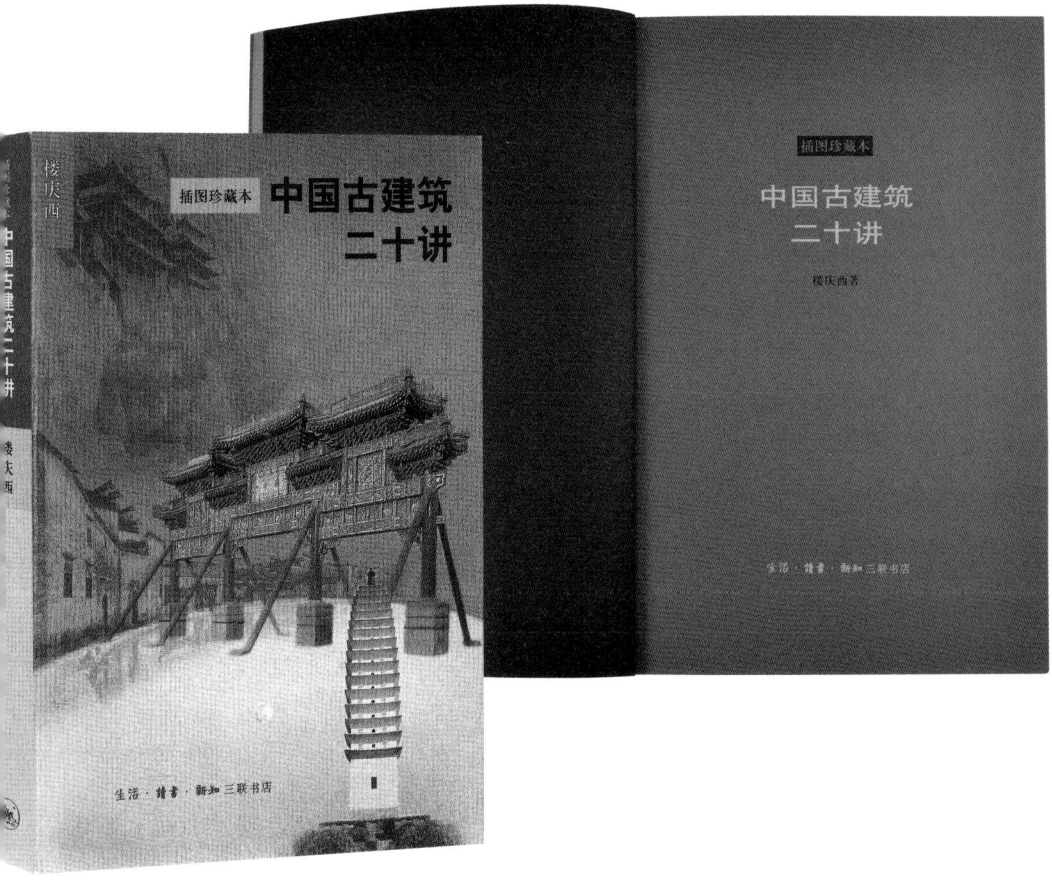

乡土中国　小 16 开

1999—2007

90 年代中后期，因应“读图时代”的兴起，三联推出了“二十讲”系列和“乡土中国”系列，由此开创了一个出版概念——图文书，影响深远。所谓“图文书”，就是图文一体，图片并非文字的附庸，而是与文字互相嵌入、彼此说明，因此内文版式有了比较大的革新。

在此之前，江苏人民出版社的“老房子”系列风靡出版圈，董总很喜欢，但觉得这个系列光有房子没有人，没有故事，缺乏人文内涵，三联应该弥补这个不足。于是决定做一套有自然有人文、有历史也有故事的系列书，以传统和富于地域特色的民居为主题。丛书一开始命名为“故园”，“乡土中国”是后来改的，借用费孝通费老

乡土中国
泰顺
刘 杰 撰文 李玉祥 摄影
乡土中国
晋中大院
乡土中国
福宝场
乡土中国
闽西客家
文 谢重光 摄影 李玉祥

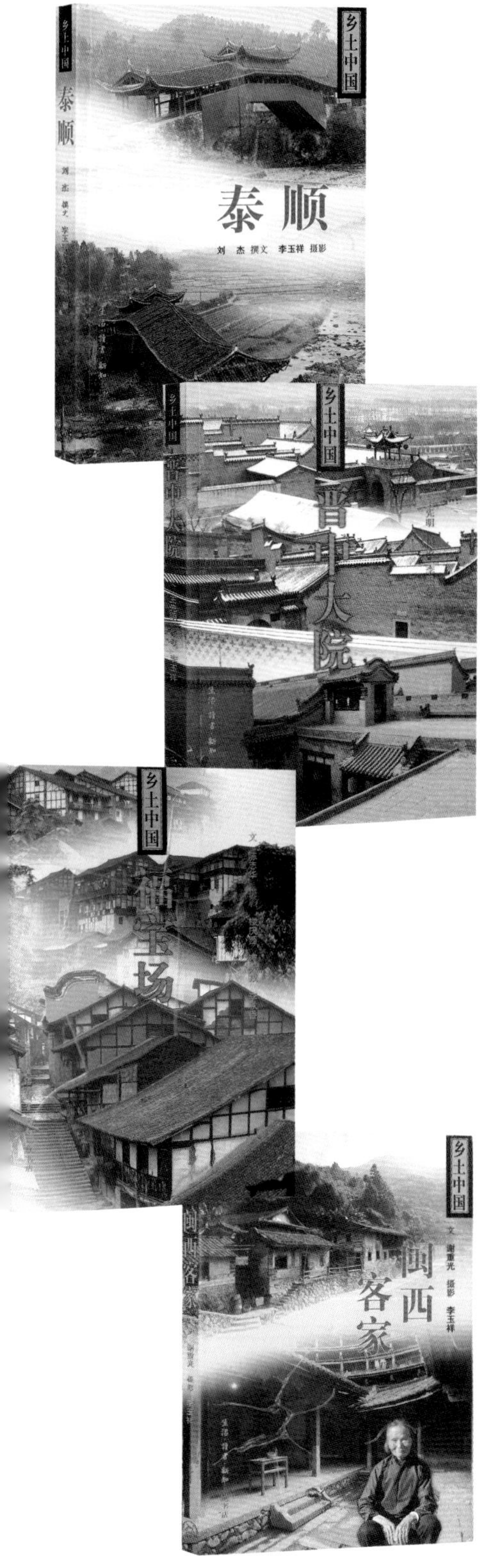

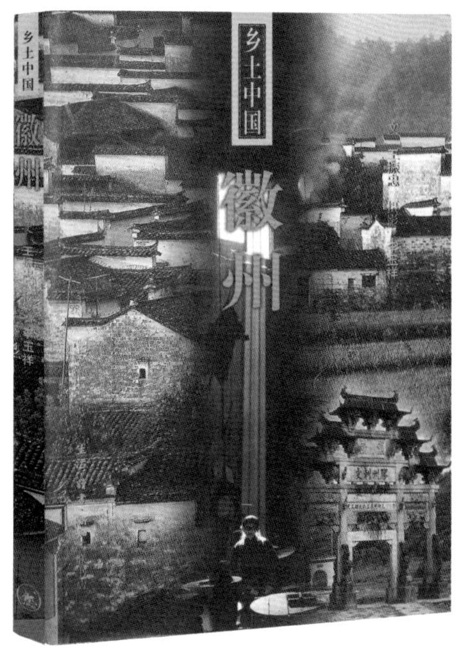

乡土中国
徽州

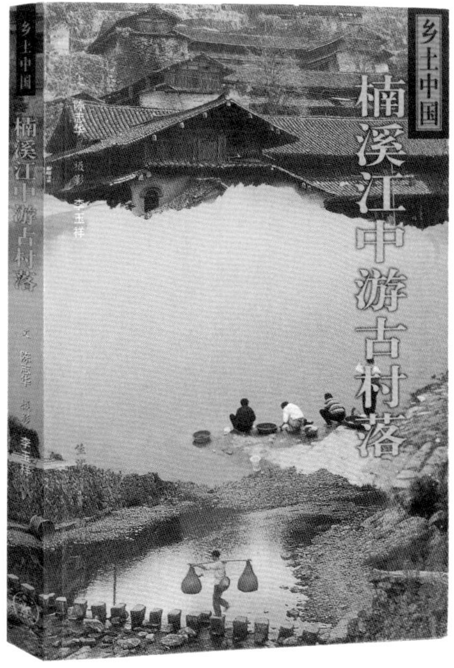

乡土中国
楠溪江中游古村落

的书名。为此，我在 1996 年把拍“老房子”的摄影师李玉祥引介给董总，他和董总，还有后来加入的责任编辑杜非一起策划了这套书。

有人说“乡土中国”系列，是“一流的文字，一流的摄影，一流的装帧”。装帧不敢说，但每本书的文字作者都是一流学者，或者说是不二之选，比如约请著名古建筑学家陈志华老师写了《楠溪江》和《福宝场》，约请复旦大学的王振忠老师写了《徽州》。摄影大部分都是李玉祥，他到过这些地方很多次，三联确定选题后，他到每一个地方去重新拍摄，书收入里的张照片都出自他的匠心独构。

图文书排版不同于纯文字书的地方，是采用双版心——文字版心和图片版心，后者略大于前者。文字用双栏，方便阅读也便于排图。全书图片很多，排法不拘一格，根据图片情况和文字内容有对开页全图、出血图、满版图、局部小图等等。图文之间错落有致，富于变化。不仅单页和对开页如此，全书都要注意整体性的节奏和秩序，比如每一章都从单页起双页讫，利用网格设计的方法把图文安排到位，既便于阅读，又符合视觉上的美感需求。

一级标题用当地志书中的地图铺底，书眉从线装书的花口变化而来，与封面“乡土中国”logo 的文武线方框设计相互协调，有中国的味道。

这种书眉设计还有一个重要的技术功能——限制工厂在拼版时粗心大意粗制滥造，因为只有精益求精才能

一级标题用当地志书中的地图铺

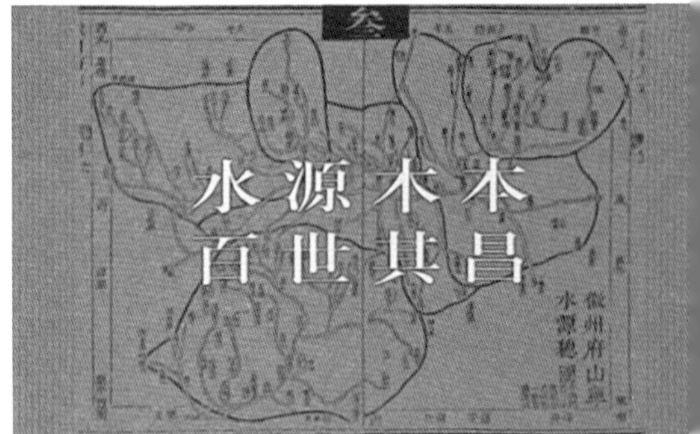

四色印刷，铜版纸

双色印刷，芬兰书纸

够做到切口的书眉整齐。

铜版纸和特种纸、四色和双色并用，是这套书在工艺和材料上的一个尝试，读者可以对比一下视觉效果。（见上页图）每本书极少的印张用了四色印刷，绝大部分都是双色，这固然有控制成本的考虑，不希望定价太贵，但双色能比较好地呈现图片的历史感，这种艺术效果是我想要的。李玉祥拍的都是135四色的片子，我们需要做电分，需要调照片颜色的反差。四色图片转成双色图，在没有电脑之前，是从四个颜色中选两个层次多的，一个作专色一个作黑色，因此层次阶调比四色图要少。有了电脑以后，我与工厂的技师商量把四色变成单色，这个单色图完全保留了四色图的阶调，用作专色版；再把单色曲线的最浅和最深各去掉10%，作为黑版。这样专色和黑色加在一起阶调加长，最深处也清晰，不会糊版。因此双色看起来比四色更清晰通透，层次更多。

要把双色印好，纸张是大问题。我选用了芬兰进口的蒙肯纸，也叫“芬兰书纸”，是国内图书首次使用这种纸张。为此芬兰的纸厂还专门请我去了一次，看到他们造纸机器的滚筒直径达10米，非常震撼。我是在深圳中华商务的印厂里看到的这种质感比较粗糙的纸，问杨师傅用这种纸印图片行不行，杨师傅说没问题，我就决定用它，因为粗糙的质感与“乡土中国”的文化内涵比较匹配。

事后证明，在蒙肯纸上印双色，效果是很好的，图片层次相当丰富。李玉祥说《楠溪江》书中的房檐图片，四色照片看不清楚的部分双色印出来反而都看清楚了。也是从这一本《楠溪江》开始，我们的双色制版技术有了改进与突破。

封面设计的难点，是如何呈现每一个地方社会的特点和灵魂，不仅是民居、风景之类物质层面的，更要有人文、历史等精神层面的。比如《徽州》，我通过作者的历史描述，认识到徽州这个地方的发展，女性在其中起到了特别重要的作用，男性出去经商，女性就在家里承担了一切，而且这个地方受礼教影响，有强烈的贞节观念，贞节牌坊遍布乡野。我用白墙黑瓦的徽州民居、硕大的贞节牌坊和背山靠田的乡村场景的图片布满整个封面，正中如中轴线般黑黢黢的阴影里有一扇被我有意拉高的窗户，一束光透进来，打在一位坐在锅台边的老妪的身上。这是我对徽州的理解：女性用她们的辛劳、承担和自我牺牲支撑起了这片土地。这样的构图和寓意比较压抑，我就把丛书名和书名用了暖色调的黄和红，冷暖对比，有比较强烈的视觉张力。

《楠溪江》这本的封面，看起来开阔愉悦得多，因为它的核心图像是一条河。为了呈现村落的古今对比，我用三张图片做了不规则拼接，上下两张用双色呈现，中间是四色分明的楠溪江，几位妇女在江边洗衣，一个惬意的村居生活场景。楠溪江连天接地，鉴照古今，川流不息养育着世世代代的村民。这是我对这本书的理解。

《楠溪江中游古村落》一书在装帧设计上，力求从内容出发，表现其独特的地域特点。在封面设计上用彩色强调它那碧水青山，在江水的两边用棕色调展示昔日的古村落及生活在那里朴素勤劳的乡民，环衬采用绿色更强调其自然属性。内文的双码、单码上都有书眉，吸收了中国古代传统线装书的优良传统。每个章节的标题都配有相关的昔日志书上的黑白线图，书中引文采用楷体，这些都渲染了楠溪江浓厚的耕读文化的历史气息。

楠溪江中游古村落在建筑上采用的材料是蛮石、原木，充分体现自然的本色，所以设计师采用有些泛黄的芬兰纸，这种纸十分接近东方传统纸张，很好地体现乡土建筑的历史年轮感。

为了达到最好的效果，设计师亲自到印厂与制版工人研究，保证了印刷质量。用设计者的话来说：“图书设计已不是昔日狭义上的设计，它应是广义上的整体把握，设计一本好书，前提是文字漂亮，图片精彩。”

李玉祥

一个形神兼备的书籍设计

吕敬人

很难看得到像《乡土中国·楠溪江中游古村落》那样让人情不自禁地拿来翻阅，又令人爱不释手地慢慢品味的书了。这是三联书店最近出版的由陈志华文、李玉祥摄影、著名设计家宁成春设计的图文并茂的新形态书籍，内容和形式、图像与文字互为融合、相得益彰。虽不豪华，也不张扬，但自然动人，富有感染力，是一本具有国际水准的读物。

书籍的装帧不仅仅是外表的打扮，而是将司空见惯的文字融入耳目一新的情感和理性化的秩序驾驭。《楠》书的设计没有把文字内容和图片做简单化的看图识字处理，其理念是进行有序有情的编辑策划和图像、文字、色彩、纸材、印刷的整体运筹和信息的再设计。

从封面、环扉、目录、地图页、彩图页、每一章首页，以及图文构成的虚实疏密、布局的节奏张弛、文字群的灰度与空白、照片的裁切配置与视觉流动……均有精心的思考。如封面右上角用中国传统书籍文武线组合的方框中呈现的红底黑字，面积很小，却具有浓浓的乡土情趣，是点睛之笔；再如每一章节页的题目，均衬有古色古香的村落地形地势平面图谱，既强调书的人文主题，又起到了十分理想的分割关系；书籍符号（标题、题眉、正文、图版说明、注释、分割线、页码……）均注入视觉美感和实效功能设计语言的运用；全书设计更强调一般书籍所忽视的印制工艺和材质性格，采用具有自然气息的非光质轻型纸，并选择棕色照片基调定位，精密印刷，达到古村意韵的主题表达效果。

眼视手触心读《楠》书，乡土气息扑面而来。设计者的书籍整体设计理念在这本书中非常完美地得以体现。

归纳以上，我认为《楠》书的设计有以下几个特点：

1.体现书籍整体设计的新概念。

2.具有信息传递方式的时代性。

3.体现本土文化内容的重要精神把握。

4.书籍美感与阅读功能的条理性关照。

5.书籍设计中综合视觉语言要素的充分运用。

6.印制工艺和纸张性格的整体注入。

书是让人来阅读的，与那些徒有华丽外表而形态单一、内容贫乏、无艺术表现力的书籍相比，《楠》书确是值得细细品味的“佳酿”。装帧与内容、外在与内在、造型与神态，只有使其完美地融合才可达到形神兼备的阅读效果，给读者带来真正的愉悦。

我的藏书票之旅 小 16 开

2001

出版说到底要做出文化的格调和品味。董总对选题把关非常严格，要求尽可能呈现出文化底蕴，如果只有不经鉴别的收藏，缺乏有内涵的文字，那样的话是不会出的。吴兴文先生曾任台湾远流出版社的总编辑，也是藏书票收藏家，几十年来苦心经营，从世界各地收藏了大约一万多枚藏书票，不但数量巨大，而且他特别会写，对出版、艺术、读书都有所涉猎，能够赋予这些藏书票以灵魂。

吴先生的文字都比较短，言简意赅，每篇不超过两页，我就采用一页图一页文的形式，上机时用 4+1 印刷，使黑白、彩色页面有规律地穿插在一起。补白的地方安排了一些装饰，这些装饰都与藏书票的主题有关，丰富了内容，薄的书就做得比较厚了，可供读者仔细把玩欣赏。扉页前还单印一张藏书票，比较好地体现了三联的文人趣味。

插图珍藏本 我的藏书票之旅 吴兴文

吴兴文

插图珍藏本

我的藏书票之旅

生活·讀書·新知 三联书店

英国传统田园风格的代表
——格林韦

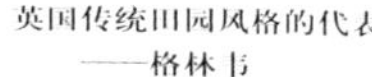

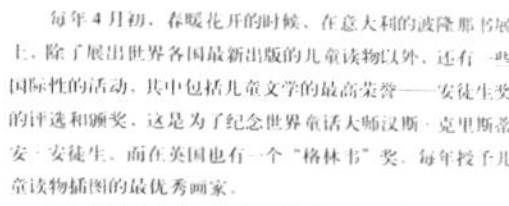

每年4月初，春暖花开的时候，在意大利的波隆那书展上，除了展出世界各国最新出版的儿童读物以外，还有一些国际性的活动，其中包括儿童文学的最高荣誉——安徒生奖的评选和颁奖，这是为了纪念世界童话大师汉斯·克里斯蒂安·安徒生。而在英国也有一个“格林韦”奖，每年授予儿童读物插图的最优秀画家。
18、19世纪之交，英国因为比尤伊克发明木口木刻，可以以精密的技法忠实体现出插图稿的原有风貌。加上埃德蒙·埃文斯（Edmund Evans）改良了1835年巴克斯特（Baxter）的三彩印刷（黑、红、蓝），而使得它跻身于少数几个优先在儿童书籍中加上大量艺术插图的国家。埃文斯将这个技术传给19世纪末三位大插图画家，其中以格林韦（Kate Greenway，1846—1901）最能代表英国传统的田园风格，所以为了纪念她而设这个奖。
格林韦1846年生于伦敦的霍克斯顿，父亲是位木刻家及绘图师，因而从小受到父亲的熏陶，长大后又到艺术学院及大学接受专业与学术的训练。她对英国早期的服饰很有研究，从画面上这款藏书票便可得知。1875年出版一系列情人卡片《爱之箭袋》而一举成名。1879年出版第一本图文并茂的儿童画册《窗下》，销售达15万册，并在法国、德国出版，成为她事业的转捩点。接着是《生日读本》（1880）、《鹅妈妈》
23

考古人手记 小16开

2002—2005

和音乐、建筑一样，考古本来也是比较专门的领域，但三联希望能从文化普及层面介绍给更多读者，让关心文物考古事业的普通人士也能了解到一些田野发掘和珍贵文物出土的实际情况。为此董总邀请朱启新先生主编一套《考古人手记》，由建国以来历年重大考古发现的发掘主持人来撰写，每人写一事，数人数事集成一本，读者从中基本可以了解到一个重大发现的过程、主要内容、价值以及与发现有关的观点、事迹等。读过书稿以后，我对这些考古人非常敬佩，他们长年累月在田野发掘，留下了大量记录珍贵一手资料的笔记本，于是我就把这种笔记本的形式用在了封面上。

后来，这个出版计划又发展成为“中国重大考古发掘记”书系，已经出版的包括《曾侯乙墓》《秦兵马俑》《满城汉墓》《徐州狮子山楚王陵》等卷，一本书只讲一个重大发现，大大加深了读者对考古发现的理解。为了对细节做更充分地呈现，这套书用的开本比《考古人手记》稍大，是经典的170×240mm图文书开本，版心采用双栏，图文混排，更便于阅读。纸张也与一般的考古报告和研究著述不同，用的是轻型纸，双色加四色印刷，把彩色图版集中

朱启新 编
考古人手记
第一辑
生活·讀書·新知 三联书店

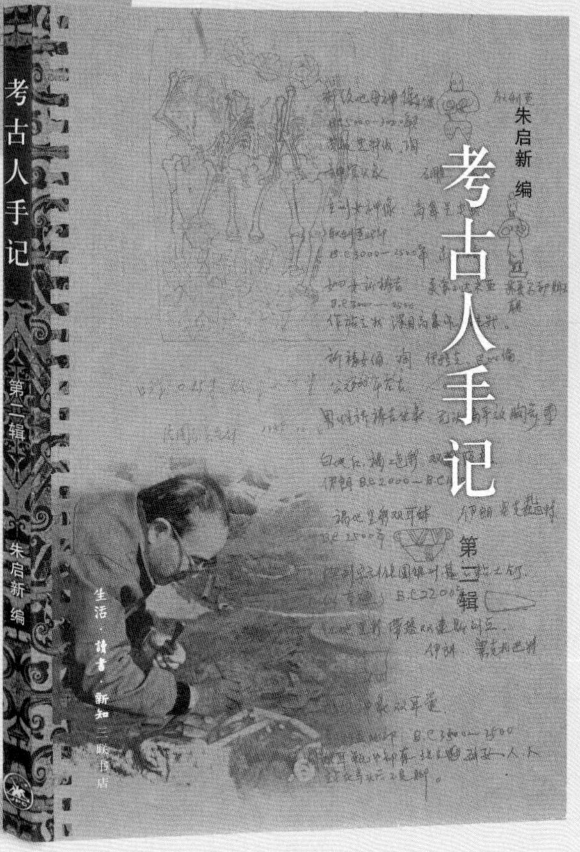
朱启新 编
考古人手记
第二辑
生活·讀書·新知 三联书店

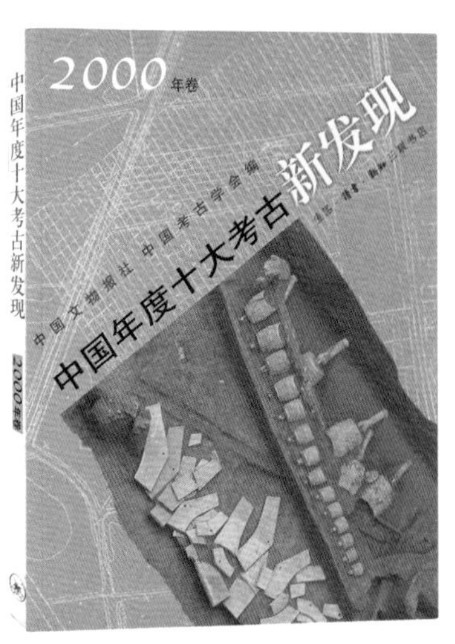

在一起，穿插在印张之间，控制了成本和定价。

为了与书的内容和气氛更为吻合，我们还专门从不同时期的器物上找到合适的基础图案，做成四方连续纹样，用在题头和切口边上，每一节的纹样都不同。书口用了渐变色，有人说感觉真像从土坑里挖出来一样。做书一定要有感情，要通过形象、色彩等设计语言把书的内容和情感表达出来。

这几种考古出版物，明确定位于普通读者，对考古发现的表述相对通俗，图文并茂，又是由身为专家的发掘者亲自编撰，因此无论对专家还是普通读者都有一定的参考价值，较大地扩展了考古发现的社会影响。此后，中国文物报社、中国考古学会又与三联书店合作，推出一年一度的“中国年度十大考古新发现”书系，同样是由考古领队执笔，不仅资料比较全面、权威、及时，而且文字兼顾一定的通俗性，以十分有限的文字和照片传达丰富的信息。

谭维四 著
中国重大考古发掘记
曾侯乙墓
生活·读书·新知 三联书店

中国重大考古发掘记 秦兵马俑
袁仲一 著
秦兵马俑
生活·读书·新知 三联书店

麦英豪 黄淼章 谭庆芝 著
中国重大考古发掘记 广州南越王墓
广州
南越王墓
生活·读书·新知 三联书店

叁
三星堆遗址的再次正式发掘
肆
一号墓的发掘

夏名采 著
中国重大考古发掘记 青州龙兴寺佛教造像窖藏
青州龙兴寺
佛教造像窖藏
生活·读书·新知 三联书店

卢兆荫 著
中国重大考古发掘记 满城汉墓
满城汉墓
生活·读书·新知 三联书店

中国重大考古发掘记 徐州狮子山楚王陵
徐州狮子山
楚王陵
生活·读书·新知 三联书店

城记　小 16 开

2003

王军原来是新华社《瞭望》新闻周刊的记者，1993年开始对梁思成学术思想、北京古城保护以及城市规划问题作系统研究，收集、查阅、整理了大量的第一手史料，光笔记本就有一大摞。他投入了近十年写作这本书，对上世纪 50 年代以来北京城市改造史进行了长篇报道，我看完以后很感动。

我当时正在做《薄一波画传》，中央文献研究室提供的照片当中正好有一张北京市委商议北京城规划方案的，采用的是俯视的角度，我把它安排在《城记》封面的最上面。封面下部，是已经被拆光、只剩下立柱的东直门，其上是虚拟的三维城门楼，叠在一起合成了原来的景象。

封底左边最边缘处站着著名建筑学家梁思成，线图是他设计的护城方案。20 世纪 50 年代，他搏尽全力为文物建筑请命，可惜他的方案最终没有能够被采用。封面"城记"两个字用的是老铅字体，放大后加强斑驳的效果。扉页的明城墙上打了一个大大的戳，让人联想起破旧房屋上常被标记的"拆"。

"拆掉一座城楼像挖去我一块肉，剥去了外城的城砖像剥去我一层皮。"书衣背后是建筑学家多舛的人生。

城记
王军著
拆
王军著
城记
生活·讀書·新知三联书店
王军著
城记

城记 营城之论 古都求衡

了他。

他就把天安门置于一面顶天立地的五星红旗之下，封建时代皇城的大门，就这样被他赋予了新意。

后来，他的反对者用他设计的国徽来反击他：

事实上，当确定在天安门广场举行开国大典的决议一成立，就从根本上否定了完整保存北平旧城的规划思想。当新中国第一面国旗在天安门广场升起，天安门图案成为中华人民共和国国徽的主要标志，改造旧城的任务就历史地落到了每个城市规划工作者肩上。可惜这一点在当时并没有广泛地获得人们的认识，一部分人仍然孜孜以求地在为完整保存旧北平城而竭虑殚思，到处奔走。他们只看见旧北平城好的一面，忽略了坏的一面；只看见庄严雄伟壮美，忽略了污秽丑陋狭隘；只看见适应帝王将相、达官富豪需要的地上天堂，忽略了广大劳动人民辗转其间的人间地狱。

而在9年之后，梁思成对他在这一天的活动作出这样的回忆：

一九四九年十月一日下午，当我走上天安门的时候，往下一看，一个完全未曾想像过的、永远不能忘记的景象突然呈现在我眼前：一片红色的海洋！群众的力量在我眼前具体化、形象化了。但我脑子里同时又发生了一个大问号：这乱哄哄的四亿五千万的人群，共产党又将怎样把他们组织起来，发挥他们的力量呢？社会主义改造又怎样改造法呢？但同时，对共产党、毛主席的一种信任告诉我：他们（十年前我当然只能把党看作"他们"）会有办法的。当然，那时候我没有意识到我自己也就是那一片红色海洋中的一滴水，就是在我自己的工作岗位上，党已经把我"组织"到一个大集体中，我的一点微薄的力量已经得到"发挥"，而且我自己已经开始了自己的社会主义改造了。

被礼赞的城市

"明之北京，在基本原则上实遵循隋唐长安之规划，清代因之，以至于今，为世界现存中古时代都市之最伟大者。"

这是梁思成在1943年完成的中国第一部建筑史——《中国建筑史》里，对北京作出的评价。

对梁思成的这番评论，国际上一批历史学家、建筑学家、规划学家也深有同感——

丹麦学者罗斯缪森（S．E．Rasmussen）认为："北京城乃是世界的奇观之一，它的布局匀称而明朗，是一个卓越的纪念物，一个伟大文明的顶峰。"

美国建筑学家贝肯（E．N．Bacon）坦言："在地球表面上，人类最伟大的个体工程，可能就是北

40

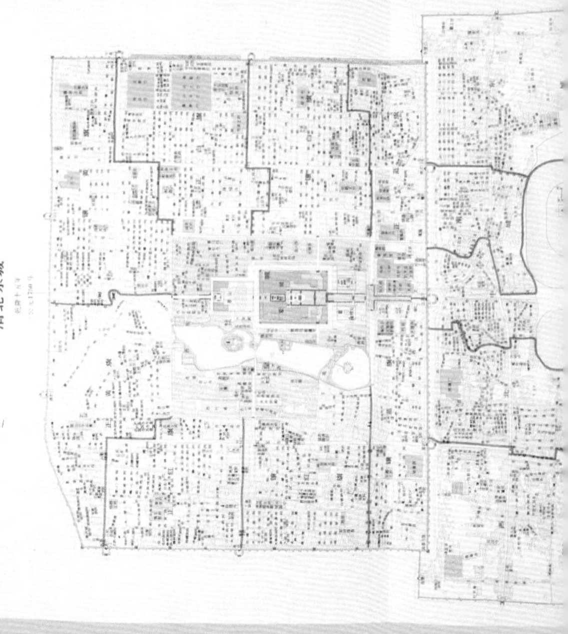

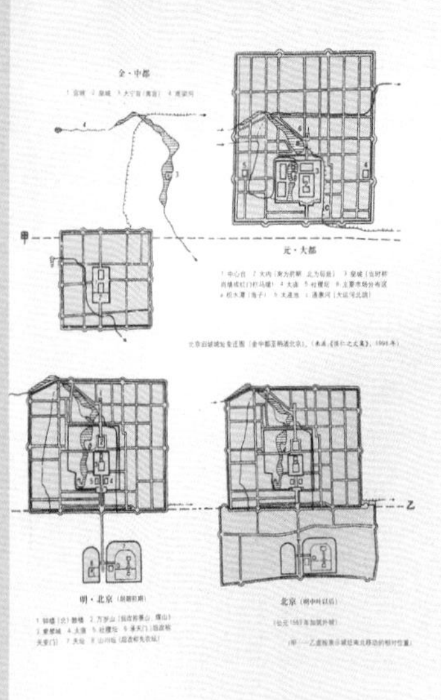

京城了"，"北京整个城市深深沉浸在仪礼、规范和宗教意识之中，现在这些都和我们无关了，虽然如此，它的设计是如此之杰出，这就为今天的城市提供了最丰富的思想宝库"。

美国规划学家亨瑞·S·丘吉尔（Henry.S.Churchill）以现代建筑观点评论道，北京的城市设计"像古代铜器一样，俨然有序和巧为构图"，"整个北京城的平面设计匀称而明朗是世界奇观之一"，"北京是三维空间的设计，高大的宫殿、塔、城门所有的布局都具有明确的效果"，"金光闪烁的琉璃瓦在单层普通民居灰暗的屋顶上闪烁"，"大街坊为交通干道所围合，使得住房成为不受交通干扰的独立天地，方格网框架内具有无限的变化"。

登景山俯瞰，人们可以清晰地看见北京古城之内的四合院民居充满韵律，这些已存在七百多年的居住院落青砖灰瓦、绿枝出墙，连成层层叠叠的绿海；城市中央，一条南北7.8公里长的中轴线，纵贯正阳门、天安门、紫禁城、鼓楼、钟楼等大型建筑，以金、红二色为主调，与四合院灰与绿营造的安谧，构成强烈的视觉反差，给予人极具震撼的审美感受。

北京现存的明清古城，是从曾令意大利旅行家马可·波罗叹为观止的元大都的基础上，发展演变而来的。1264年开始大规模建设的元大都，遵循了中国古代城市营造经典《周礼·考工记》提出的原则："匠人营国，方九里，旁三门；国中九经九纬，经涂九轨，左祖右社，面

王军 著
城记
作者试图廓清北京城半个多世纪的空间演进，
还有为人熟知的建筑背后，
鲜为人知的悲欢启承，
历史见证者的陈述使逝去的记忆复活，
尘封已久的文献，
三百余帧图片让岁月不再是传说；
梁思成、林徽因、陈占祥、华揽洪……
建筑师多舛的人生，
演绎着一出不落幕的戏剧；
这一切的缘起，
只是因为北京，
这个“在地球表面上人类最伟大的个体工程”，
拥有一段抹不去的传奇。
定价：58.00元
王军 著
城记

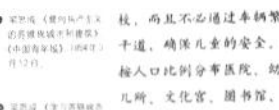
城记
哲匠之惑

校，而且不必通过车辆繁密的交通干道，确保儿童的安全。此外，还按人口比例分布医院、幼儿园、托儿所、文化宫、图书馆、商店、剧院、运动场、小型公园等，使得每一个居民在住处附近就能得到文娱、福利、休息和生活必需品的供应。这样处处为国家的经济、为生产、为劳动人民生活的需要而规划建造的城市，惟有社会主义制度下才有可能，在资本主义制度的私有财产和个人自由主义惟利是图的制度下是不可能实现的。

1957年，梁思成再次呼吁重视苏联城市建设经验：

发展，难以得到有效控制。

1954年，中共北京市委向中央提交报告，指出“在城内有空就挤，遍地开花，在城外则各占一方，互不配合，现在这种现象，必须停止”。

1964年，国务院副总理李富春向中央提交《关于北京城市建设工作的报告》，指出，“由于建设计划是按‘条条’下达，各单位分别进行建设，北京市很难有计划地、成街成片地进行建设，至今没有建成一条完整的好的街道。许多单位总想自成格局，造成一些地区建设布局的不合理和建筑形式的不协调，不少单位圈了很大的院子，近期又

败不堪，陈占祥深感绝望，“解放前的三年，我就这样留在南方，回国的初愿似已无望实现，那三年的岁月真是绝望和痛苦，”陈占祥回忆说。

1949年5月，上海呈被包围之势。何去何从？陈占祥犹豫再三。

由于不了解共产党，他想来想去，还是决定举家迁往台湾。他把行李包装好了，书都寄过去了，机票也买好了。

5月26日，国民党军队大溃退，他在上海衡山路（原名贝当路）集雅公寓4层的住所里，清楚地看见，国民党散兵逃却时，四处抢劫，无恶不作。

半夜，下起了大雨，解放军进城了，静悄悄地，只隐隐听见外面整齐的脚步声。

临窗而望，只见解放军战士在雨中三人一组，在马路边背靠背地坐下来了，战士们就这样熬了一夜。

次日清晨，被此场景感动的陈占祥，让夫人烧了一锅牛肉汤，送已端了下去，但解放军战士谢绝了他的好意。

他只好把这滚烫的汤再端回去，一上楼梯，他就禁不住嚎啕大哭起来。

他对家人说，“一个党能把军队教育成这个样子，我凭什么不相信她能把国家建设好？”

他把飞机票掏在手里，撕得粉碎。

筹划新市区

“1949年5月上海解放了，使我看到了祖国的光明前途。我第一次给梁先生写信，说明我的情况，并表示愿同梁先生一起从事首都城市规划工作。梁先生很快回了信，热情邀我北上共事。”

37年后，陈占祥回忆起1949年10月，他从上海到北京见到梁思成、林徽因的情景，仍备感欣慰。“在北京，我第一次见到了梁思成和林徽因两位先生，虽然初次见面，但一见如故。人的一生中能遇知音是最大的幸福，我庆幸有此幸福。”

这位33岁的年轻人，一口宁波官话，有人笑话他讲英文比讲普通话利索，爱品咖啡甚于喝茶，殊不知这位“洋派”青年对中国建筑文化倾注的深厚情感。

梁思成设家宴为陈占祥接风。事前对夫人说，陈占祥在美国生活了8年，吃不惯中餐。陈占祥席间闻笑哈哈大笑：我在英国吃了8年土豆，有什么不能吃的？

“刚到北京，由于没有落实住处，我们就先住在梁思成先生家里。”陈占祥之女陈愉庆向笔者回忆道，“大家开心极了，梁先生家每天都有下午茶，每次父亲跟梁思成先生、林徽因先生、金岳霖先生等都聊得特别高兴，他们说的都是英语，我那时候还小，不知道他们在说什么。长大后问父亲，他说他们那时

是在演戏，演莎士比亚的戏！今天你演朱丽叶，我演罗密欧，明天他演奥赛罗！我还记得，金岳霖先生还戴着英国式的假发，跟个大法官似的，太有意思了！我总想去演。”

陈占祥很快被任命为北京市都市计划委员会企划处处长，这是中央人民政府政务院宣布的，消息还上了《人民日报》。同时，他还兼任清华大学建筑系教授，主讲都市计划学。

在滞留南方的3年间，陈占祥没有停止思考自己在北平的使命。

到了北京后，（陈占祥是1949年10月到北京的，同年9月27日，北平已改称北京。——笔者注）他发

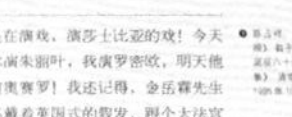

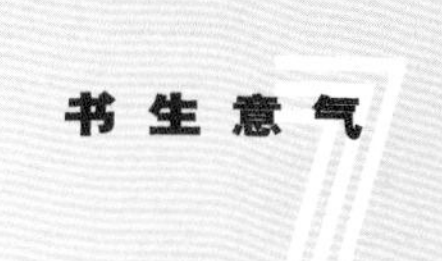
书生意气

“鸣放”中的辩白

经历了1955年的那场批判，林徽因逝世之后，梁思成就很少发言了。

他对中国建筑学会秘书长汪季琦说：“总有一天我要组织一个废话协会，我任会长，我的废话是最多的。”

他后来回忆道：“自从建筑思想批判以后，除了作为‘任务’接受下来，并按交代下来的‘精神’交卷外，我没有写过任何有关建筑问题的文章。我以为这样总可以不致于再犯错误了。”

1955年2月，北京市成立都市规划委员会。4月，经中央批准，苏联城市建设9人专家组到京。随后，又请来苏联地铁专家组，帮助进一步研究和编制北京城市总体规划。原都市计划委员会的工作到此结束。虽然梁思成仍被委任为新的都市规划委员会的副主任，但他从此不再具体过问北京市城市总体规划方案的编制了。

1957年2月27日，梁思成参加最高国务会议扩大会议，听取毛泽东主席作《关于正确处理人民内部矛盾》报告，从此加入到鸣放运动之中。

次日，在小组讨论会上，梁思成就百花齐放、百家争鸣问题发言，认为批判“形式主义”与“复古主义”后，出现了在强调结构、功能的借口下，走向另一种形式主义的问题。建筑界出现了片面节约的现象，这是“不适用，不美观，只廉价，而不经济”，最终使“注意美观”的“可能条件”，变成“不可能条件”。

4月26日，梁思成参加了一个关于中国建筑的座谈会，再次就1955年的大批判发言，提出民族形式主要不是形式问题，而是内容的问题。民族形式建筑创作，要从生活开始，研究平面、结构，再上升到情感。针对那次批判中许多人声

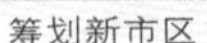

地图的发现　小 16 开

2006

为了更好地呈现书的特点，有时我也会采用一些特别的设计。杨浪是资深媒体人，业余收藏地图，而且钻研得很深入，通过地图了解历史，写了不少文章。因为当过十多年兵，他对军用地图尤其有研究。

书的包封是法式包封，可以取下来展开的，打开以后背面是一整张地图，特意选了一种撕不烂的纸。

地圖的發現
杨浪 著
生活·讀書·新知三联书店

老北京风俗地图·1936

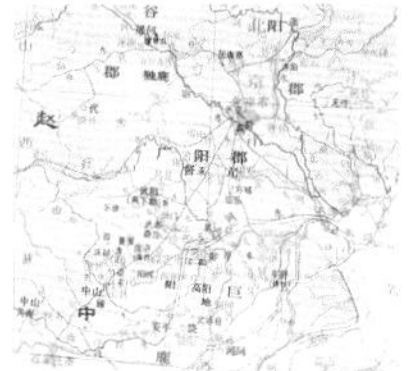

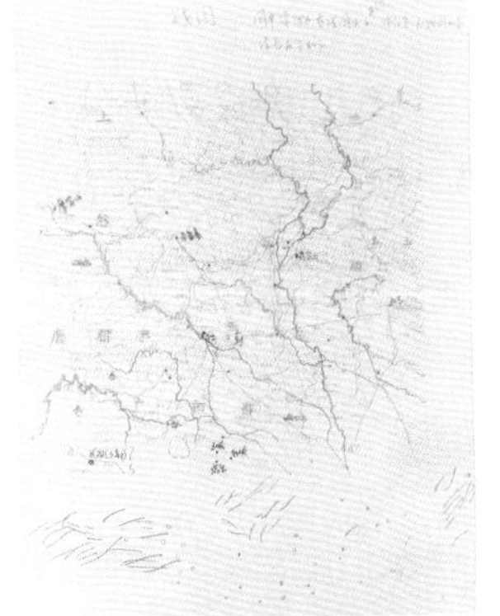

开放的艺术史丛书 小16开

2005—

2005年前后，三联书店开始推出“开放的艺术史丛书”，由尹吉男主编，作者大多是国际上的一流学者，收入的都是关于中国传统艺术的前沿研究成果。这样的作品在此前的出版物里还很少见到。

我一直觉得，中国艺术中有很多美好的、打动人心的东西，我们应该好好地从传统中吸收营养，深入地去理解、研究，然后再在这个基础上创新，这样做出来的东西自然而然就跟别人不一样。做书一定要往这个方向走，做出中国的味道、中国的感觉。

《傅山的世界》我是认真读过的，看完很感动。在明末清初那种家破人亡的心境下，书法家发明一种特殊的字体结构：解构、变形、尚奇、疏离。尤其《啬庐妙翰》这幅长卷，上面写满了非常奇怪的异体字，特别能反映傅山那个时代标新立异的风气，英文版《傅山的世界》也是用它做的封面。我做中文版的时候，把这些字的偏旁抽离出来，用不同颜色加以区分，造成一种异化的效果。很多人反馈说这个封面比较出彩，其实是因为它比较准确地传达了明代末年的社会风气和人们的精神气息。

平装版的遗憾是封面纸时间长了会掉色，就显得难

傅山的世界
十七世纪
中国书法的
嬗变
FU SHAN' S
WORLD:
The Transformation
of Chinese
Calligraphy
in the Seventeenth
Century
白谦慎 著
生活·讀書·新知
三联书店
开放的
艺术史
丛书
傅山的世界
FU SHAN'S WORLD: The Transformation of Chinese Calligraphy in the Seventeenth Century
十七世纪中国书法的嬗变
白谦慎 著
傅山的世界
十七世纪
中国书法的
嬗变
FU SHAN'S
WORLD:
The Transformation
of Chinese
Calligraphy
in the Seventeenth
Century
白谦慎 著
生活·讀書·新知
三联书店

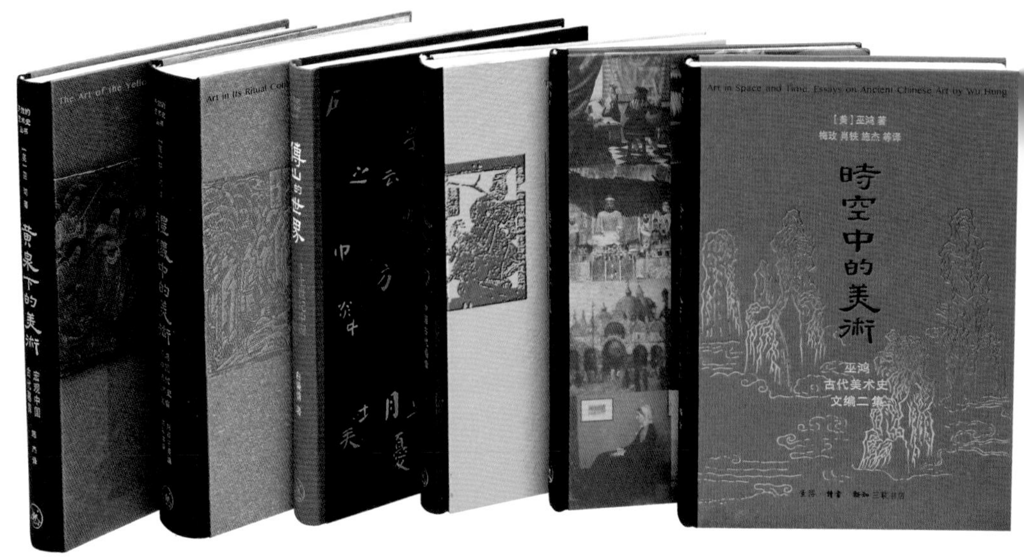

看、不精神。后来有机会做精装，我早就想好了一定要用黑色。可是在黑色的纸上怎么印，才能保证色彩鲜艳、字迹清楚呢？我跟印厂的负责人反复沟通，在需要印颜色的地方先印白，再印四色，再过 UV，主书名烫白，作者名烫金，等等，前前后后加起来要六七道工艺，元素非常多，但我认为这样是值得的，因为这并不是一味去追求华丽的外在形式，或者设计师凌驾于作者和作品之上的自我表达，而是让书衣与书本身的内容相称，让更多人感受到中国艺术中那种震撼人心的东西。董总说，就是要把最好的书出成最好的样子。

巫鸿的《礼仪中的美术》和《武梁祠》也是“开放的艺术史丛书”中比较重要的作品。前者在松厚的特种纸上压了热熔工艺，如石刻线描般呈现出飘逸的美感；后者选的是一种带有岩石质感的纸，在石祠画像上用了局部的磨砂 UV，模仿汉代石刻的斑驳效果。“武梁祠”这几个字是我从书法字典中集的，有汉隶和碑刻的味道。后来出精装本的时候，我又对巫鸿的五种作品进行整合，总体上呈现出一种美国、欧洲、日本装帧中都不大见得到的中国气质。我们应该有这个自信。

锦灰堆 大20开
游刃集 12开

1999
2002

王世襄先生是范用的老朋友，他们经常和京城的文化人一起聚会。范用一直希望出版一部王世襄文集，选那些可读性较强的文章，如谈鸽哨、秋虫、葫芦、竹刻之类，将其一生的学问和见识介绍给广大读者。范老退休后仍不断做“催生”工作，总算说动了王先生。他说，三联出，尤其是他所特别希望的。

做《锦灰堆》系列，是我与王老的第一次接触。原本王老已经请其他社的美编做好了设计，但拿到出版部准备印刷时，才发现开本不对，设计的16开，实际印是20开，没法印，只能把书交由我重新设计。那时候他的左眼刚刚失明，心中急切，真可谓以性命相托。他经常和夫人袁荃猷一起到三联美编室来，所有设计环节都和我一起商量，合作特别融洽。他比我大27岁，过年过节还会特意上门给我送些好吃的。有时到我的1802工作室看设计稿，之后就请我们到楼下吃饭。他觉得那家饭店做的鳝糊味道有点不对，就请大厨出来，指点他应该怎么做。大厨一听就知道他是行家，下回就按他的做法做了。

錦灰堆
王世襄自選集
錦灰堆
王世襄自選集
王世襄自选集
锦灰堆
本书一、二卷收集了作者80岁以前所写的大部分文章，
编为：家具、漆器、竹刻、工艺、则例、书画、雕塑、乐舞、忆往、游艺、饮食、
杂稿等十二类，计105篇。
第三卷选收本人历年所作的诗词120首，
由作者和夫人袁荃猷手书影印。

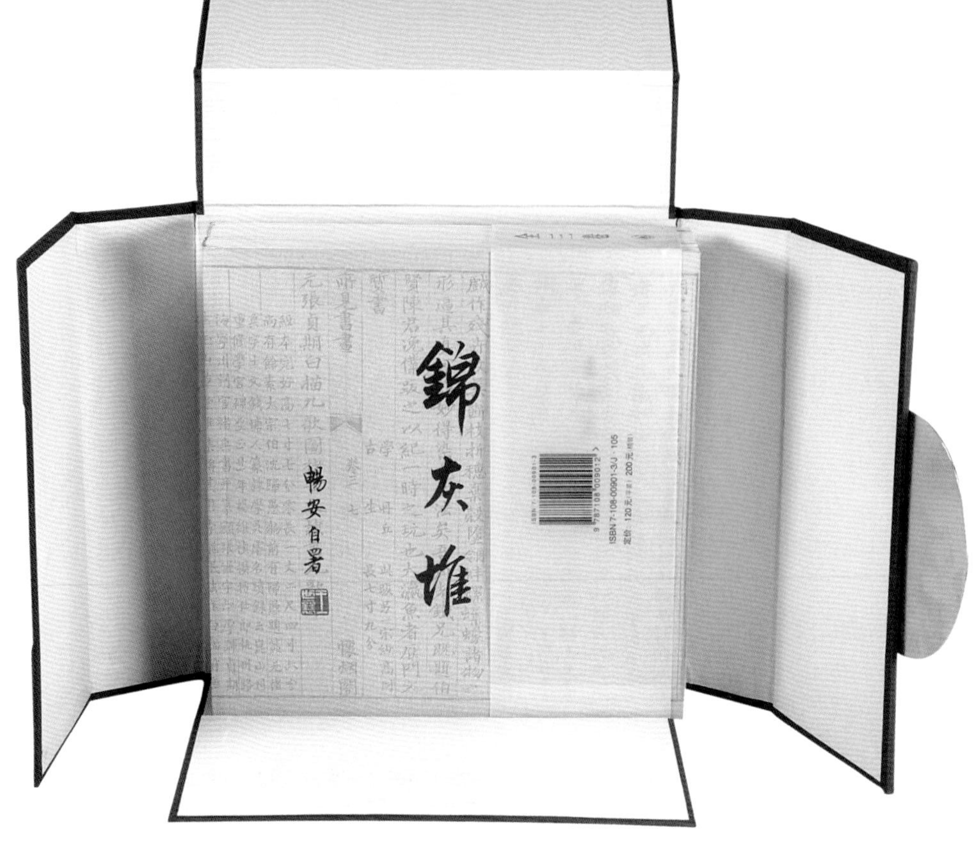

王老的收藏和研究看似偏门，但他的考据和文献征引认真、充分。启功先生说过，王老的作品，“一页页，一行行，一字字，无一不是中华民族文化的注脚”。整部书稿设计下来，给我印象最深的就是注释特别多。以前注释一般都是集中排在书后，从这本开始，我特意采用了当页的边注，方便读者一边看正文一边看注释，体会王老学问的妙处。而且注释用了阴码，比较醒目。整套书我是美术指导，版式设计崔建华，封面设计是罗洪。封面底图的书影请教了王老，是关于“锦灰堆”的出处。

王老最后二三十年特别高产，除了他本人深厚的学养功底，还得益于夫人袁荃猷的全力协助。袁先生是大家闺秀，从小喜爱音乐，抚弹古琴，自学美术，为王老的《明式家具研究》画家具结构线图，一般的画家都望尘莫及。

王世襄自选集

锦灰堆

叁卷

畅安吟哦

启功敬题

生活·讀書·新知三联书店

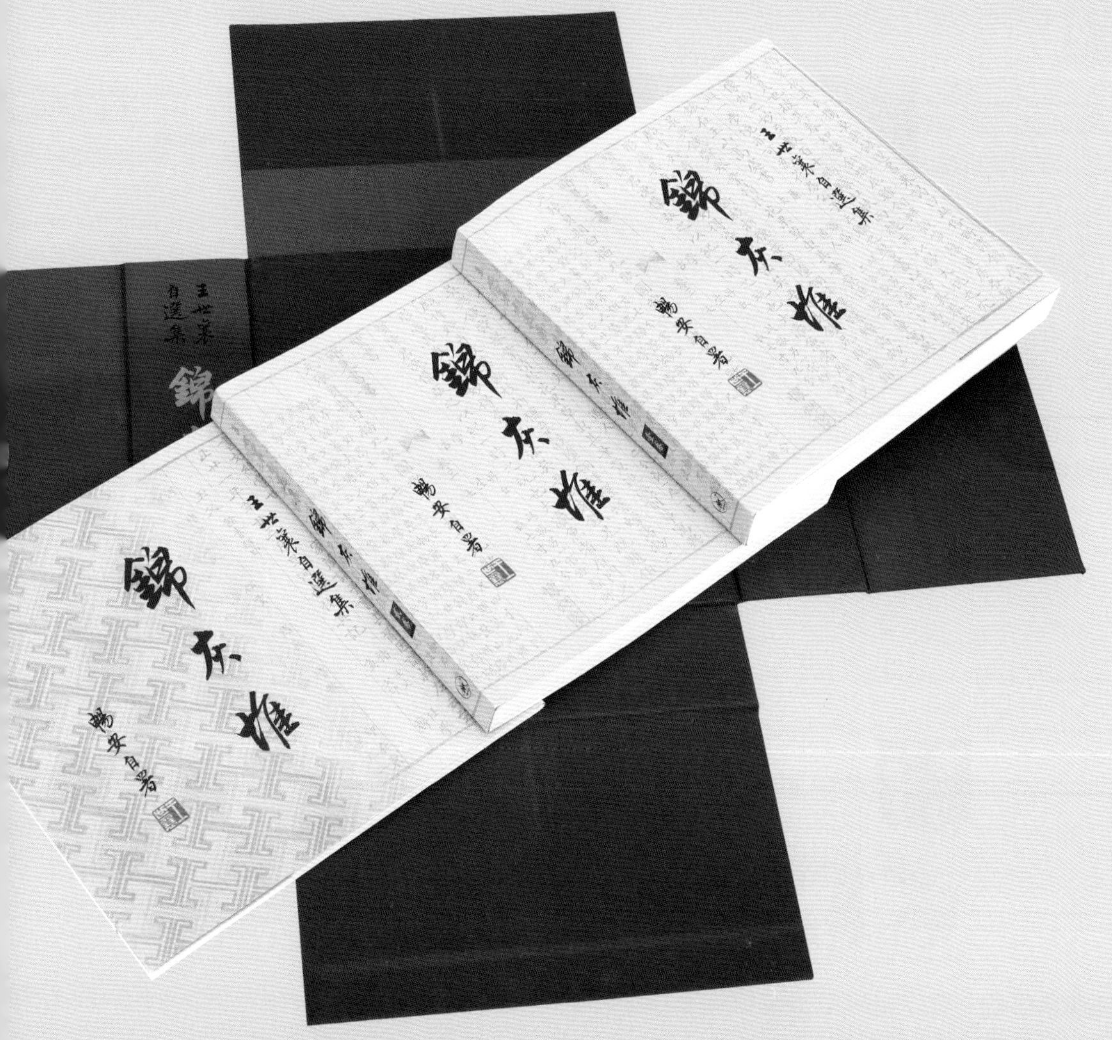

锦灰堆

王世襄自选集

壹卷

王世襄 袁荃猷 合影

总目录

12 13

人更精神狗也欢！

一作：人又精神狗又欢！

"熟"读 shóu，与愁谐韵。逛獾分春秋两季。春季自獾出蛰开始，至初夏庄稼长起停止。秋季自庄稼收割开始，至初冬獾入蛰停止。

咬獾归来，一路上总要进茶馆喝水吃饭，将獾挂在茶馆天棚下，狗拴在一旁，名曰"挂獾"，有凯旋得胜之意。围观者颇众，有时里外三层。

京剧《珠帘寨》有两句戏词："华喇喇打罢了三通鼓，人又精神马又欢。"狗谱末句只把"马"字换成"狗"字。此句可能为知京剧者所作，亦可能为梨园行中养狗者所作。我们确知著名花旦路玉珊（艺名"路三宝"）就是一位养狗家。承朱家溍兄见告，梅兰芳先生曾师事路玉珊，并亲聆梅先生说路能头顶满碗水跑圆场而水不倾洒，可见武功造诣之深。逛獾黄夜牵狗出猎，什么样崎岖的地形都可能遇到，没有武功功底是不可能参加此种活动，享受其乐趣的。

2 东汉中期石刻狗图像

4 东汉晚期陶狗俑

3 东汉晚期陶狗俑

最后六句，归到咬獾、挂獾，总结全谱。

（荣三等口授，王世襄笔录、解说）

乙章 训狗与逛獾

（一）狗种与狗源

獾狗皆就地取材，用中国狗种。

中国狗由来已久。现在广泛生长在南北各地的狗，和汉画像、壁画、陶俑描绘塑造的颇多似处，可看到千百年来血统的延续（图2—4）。不过当年北京地区的狗比南方的要大得多，壮硕勇猛，有的是长毛或半长毛，显然混进了蒙古狗种（图5、6）。蒙古狗又名"鞑子狗"，体大毛长。体大故能驱狼护羊，毛长才能御风耐寒。徐珂《清稗类钞》有所述及："内蒙之犬，大如犊而性猛，鸣声如牛，俗呼为'鞑子狗'，汉商多养之。日中锁以铁链，晚放之，使守门户，盗贼多不敢近。"汉商既多养之，自然会把它带到汉族聚居地区来。

我自幼在洋学校读书，却是什么都是中国的好，月亮也是中国的圆。那时不少亲友同学都养洋狗，什么 police dog（警犬），terrier、spaniel、bull dog 等等，而我觉得只有北京的笨狗（养洋狗者对北京大型狗的贬称）好，后来知道能训练它咬獾，就更加喜爱了。

北京狗可能不及警犬聪明，但决不比未经正式训练的警犬差，而体形要比警犬魁伟，毛色也好看。它对主人忠诚友好，但又不贫（北京俗语，指无休止地向人表示好感），不像某些外国观赏狗那样下贱，一身媚骨，扭来扭去，絮烦可厌。它勇敢坚强，吃苦耐劳，对生活待遇要求很低，真是优良品种。当然以上指的是经过挑选的北京狗。全国解放后，为了防止狂犬病流行，北京地区的狗惨遭捕杀，一只不留。那时我已不养狗，但为之十分痛心，又自恨无能为力。我感到这与拆掉北京城墙和某些重要古代庙宇同样可惜。但愿北京远郊区及偏僻乡镇还有幸存者，待人们认识到它可贵可爱时，花力气去繁殖恢复它，不使它绝种。

当年北京养狗之风甚盛，主要是用来看家而不为观赏。养得最多的是一些大买卖家，如粮栈、布铺、皮局子、山货店、砖瓦铺、饭庄子等等。往往多到十来条，几代兼收并蓄，叫做"窝子狗"。其次是官商宅第、大户人家。就是一般住户和商店也大都养狗。加上远近郊区农民所养，数量确实不少。故在大街小巷乃至农村乡镇，都可以看到三五成群的狗，有足够的狗源供獾狗养家从中挑选。

我曾问荣三，过去白云观、太阳宫晾獾狗能有多少条参加。他说在他年轻时（约1900年）有五六十条，听老辈说早年间能有一二百条。北京狗总数当以若干万计。一二百条入选，也不过是在几千条中取其一二而已。

（二）"偷猫盗狗不算贼"

北京有句老话："偷猫盗狗不算贼。"这是偷了别人的猫或狗，而又想减轻罪责编造出来的一句话。明明是偷了，怎么不算贼呢？简直是强词夺理！不过这一类盗窃者的心理是可以理解的。首先偷者认为所偷的只是猫或狗，而决不偷其他东西。其次认为偷猫或狗动机纯粹出于极端的喜爱，但又无法花钱或其他方法求得，百般无奈才出此下策。偷来之后，只作为宠物喂养，决不牟利或作他用，而且对它的爱护要远远超过其原主人，这和一般的窃贼又不相同。存在着上述心理，便认为这种偷有不无可原谅处，于是就编造出这句歪话来。

说起偷狗，北京过去有两种人。一种人称"坐狗的"，主要在冬日偷盗，剥狗皮，卖狗肉，谋财害命，罪不可赦。此种人为数不多而贼技特高。他们独往独来，徒手作案。只要一把掐住狗嘴，不论狗有多大，用力一甩，另只手攥住后腿就能把狗围在腰里，向后一坐，狗命已经呜呼，披上皮袄，扬长而去，竟难发现身上还围着一条狗。这是真正的狗贼，獾狗养家恨之入骨。原因是有些被选中的狗遭到他们的毒手，实在可恨，可惜。当年北城曾有一条上好的黄花，被卖了狗肉。养家纠集了几个人，找茬把坐狗的打了个半死。从此他们也有了戒心，对够材料的狗不敢再下手。另一种偷狗的就是养獾狗的人。

挑选獾狗首先要在茫茫狗海中发现可造之材，《獾狗谱》就是为此而编的。养狗家一般都养鸟或架鹰，清晨有遛鸟的习惯。即使不养鸟，一早也要绕个弯儿进茶馆。如果有人存心物色狗，他不辞踏遍九城。恰好看家的狗在院子里关了一夜，清晨也要跑出门去拉屎撒尿，往往颠儿颠儿地跑遍几条

5 黑花獾狗

6 黑花獾狗

650 651

王世襄小影

《游刃集》收集了袁先生的刻纸作品。她观察生活，发现任何美的事物，都用刻纸把感受记录下来。她已年逾八旬，在自序中说：“小小窗花，蕴藏着多少变易，多少年华。俱往已，引领来朝，天高气爽，雨顺风调，万紫千红，繁华烂漫。但盼眼仍明，手仍健，还能再作些喜滋滋、活泼泼的刻纸，使精神仍常在最美好的图像中升华。”

《游刃集》封面的刻纸作品《大树图》，是袁先生送给王老的生日礼物，将王老一生所爱的15项玩好，像果实般藏于树冠。《锦灰堆》中用来补白的剪纸花样，也采自袁先生《游刃集》中的作品。袁先生把自己对中国传统文化的探究和对生活的美好感受都倾注其中，可是她刻纸的条件却非常简陋，有一次我去她家，看到她就垫在一个鞋盒子上刻，于是帮她买了一块美工专用的带格子的绿色胶垫，她拿到后特别开心。

向王老和袁先生致敬！

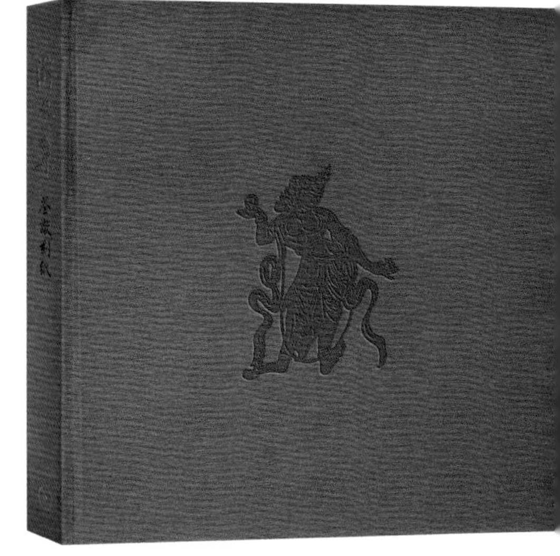

《大树图》解说：

1. 世襄用得最多的三件紫檀家具。
2. 漆勺、漆樽均为《髹饰录解说》《中国古代漆器》采用的实例，象征世襄四十余年的髹漆研究。
3. 世襄研究竹刻受两位舅父的影响。
4. 套模子成长的葫芦器。
5. 世襄工火绘葫芦。
6. 绘画。
7. 鎏金铜佛像。
8. 蛐蛐罐、过笼、水槽。
9. 这是 40 年代我们家养的一对鸽子，以当年我的速写稿为蓝本。
10. 这是两件最常见的鸽子哨。
11. 小小的鸟食罐。
12. 冬笋、大白菜，是家中常吃之物。
13. 两头牛，画稿取材《古元藏书票》。
14. 大鹰。
15. 獾狗。

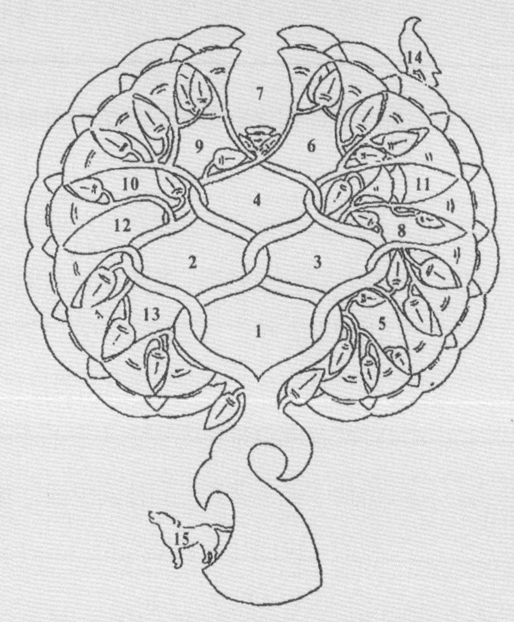

1996 年 4 月

自珍集：俪松居长物志　8开

2003

《自珍集》是王世襄先生的藏品自选集，他是有意要为自己的收藏生涯作一个总结和纪念，早就请文物出版社的杨树等人拍好了照片。最初这本书是由外社的一位编辑组稿，说是有资助，要做8开的画册，王老请我来做设计。可不知出了什么问题，设计预付款打过来，一个星期后又撤走了。书做不成，王老只好找到董总。当时三联其实很困难，出这么大开本、四色的书很有压力，但老董还是咬着牙支持做了。

王老的收藏，大到条案、桌椅，小到葫芦、鸽哨，尺寸悬殊，非常不好设计网格。后来我还是采用了分栏的办法，灵活变通，大桌子就用跨页展示，小物件就集中安排，依据内容来把握图片的整体节奏。这让我想起1993年，董总派我去德国考察怎样做杂志，我在一家叫《星》的杂志社，看到设计师会把一整期杂志每页的小样都打印出来贴在墙上，从远处审视，调整它们的整体节奏和关系，这对图文书来说确实非常重要。

“文革”中，我与世襄分别在静海团泊洼、咸宁甘棠乡两干校，相距逾千里。一日世襄用小邮件寄此帚，谓用爨余竹根、霜后枯草制成，盖借以自况。而我珍之，什袭至今。其意与此集有相通处，故不妨于扉页后见之。

2002年10月荃猷记

这本书里还有很多王老的收藏故事，体现出他“人舍我取”的独到眼光。比如两件明中期的龙纹戗金细钩填漆柜门残件，就是他某日

儷松居長物志
自珍集
世襄自署
俪松居长物志
自珍集
王世襄 著
生活·讀書·新知三联书店
SELF-CHERISHED TREASURES OF TWIN-PINE STUDIO A LISTING OF ITEMS

经过德胜门后海河沿晓市，在一个杂货摊上淘来的。他看到一块用条凳支架的木板，上面铺着蓝色破床单，风吹过卷起一角，好像露出木板上的彩画，就向摊主求购。摊主正好觉得这块板小了，说如果拿一块新的大铺板来就跟他交换，王老欣然应允，两人皆大欢喜。物的命运沉浮，也记录着作者一生的沧桑和时代的印记，王老就是从这些大小玩物中悟得人生价值。

当年袁荃猷在干校时，曾经收到一件特殊的礼物，是千里之外的王老做的一把小扫帚。这把“竹根儿做的把，霜后枯草做的扫帚头”的小扫帚，袁先生一直珍藏着，她明白丈夫的意思——历经磨难但仍要“共同决定坚守自珍”。《自珍集》把这把扫帚印在了扉页上。人会走，物会散，但书会留下。

4.1 明龙纹戗金细钩填漆柜门残件

100×62，厚5厘米

此种漆工艺，通称“雕填”，明代已有此名，清代以来，更为流行。《髹饰录》则据其花纹为用彩漆填成或是彩漆描成分别称之曰“戗金细钩填漆”和“戗金细钩描漆”，只因二称冗长故很少有人采用。据观察，两件柜门乃用“戗金细钩填漆”技法制成。

柜门以方格锦纹作地，格子用朱漆填成，格内卍字用黑漆填成。龙纹一为红身黑鬣，一为黑身红鬣。锦地上压缠枝花纹，疏叶大花，柔枝回绕，更有火焰穿插其间，显得格外活跃飞动。从漆面剥落及断纹开裂处，可以看到填漆色层的厚度。龙身、花叶等面积较大部位，填漆厚达1—2毫米，锦地框格则漆层很薄，说明花纹大小不同，刷剔深浅也不同，填漆也自然厚薄有异。大柜款识已无从得见，从图案风格及雕工填法来看，当为明中期制品。

漆器

94

4.2 明龙纹戗金细钩填漆柜门残件

100×62，厚5厘米

德胜门后海河沿有晓市，某日经过，有杂货摊以条凳支架木板，上铺蓝色破床单。风吹卷起一角，板面似有彩画。掀单俯身观看，竟是两扇雕填漆柜门。予求购，摊主谓木板支摊，正嫌其小。如不吝惜，为我买一副大铺板，当以此两小块相易。立刻成交，皆大欢喜，此平生奇遇之一。

漆器

95

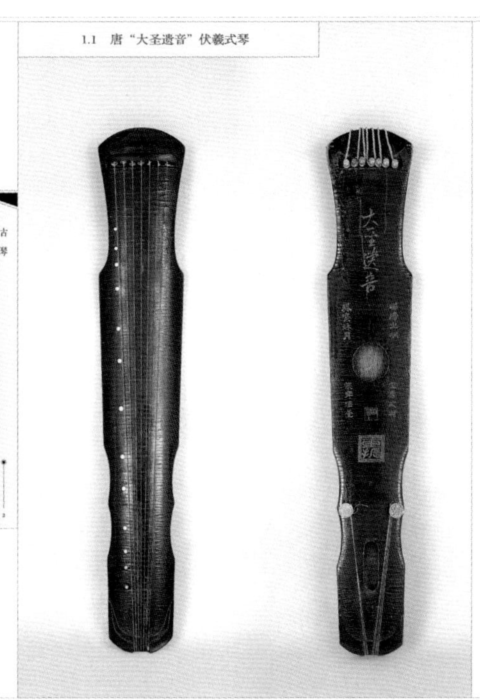
1.1 唐“大圣遗音”伏羲式琴

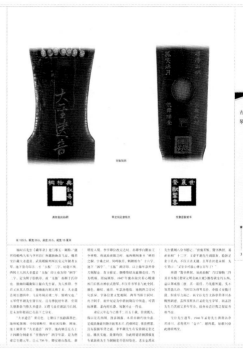

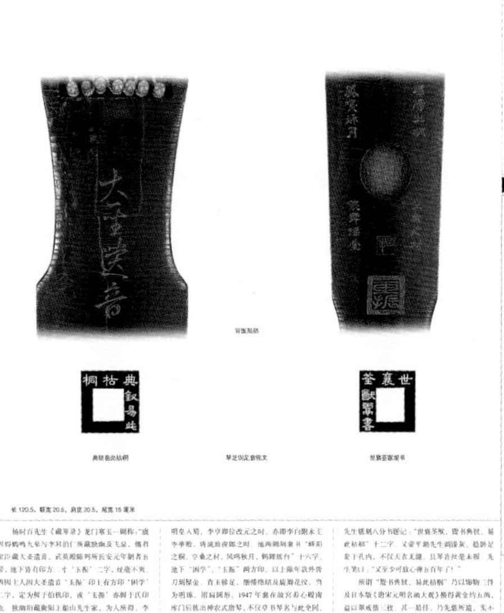

3.5 宋铜大日如来坐像

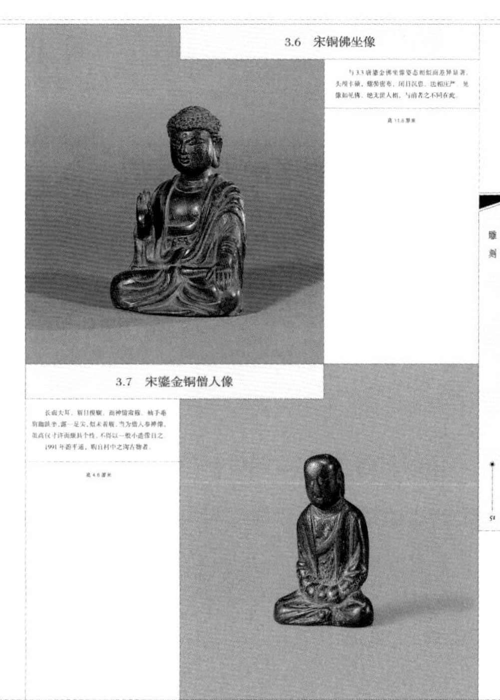
3.6 宋铜佛坐像
3.7 宋鎏金铜僧人像

6.4　北楼先生夜合花轴

纸本水墨。题识："市有卖夜荷花者，疑即夜合之误，戏为写出。甲寅闰五，北楼"。"金拱北"朱文方印。

作于1914年，北楼先生三十七岁。闰五月囊方满月。

33×64.5厘米

书画

144

6.5　北楼先生山水团扇

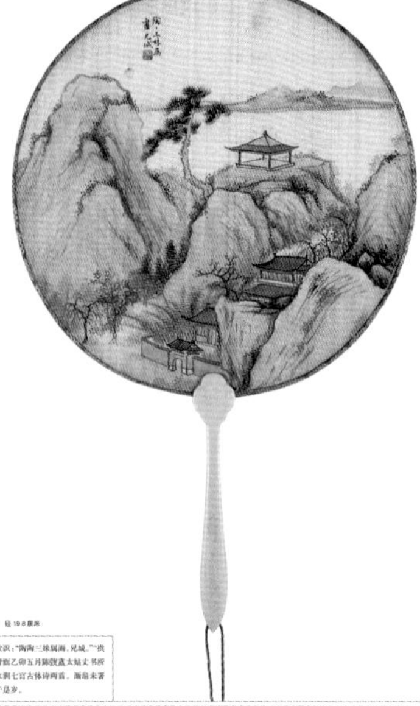

书画

径19.8厘米

绢本设色。款识："陶陶三妹属画，兄城。""拱北"朱文方印。背面乙卯五月陈敬谊太姑丈书所作游大房山、云水洞七言古体诗两首。画扇未署年月，可能亦作于是岁。

145

8.1　黄花梨琴案

家具

194

家具

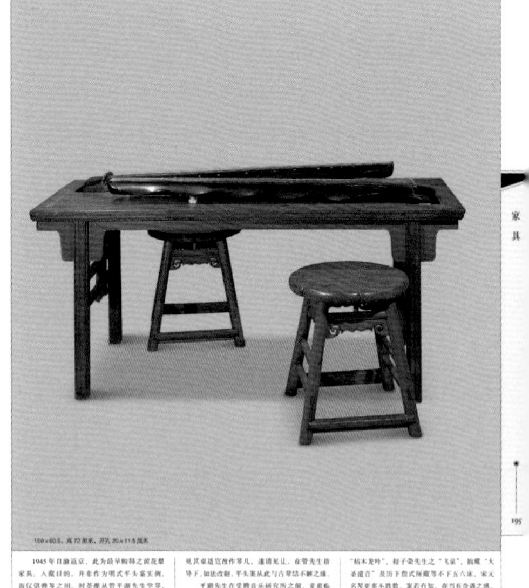

159×60.5，高72厘米，开孔20×11.5厘米

1945年自渝返京，此为最早购得之黄花梨家具。入藏目的，并非作为明式平头案实例，而仅供弹琴之用。时荃猷从管平湖先生学琴，先生曾言，琴几之制，当以可供两人对弹之桌案为佳，两端大边内面板各开长方孔，藉容琴首及下垂之轸穗。其优点在琴首不在琴几之外，可防止触琴落地。更大之优点在学琴。师生对坐，两琴并置，传授者左右手指法，弟子历历在目，边学边弹，易见成效。一曲既谱，即可合弹。惟琴几必须低于一般桌案，长宽尺寸以160×60厘米为宜。开孔内须用窄木条镶框，光润不伤琴首。予正拟延匠制造一具，适杨啸谷先生移家返蜀，运输不便，家具就地处理，予见其桌适宜改作琴几，遂请见让。在管先生指导下，如法改制。平头案从此与古琴结不解之缘。

平湖先生在受聘音乐研究所之前，常惠临舍间，与荃猷同时学琴者有郑珉中先生。师生弹琴，均用此案。1947年10月，在京琴人来芳嘉园，不曰琴会，而曰小集。据签名簿有管平湖、杨葆元、汪孟舒、溥雪斋、关仲航、张伯驹、潘素、张厚璜、沈幼、郑珉中、王迪、白祥华等二十余人，可谓长幼咸集。或就案操缦，或傍案倾听，不觉移晷。嗣后南北琴家吴景略、查阜西、詹澄秋、凌其阵、杨新伦、吴文光诸先生，均曾来访，并用此案弹奏。传世名琴曾陈案上者，仅谢研即有汪孟舒先生之"春雷"、"枯木龙吟"，程子荣先生之"飞泉"，拙藏"大圣遗音"及历下詹氏所藏等不下五六床，宋元名琴更多不胜数。案若有知，亦当有奇遇之感。

多年来，予每以改制明代家具难辞毁坏文物之咎。而荃猷则以为此案至今仍是锢松胡长物，端赖改制。再则定已编入《明式家具珍赏》而随所藏之七十九件入陈上海博物馆矣，且睹物思人，每见此案而缅怀琴学大师管平湖先生。一自改制，不啻为管先生倡议，有益护琴教学之专用琴几保存一标准器，可供来者仿制。是实已赋予此案特殊之意义及价值，其重要性又岂是一般明式家具所能及。吾韪其言，故今置此案于家具类之首。

195

诸艺

4.1 明龙纹铊金细钩填漆柜门残件

232

漆器

长26.2、上宽5、下宽8厘米

拍板由三片紫檀组成。面板正面起剑脊棱，护地雕阳文缠莲纹，背面平素光素。中间一片，两面均平素光素。底板正面平素，雕莲纹与面板相同，推易浮雕为阴刻；背面起剑脊棱，但不施雕饰。

浮雕阴刻两种刀法均甚精致工整，论其风格，应是明代中期内廷器物。

1951年3月4日购自东晓市厂甸叶山房。主人查雍裕，曾贯古琴，且善修复，不同乐器亦每于店中见之。

233

玩具

10.52 王世襄火画采莲图天津模蝈蝈葫芦

10.53 王世襄火画封侯图天津模蝈蝈葫芦

通口高16.7，口径6.7厘米

通口高17，口径5.9厘米

火绘用极热针画荷叶、榔树，温热针画柳条，拟唐六如采莲图笔意。

* * *

松上有蜂房，松下猿猴假母怀以防螫伤。吉祥图案所谓"封侯图"是也。窃以为高官贵爵，易招祸灾，未必吉祥。又假虫者，曾畜谐声会意，亦可谓之为讽刺画也。

火画虫具，今存者仅此四件，均作于1935年前后，在燕京大学读修医预科时期。有此闲情逸兴，化学、物理各门又安能及格。

各种葫芦装饰方法，予均欲一试。范制阳文模子，只有又玛款月季纹一具，手栽辛勤，仅得两三具，又无上佳者，以为得不偿失，不再种植。研葫芦曾试作两件，因易伤皮，表现能力又不如火绘，故浅尝便止。火画作品较多，且被京中养家视为三家之一。三家者皆平湖（仲谦）、鸣鹤（鼓斋）及下走，予乱不辨六法，只以为运针、火候，视两先生并不多让。当年颇喜随手赠同好，不下数十件，近拟借还留影，竟不可得，故旧凋零尽矣。火绘鸽哨，为数较多，幸大部尚存。

282

10.54 惠字深紫漆中葫芦、鸣字浅紫漆中葫芦

径7.4厘米 径7厘米

五、鸽哨

北京鸽哨，历史悠久。惟制哨名家有实物流传者自署名"惠"字者始。惠字活跃于道、咸间，稍后成名者有"永"（亦称老永）、"鸣"、"兴"、"永"（亦称小永，老永之子）、"祥"、"文"、"鸿"，共八家。末三家活跃于上世纪前半叶。我曾定制鸽哨而和周春泉（祥）、陶佐文（文）、吴子通（鸿）相识并订交，所藏鸽哨亦以此三家制者为多。

鸽哨可分为"葫芦"（用葫芦作主体）、"联筒"（用细苇、粗苇单行排列制成）、"星排"（在托板上安哨）、"星眼"（用一葫芦一铂筒为主体，另加数目不等小哨）四类，总数不下数十种。

10.55 老永字黑漆小九星成对、老永字淡黄全竹十一眼成对

九星、十一眼均属星眼类。所谓全竹，指中间之圆肚亦用整竹挖成，而星眼类一般制品，其圆肚用葫芦制成。

通4厘米 高5.2厘米

283

据几曾看 16开

2003

葛康俞先生是王世襄先生的老友，《据几曾看》是他上世纪40年代在四川避乱期间撰写的著作，著录品评了199件曾经过眼的古代书画，大部分都是故宫博物院的收藏。这部稿子是范用先生推荐来的，书中附录所收作者的有关文章，是范老托友人辗转收集得来；后记由王世襄先生撰写，缅怀了二人交往的动情细节；吴孟明先生楷书为作者作传，并校勘过录《中国绘画回顾与前瞻》长文。

原稿都是用工整的小楷誊写在蓝格竖线稿纸上，真是太漂亮了！董总看过后决定不要录排，就保持原样出版，让读者能够直接感受到前辈文人的气息。我把稿纸的蓝色变为50%黑，红色句号改为专色，全书双色印刷，用传统的筒子页装订，封面用120克深蓝金丝纸，内文用35克米白字典纸，纸质柔软，在突出文稿特色的同时令阅读更为舒适。

葛康俞 著
據几曾看
生活·讀書·新知三联书店

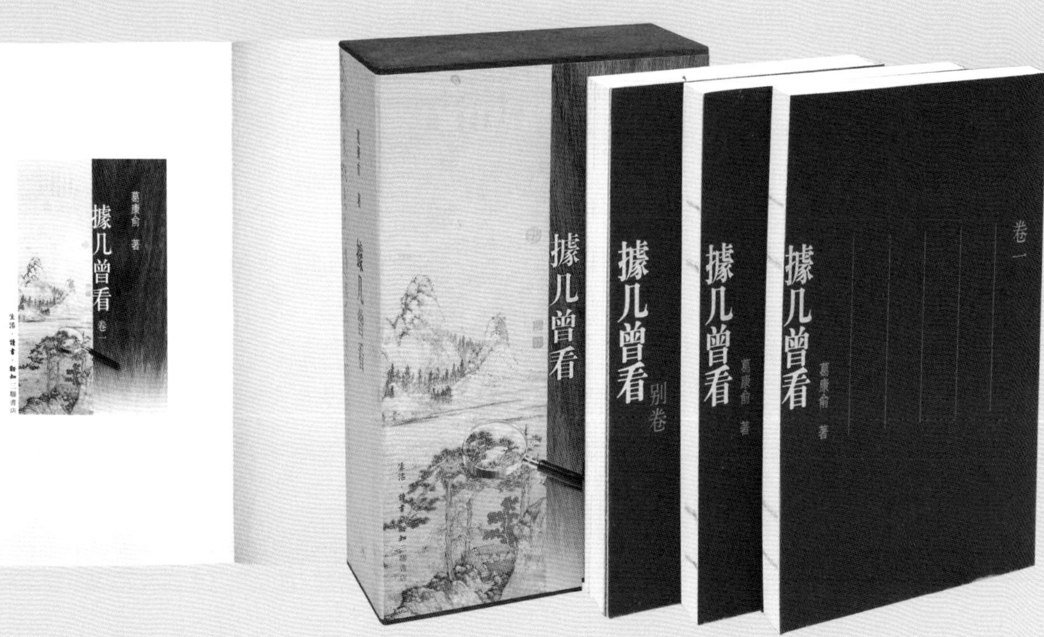
葛康俞 著
據几曾看
卷一
據几曾看
别卷
據几曾看
葛康俞 著
據几曾看
葛康俞 著

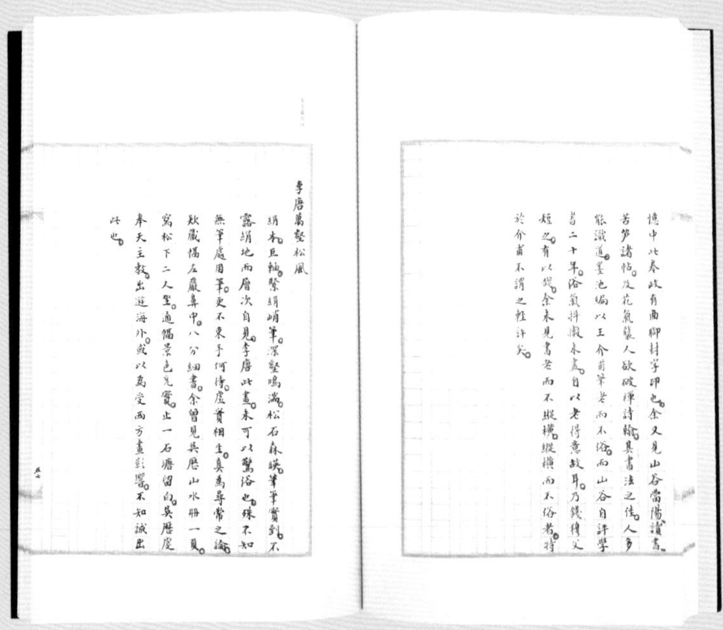

憶中此卷故有曲腳封字印也。余又見山谷當陽讀書。苦笋諸帖。及花氣薰人欲破禪詩翰。其書法之佳。人多能識道。墨池編以王介甫筆老而不俗。而山谷自評學書二十年。俗氣抖擻未盡。自以老得意故耳。乃錢穆父短之。有以哉。余未見書老而不縱橫。縱橫而不俗者。特於介甫不謂之雅許矣。

李唐萬壑松風

絹本巨軸。緊絹峭筆。深壑鳴湍。松石森嚴。筆筆實到。不露絹地而層次自見。李唐此畫。未可以驚俗也。殊不知無筆處用筆。更不束手何待。虛實相生。真為尋常之論。耿藏偶在巖阜中。八分細畫。余曾見吳歷山水冊一頁。寫松下二人坐。適幅景色充實。止一石塘留白。吳歷虔奉天主教。出遊海外。或以為受西方畫影響。不知誠出此也。

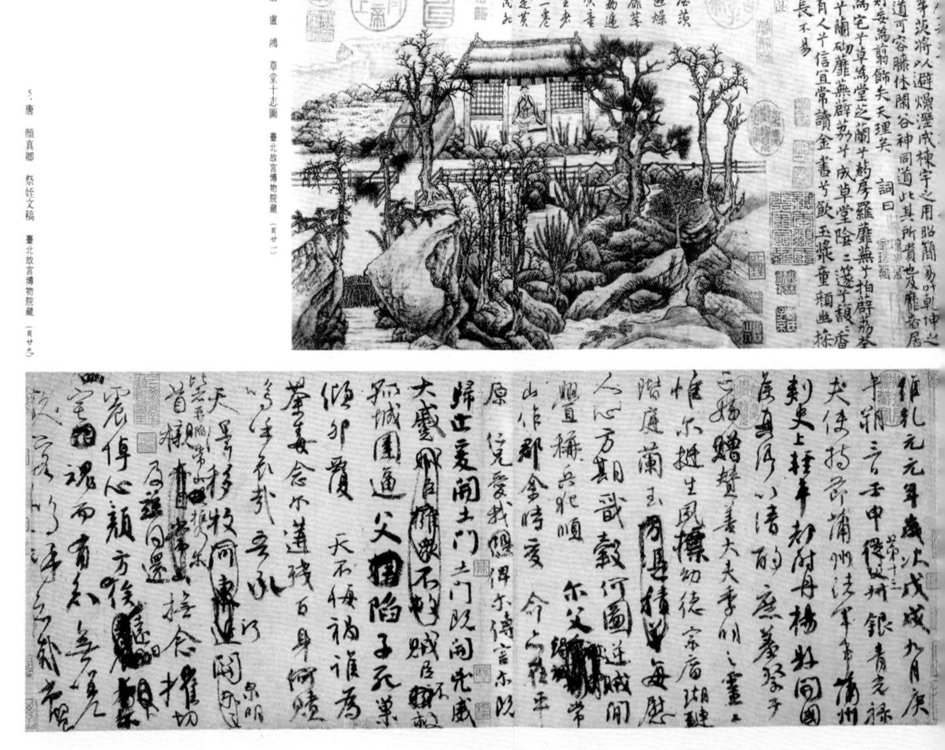

4. 唐 盧鴻 草堂十志圖 臺北故宮博物院藏 （頁廿一）

5. 唐 顏真卿 祭姪文稿 臺北故宮博物院藏 （頁廿九）

别卷经折装

2.晋　王羲之　平安、何如、奉橘三帖　臺北故宫博物院藏　（頁十二）

過庭　書譜　臺北故宮博物院藏　（頁十九）

明式家具研究 小8开

2007

《明式家具研究》是王世襄先生着力最多的系统性研究作品，朱家溍先生称它是“一部划时代的专著”，将明及清前期的家具研究提高到一个新的水平，最初于1989年在香港三联书店出版，分文字卷和图片卷，翻阅起来特别不方便。三联准备出简体版之前，我们就商量，一定要把文字叙述、图片解说以及图版融在一起，重新整合，便于读者阅读。

因此，为了把图文一页页对上，我们在版式方面花了很大功夫，书后还重新做了索引。这本书做的时间比较长，没做完袁先生就去世了。她为本书描制线图并做了大量工作，所以最后封面用黑色木纹纸衬底，中间用白色绒纸烫了金色袁先生绘制的线描床样，就是为了纪念她。函套封面上的两把明式椅子，一把敦实、一把秀丽，一虚一实，也隐含着对两位老人的敬意。

明式
家具
研究
王世襄 编著
袁荃猷 制图
明式家具
研究
王世襄 编著
袁荃猷 制图

明式家具研究

明式家具研究

王世襄编著
袁荃猷制图

一九八八年夏
启功题

中国古代家具

王畅安著

紫江朱启钤

三联风格

把书做成最好的样子

1959年冬，王世襄到我家拍摄家具后留影。先慈坐黄花梨木宝座上，后立者自右起为王世襄、朱家溍、笔者。刘光耀摄

给他方便，工作当然就比较顺利，但力气还是要费的。可是去别处就不尽然了。譬喻有的人家或寺院，想拍的不是在地面上使用着的，而是在杂物房和杂物堆叠在一处，积土很厚，要挪移很多东西才能抬出目的物，等到拍完照就成泥人儿了。还要附带说明一下，就是揩布和鬃刷子都要他自己带，有些很好的家具因积土太厚已经看不出木质和花纹了，必须擦净，再用鬃刷抖亮，才能拍摄。这还属于物主允许搬动、允许拍摄的情况。若是不允许，白饶说多少好话，赔了若干小心，竟越惹得物主厌烦，因而被摒诸门外，那就想卖力气也不可能了。但世襄也不计较，还是欣然地进行工作，好像永远不知疲劳。像这样全力以赴地搜集资料，一直到60年代中期，人人都无法正常生活时才完全停止。经他过目的明清家具，或整或残，数量当以万计。他收集到的实物，只不过是所见的极少一部分，而经过十年浩劫，幸存下来的尚有八九十件。就全国乃至世界上的私人收藏来说，世襄所藏即使不是数量最多，也是质量最好、品种较全的。他拥有如此一大批珍贵硬木家具，多年来供他观察研究、拆卸测绘、欣赏摩挲，别人是不具备这样条件的。

过去一说起明清家具产地调查，世襄总是感到遗憾，1949年后的二三十年中，他竟连一次机会也得不到。而社会在不断地变革，越推迟调查，必然收获越小。可喜的是待他年逾六旬，这个过去不可能具备的条件终于被争取到了。1979年冬，他到苏州地区的洞庭东山，1980年冬，去广东之后再度到苏州地区。尤其是后一次，见到“广式”家具六七千件之多，而洞庭东、西山则是在当地人士的带领下，几乎逐村、逐户进行采访的。像这样目的明确、态度认真的家具调查，似乎做过的人还不多。世襄这几次采访，备极辛苦，但对他的研究和撰述，是必不可少、至关重要的。

世襄十分重视木工技法和保存在匠师口语中的名词、术语，因为这样的活材料是不可能在书本中找到的。他和鲁班馆的老师傅们交上了朋友，恭恭敬敬地向他们请教，面对着不同的家具，一个个部位，一桩桩造法，仔细询问，随手记在小本子上，回家再整理，不懂则再问再记，直到了了于心。我从他那里也间接知道了不少鲁班馆使用的名词和术语。

对于重要的文献古籍，世襄也下过很深的功夫。例如《鲁班经匠家镜》是明代惟一记载家具规格并有图式的工匠手册，惟讹误甚多，很难读懂。他将有关家具条款辑出，通过录文、校字、释辞、释条、制图，作了深入浅出的解说，写成《〈鲁班经匠家镜〉家具条款初释》一文（见本书附录三）。他还集中了七十多种清代匠作《则例》，将有关装修、陈设、家具的条款汇辑到一起，编排标点后交付油印。可惜遭到了“文革”的扼杀，只印了一半，未竟全功！诸如上述的工作，有人认为是世襄写明式家具专著的副产品，其实应该说是为撰写家具专著所必须准备的重要条件。

世襄十分幸运的是有一位贤内助袁荃猷夫人。由于世襄把大部分的钱买了木器，使得她衣着十分节俭，手头经常拮据，但她全无怨色，而是怡然和世襄共享从家具中得到的乐趣。难得的是她并未学过制图，但目明手巧，心细如发，而且年岁越老，竟画得越好。前后两部家具专著数以百计的线图，不论是家具的全形或局部，纵横斜直，接合繁复，必须用透视才能表现的榫卯结构，乃至勾摹古代图绘或版画，无不出自她手。

世襄的这部专著，把明及清前期的家具研究提高到一个新的水平，其成就表现在他做了许多过去没有人做过或做得很不够的工作。

明及清前期家具生产的时代背景，在已出版的中外著述或文章里很少叙及，而世襄却做了比较深入的探索。根据传世及出土的实物，结合多方面的史料，他第一次提出明代家具的质和量达到历史高峰是在明中期以后的论证。通过实地调查，他确信当时的生产中心在苏州地区，而入清以后，广州始逐渐成为重要产地之一。过去虽有人道及“苏式”、“广式”，但只是泛论而已，并未联系实例。世襄不仅对遗留在两地的家具做了调查，拍摄了照片，而且在苏州地区收集到与明黄花梨家具制作如出一手的榉木家具（即北京所谓的“南榆家具”），为流传在北方的黄花梨家具原为苏州地区的产物的论点，提出了有力的证据。

从前出版的几本中国家具图册都曾讲到分类，但器物品种及图版排列并不能体现其分类，甚至某一大类连一件实物也没有，至于缺少的品种就更多了。它们未能使读者看到某一大类有哪些品种，某一品种又有哪些形式。世襄则由于他多年来积累了大量的实物、实物照片和线图，故能专辟一章（第二章《明式家具的种类和形式》），先分门类，再分品种。而且同一品种的器物排列，从最基本的造型开始，由简而繁直至其变体。这样就不仅比较完整而系统地展现了明及清前期家具的概貌，而且还显示了形式的发展和变化。这种编写方法，前人不仅不敢这样做，恐怕连想都不敢这样想。经过分析和归纳，将传统家具分为无束腰、有束腰两大体系，通过上溯其源来解释何以在造型上各具特征。这是对家具造型规律的探索，把表面现象提到理论的高度来认识，体现了他精湛的研究成果。

王世襄与祖连朋师傅合影

世襄使用的一套描述家具形态、制作的语言，有一部分过去只存在于工匠的口语中，并未完整地形成文字。他曾告诉我名词、术语得自匠师口授的居多，旁及清代匠作《则例》用语，意在与匠师口语相印证。只有在不得已时，才借用现代木工用语，或自己试为拟定名称，而随即说明为借用或杜撰。匠师口语和则例名词都简练明确，概括性强，匠师一听就懂，所以用起来十分方便。世襄

002　　003

明式家具依其功能可以分为五大类：甲、椅凳类，乙、桌案类，丙、床榻类，丁、柜架类，戊、其他类。

甲、椅 凳 类

椅凳类包括不同种类的坐具，分列如下：

壹·杌凳　贰·坐墩
叁·交杌　肆·长凳
伍·椅　陆·宝座

壹·杌 凳

"杌"字见《玉篇》："树无枝也。"[1]从此意可以想到以"杌"作为坐具之名，是专指没有靠背的一类，以别于有靠背的"椅"。在北方语言中，"杌"仍惯用于众口，如称一般的凳子曰"杌凳"，称小凳子曰"小杌凳"等。

传统家具，凡结体作方形的或长方形的，一般可以用"无束腰"或"有束腰"作为主要区分。下面列举杌凳实例，除个别形式外，都分入这两类。每类将最基本的形式放在前面，以下由简而繁，依次介绍在结构、构件或装饰上出现变化的例子。

杌凳共举三十二例：

一、无束腰杌凳

在无束腰杌凳中，圆材直足直枨的是它的基本形式。其结构吸取了大木梁架的造法，四足有"侧脚"。所谓侧脚就是四足下端向外撇，上端向内收，在《鲁班经》中称之为"梢"。北京匠师则称之为"挓"，取向外张开之意（如手张开曰"挓挲着手"）。凡家具正面有侧脚的叫"跑马挓"，侧面有侧脚的叫"骑马挓"，正面、侧面都有侧脚的叫"四腿八挓"。此种无束腰杌凳，在北宋白沙宋墓壁画〔2·1〕和南宋人绘《春游晚归图》〔2·2〕中已能看到其较早的形象。明代实物一般装饰不多，用材粗硕，侧脚显著，予人厚拙稳定的感觉。下面举四例：

[1]《玉篇》卷十二木部第一五七，道光三十年邓氏仿宋重刊本。

2·1 白沙宋墓壁画中的杌凳 《白沙宋墓》图版贰柒

2·2 宋人《春游晚归图》中的杌凳 《宋人画册》71

甲 1、无束腰直足直枨长方凳

此为圆材，边抹素混面，牙子光素，每面枨子一根，在同一高度上与腿子结合。这是由于腿材粗硕，即使不避开凿榫眼，也不至于影响其坚实。凳面木板平镶，不落堂。整体结构简练，朴质无文，淳厚耐看。

甲 2、无束腰直足直枨小方凳

此凳与上例造法相同而形制特小，用材在比例上更为粗硕，在淳朴的格调之外又增添了几分顽稚的气息，弥觉可爱。它原非厅堂中器物，乃居室中的日常用具。

黄花梨　28×28cm，高 28cm

甲 3、无束腰直足直枨长方凳

此凳边抹素混面压边线，素牙子起边线，牙头有小委角。足材外圆里方，也起边线。直枨正面一根，侧面两根。与前两例相较，可见它在边抹、牙子、腿足上都稍稍采用了一点加边、起线的装饰，但彼此呼应，甚为和谐。它如同某些乐曲似的，虽在基调上加了几个装饰音，而骨格俱在，丝毫也没有减弱原有的淳朴风格。这是一对我们确信为明代精制的黄花梨杌凳，50 年代商贩从通州故家购得。原有细藤软屉，惜早已破损。所幸未落入家具商之手，否则将踩深边口，换掉弯带，改为木板席面硬屉，致令古器面目全非。今依原式重穿藤屉，只藤工较粗，无法完全复其旧观了。

黄花梨　51.5×41cm，高 51cm

甲 74、三梂矮靠背南官帽椅

此椅外形接近玫瑰椅，但靠背、扶手不与椅盘垂直，故只能视为矮型南官帽椅的一种。

黄花梨　59×47cm，座高 49cm，通高 82cm

甲 76、高靠背南官帽椅

靠背板的螭纹浮雕

前述三例都属于矮靠背一类，而传世南官帽椅中，高靠背的为数也不少，此是所见较好的实例。它造型优美，工料皆精，浮雕螭纹开光，形态生动，刀法快利，寓遒劲于柔婉之中，是明代木雕的上品。

黄花梨　57.5×44.2cm，座高 53cm，通高 119.5cm

甲 77、扇面形南官帽椅

靠背板的牡丹纹浮雕

侧面

椅的四足外挓，侧脚显著，椅盘前宽后窄，相差几达 15 厘米。大边弧度向前凸出，平面作扇面形。搭脑的弧度则向后弯出，与大边的方向相反，全身一律为素混面，连最简单的线脚也不用，只在靠背板上浮雕牡丹纹团花一窠，纹样刀工与明代早期的剔红器十分相似。椅盘下三面安"洼堂肚"券口牙子，沿边起肥满的"灯草线"。设计者特意采用这种回婉的曲线，使上下和谐一致。管脚枨不但用明榫，而且索性出头少许，坚固而并不觉得累赘，在明式家具中殊少见。它可能是一种较早的造法，还保留着造大木梁架的手法。此椅四具一堂，尺寸硕大，紫檀器中少见，造型舒展而凝重，选材整洁，造工精湛，不仅是紫檀家具中的无上精品，更是极少数可定为明前期制品的实例。

紫檀　前宽 75.8cm，后宽 61cm，深 60.5cm，座高 51.8cm，通高 108.5cm

甲91、圆后背雕花交椅

此为独板靠背满施浮雕花纹的例子，它在三个山峰上生出左右旋转的缠枝花。扶手出头处、椅盘横材立面、踏床立面及贴地的横材立面，都雕卷草纹。与上例相比，雕饰大增。并有铁鋄金饰件。螭纹角牙前，附加铁制竹节纹弯柱〔4·40b〕，这个构件是许多交椅都没有的。

黄花梨，铁鋄金饰件　68.6×45.1cm，座高52.6cm，通高101.6cm

甲92、圆后背雕花交椅

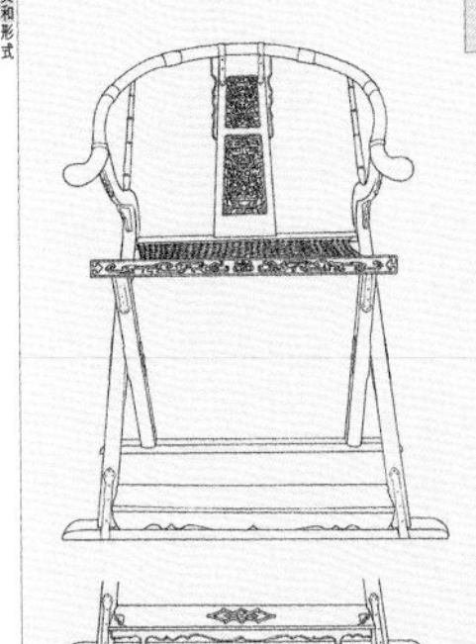

原踏床式样

此为透雕独板靠背的例子，它镂出两块长方形图案，上为蝠磬流云，下为双螭捧寿。迎面横材立面浮雕螭纹寿字。有铜饰件。扶手下安有木旋的立柱。

此椅在埃氏的《中国家具》中印出（彩版26）。惟因刻工甚细，不容易看清，故特制线图，相信对家具爱好者会有参考价值。更为重要的是想通过线图说明笔者对该椅踏床的一些看法。笔者虽未见交椅实物，但从彩色图版已可看出踏床的木质及纹理和交椅本身不一致，它不像是黄花梨。且交椅有铜饰件，而踏床却无铜饰件，显与明代交椅的形制不符。同时造工简陋，和精雕细琢的椅身也不配称。因而笔者认为此具踏床乃经后配，并非原物。交椅线图下所绘的踏床，上钉方胜及云纹铜饰件，可能更加接近此椅原有的一件。

甲93、圆后背雕花交椅

此为攒后背交椅之例，透雕分三截，上为如意形蟠螭纹，中为麒麟葫芦，山石灵芝。下为亮脚，起卷草纹阳线。有铜饰件。此椅用料粗硕，和靠背板、踏床等在比例上不甚协调。

以上两例，和更前的两例相比，花纹制作，都显得要晚些，恰好前两例为铁饰件，后两例为铜饰件。有人曾提出这样的看法：铁饰件的交椅早于铜饰件的交椅，这可能有一定的道理。

黄花梨，铜饰件　70×46.5cm，通高112cm

甲94、圆后背剔红交椅

在明人影像中，我们常见剔犀交椅，而这是一件剔红的实例，从花纹刀法看，当为明中期的宫廷制品。扶手、靠背及椅足均雕龙纹，余地布满云纹。靠背貌似四段攒成，但边框并不高起，故当为一块木板造成，而只是在漆面剔出分段攒装的式样。这样造便于髹饰制作。漆木家具和木制家具往往造法不同，于此可见。此外，它和木制交椅不同之处尚有：1. 不用金属饰件加固各构件交接处。2. 扶手与后足弯转处，无立柱支撑。

木胎剔红　通高91.5cm

2、黄花梨梅花式凳

16世纪晚期—17世纪早期

方形、长方形、圆形以外的杌凳，在50年代曾见清早期的六方形和海棠式的，因残缺太甚，当时未拍照并留记录。待1986年再次为拙作补充实例时，竟连残缺的也未能找到，而不得不采用《丽美图》所绘的形象作为插图〔2·7〕。这就足以说明这件黄花梨梅花式凳是多么难能可贵。

它有束腰，三弯腿，用插肩榫和牙子及凳面接合。五根枨子，每根都两端出榫，枨身凿眼，把腿子牢牢地连接在一起。这种做法也能在五足的矮面盆架上见到。牙子雕宽而扁的卷草纹，腿足上端雕云头纹。不同于一般杌凳的是凳面用厚板拼成。这是因为如用攒边装板的做法，梅花式凳面须用五根大边，不仅凿榫及装板需用许多工，而且远不及厚板面来得结实。看来凡是尺寸较小而造型又比较复杂的家具，其面板采用厚板是一种合理的做法。

面径42.2cm，高44.4cm

3、黄花梨藤编靠背扶手椅

16世纪晚期—17世纪早期

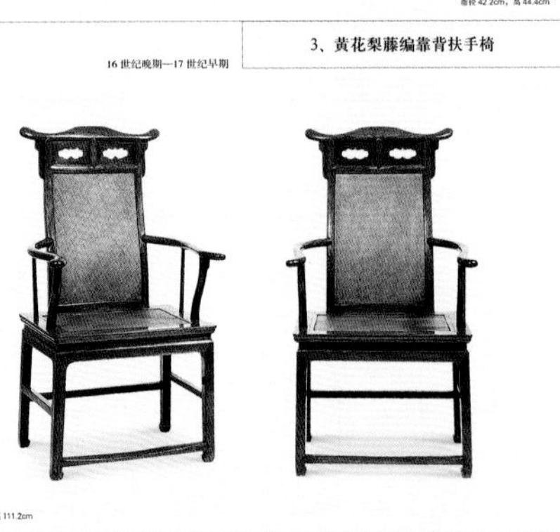

60×46.4cm，高111.2cm

这是从未见过的一种扶手椅造型。椅盘之上，把靠背大大加宽，将木板改成藤编的软屉，它也就成了椅子的后背。由于搭脑弯而厚，不宜在上面打孔穿藤加压边，所以另加了一根横材作为软屉的边框。在此之上又用立材将空间分隔为二，打槽装海棠式开孔绦环板。这样就仿佛使人看到一头两目炯炯有神的猫头鹰凝视着前方。搭脑两端上翘是它的耳朵，立材下端的格肩榫尖是它的嘴。猫头鹰善捕鼠，已被公认为吉祥之鸟，这一形态增添了这对椅子的情趣。两侧扶手交代在靠背的大边上。鹅脖退后安装，不与椅子的前足一木连做。藤编靠背如何与椅盘交代，有待进一步的观察。大边下端出榫，纳入椅盘上的榫眼，乃至椅盘上打槽，将靠背的抹头嵌入都是合理的结构。

再说椅子的下部，由于四足都不穿过椅面，所以实际上就是一具有束腰带马蹄足的长方凳，只是四根枨子不在同一高度上，有别于一般的凳子而已。

椅子有马蹄，十分罕见。曾见数例，都有束腰，有的还有托泥，因为在传统家具中，束腰伴随马蹄，似乎是一种规律。不符合这一规律的只能视为变体。

总之，这对椅子不同寻常之处甚多，这也正是值得重视并深入研究的原因。

4、黄花梨交椅式躺椅

16世纪晚期—17世纪早期

72.1×91cm，高101.3cm

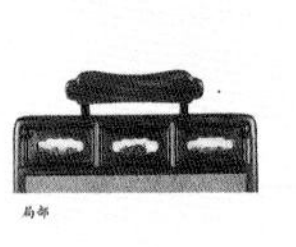

局部

方形靠背交椅式躺椅是比圆后背交椅更为稀少的一个品种。我最初是从版画（明刊本《三才图会》[1]）和绘画（明仇英《梧竹草堂图》〔2·16〕[2]）中看到它的形象的。当时我曾想：要看到一件实物恐怕不容易。不料过了约二十年，在南京博物院的库房中看到来自苏州东山的黑漆躺椅，就是印在本书中〔甲96〕的那一件。那时我又想：黑漆躺椅用软性木材制成，要看到一件硬木制的恐怕不可能了。不料又过了约二十年，在文艺复兴镇中国古典家具博物馆看到这件精美绝伦的黄花梨躺椅。

黄花梨躺椅和黑漆的那件有许多不同之处。首先是两根扶手是弯的而不是直的，使座位有更大的空间。靠背上部用两截短材分界成三格，嵌装绦环板开壸门式透孔，后镶白质黑章的大理石。色泽的跳跃，一下子把人们的注意力吸引到这里。靠背上荷叶式枕托也和黑漆躺椅完全不同。这一切都显示了黄花梨躺椅经过精心的设计，要比软木制的考究得多，不仅更为舒适，而且优美动人。值得指出的是一个微小的局部：搭脑不用格肩榫与腿足相交，而采取下弯的挖烟袋锅榫，在垂扣处又向内挑出一个小钩。左右两个小钩破除了绦环匀整的重复，竟为躺椅大大增添了情趣。同时它们又不只是装饰性的，而自有其存在的意义。小钩增加了直纹木材的长度，使它不易断裂，对嵌夹绦环板也能起作用。总之，黄花梨躺椅是我多年曾萦梦寐的家具，一旦相见，为我带来出乎意外的喜悦。

[1] 明王思义《三才图会》器用十二卷什器类，明刊本。

[2] 明仇英《梧竹草堂图》，见《支那名画宝鉴》图575，日本珂罗版本。

明式家具实例增补

13、黄花梨高火盆架

16世纪

造型宛然是一具十字枨大方凳。牙子与束腰一木连做，挖出壶门式轮廓，沿边起皮条线，与腿相交处透镂卷云一朵。皮条线顺腿而下，形成内翻卷珠足，足底承圆珠。四足外角还从下抽出三叶花叶，叶尖一直通到束腰部位。

火盆架的抱肩榫做法比较特殊。常规做法是左右牙子和腿足集中在束腰之下，在腿的肩部相交，此则将相交点上移到束腰之上。为什么要这样做，有不同的解释：或以为牙子开料，两端各可缩短一寸有余，四块牙子加起来节省木料不少；或以为三者相交之处，既薄且尖，容易损伤，上移至束腰部位相交，可以藏在边框之下，得到保护。惟本人以为其目的仍在保留三叶浮雕的完整。如在腿足肩部相交，浮雕叶尖将被切断，不复完整。证以齐牙头炕桌，不也是改变牙条两端的形状，易斜为直，借以保留腿足肩部浮雕图面的完整吗？

拙作《研究》只收了一件清前期的高火盆架〔戊45〕，今喜见明代的实例。对比之下，其年代孰早孰晚，是一目了然的。

81×61cm，高60cm

14、黄花梨三足灯台

16世纪晚期—17世纪早期

直33cm，高182cm

图七、《丹桂记》版画中的灯台

图八、《灵宝刀》版画中的灯台

❶ 明周朝俊：《丹桂记·鬼辩》插图，万历宝珠堂刻本。

❷ 明李开先：《灵宝刀·青楼乞救》插图，万历三十六年陈氏刊本。

传世灯台以两个厚重墩子相交为底座，上植灯杆及吸取座屏风结构，造型狭而高，中插灯杆较为常见，后者还往往可升降其高度。三足或四足着地的灯台十分罕见。明代版画偶有描绘，如《丹桂记》插图中三足的一具❶，《灵宝刀》插图中四足的一具❷，但都细而高，不难看出非铁制便是铜制，不是木器家具。现在喜见中国古典家具博物馆所藏的一件，为三足着地灯台提供了实例。

经初步观察，灯杆要穿过三角形和圆形的两块板片。三角形板片与三足榫卯相交，十分牢固。圆形板片则未见有坚实的榫卯与三足相交，故借助于錾花的铜饰件来把三足连接钉牢。由于只见此一例，故不知这是否是此类灯台常用的做法。不过据个人臆测，聪明的工匠是会设计出全凭榫卯连接而勿须铜饰件来加固的办法。姑记之于此，以俟后验。

15、黄花梨骡马鞍

清

此种硬木骡马鞍是清代轿车上的用具。但其雕饰，一为双狮，一为螭纹，尚具明代风格。过去由于它是车具，《研究》未收。现在海外人士，每有入藏，惟对其用法殊少言及。

33×26.9cm，高15cm　黄花梨狮纹骡马鞍

35×28cm，高14cm　黄花梨螭纹骡马鞍

美国加州中国古典家具博物馆

2、黄花梨有束腰长方凳成对

16世纪

藤编软屉凳面也已改为贴席硬屉。内翻马蹄，牙子与束腰一木连做。罗锅枨，退后安装，不与腿足格肩相交。无雕饰，只沿牙子、腿足起边线而已。

有束腰内翻马蹄为明式杌凳又一基本形式，历年过目，当以百计。但直足者多，弯足者少。足略弯而用材细者尚可见，弯度大而用材粗，且造型、制作并臻佳妙者千百中不一二见。良以用材不粗，无以见其凝重朴质，而腿直少弯，线不流畅，又无以从凝重朴质中见其优美。试取此凳与拙作《珍赏》第15〔甲16〕相比，虽同为有束腰内翻马蹄加罗锅枨，其神采、品质高下，相去讵可以道里计！

杌凳形式繁多，不论该馆今后能访求到多少种，两对基本形式之最佳者终将位居首席。

凳面56×47cm，高51.3cm

3、黄花梨圆后背交椅

16世纪

宽69.2cm，深45.7cm，高79.5cm

黄花梨圆后背交椅传世甚稀，在所见的十数件中，此具堪称上乘。今试列举，殆有四美。

（一）整体协调匀称。交椅最引人注目的构件是椅圈，必须粗细大小，圆弧弯曲，倾斜高低，无不合度，才能和其他部位协调，取得整体匀称的效果。例如英国维多利亚·艾尔伯特美术馆的明剔红交椅❶〔甲94〕，显然椅圈太小。加拿大多伦多美术馆的一件❷，也不够舒展。这都有损于整体的形象。此椅的这一重要构件则制作得十分完美。

（二）花纹优美新颖。靠背板界成三段。上段一窠浮雕，乃从双螭纹变出，但全无动物形象而近似卷草，圆婉有致。中段端立一牍三足，实为图案化的"寿"字。其上大小两螭，顾盼有情。下卧一螭，翻滚欲起。图案上下左右，全不对称，寓变化于整饬，新颖脱俗。

（三）金属饰件华美。交椅由于结构特殊，需要金属饰件加固，铜制者自不及铁镀银珍贵。宽者锤缠枝莲，窄者锤香草纹，黑地白章，灿然夺目。脚踏上用铁帽钉固定镂有古老钱、犀角等杂宝长片，尤饶古趣。着地两根长材与后足相交处用纯银錾花饰件，为迄今仅见一例。

（四）保存良好。交椅不时折叠移动，比其他椅具更难保存完好。脚踏可装可卸，容易散失，故常有后配。埃利华斯《中国家具》刊出一件❸，从图片即可断定脚踏非原件。此椅通体完整，现况良好。

❶ Craig Clunas: *Chinese Furniture*, London: Bamboo Publishing Ltd.,1988,Figure 13.

❷ R. H. Ellsworth: *Chinese Furniture*, New York: Random House, 1970, p.137, No. 28.

❸ 同❷页88。

4、黄花梨五足带台座香几

17世纪

几面边框立面稍稍内敛，上下有凹线，中部打洼，类此冰盘沿少见。束腰分五段，剜海棠式窄长凹槽，嵌装在露而不高的腿足上截侧面槽口内，有托腮，故为高束腰式。

五足之间是五个正顶出尖的壶门轮廓，柔婉修长，仿佛是五个大莲花瓣，启示人去思考壶门也起源于自然物象——印度随处可见的莲花。

此几之妙在线之运用。牙子上起的阳线至腿足之肩汇到一起，以下便隐而不见。但其意不断，顺腿面依然下行，至足端而再见。待及圆球，又岐分为二，抱球向后兜转，遂又隐而不见，惟意仍不断，复沿腿足背面而上行。匠师假有形无形、忽隐忽现的线条把上下脉络，周环贯通，比有形的所谓"交圈"又艺高一筹，不禁使人叫绝。

足底为了避免重复，不再用圆球支承而代以双层木方。有台座香几已属罕见，此又具有诸多特点，自是难能可贵。

面径41cm，高97cm

5、黄花梨折叠式带抽屉酒桌

桌面91.35×57cm，高85.8cm

17世纪

❶ *The Dr. S. Y. Yip Collection of Classic Chinese Furniture*, Hong Kong, 1991, p.79, Plate 26.2. 参见本书附录四之6。

酒桌采用夹头榫结构，绿石面心，腿足用材粗硕，做成四个混面，铜包足。其尺寸与外形悉如常式，却可以拆卸折叠，且有抽屉一具，在明式案形结体家具中尚难举出第二例。

酒桌的具体做法是每一侧的两足各用四根枨子相连，形成一对支架。最上一根枨子和桌面下邻边的一根托带贴着，各凿透眼，用活销连接，使支架可装可卸。第二根枨子凿眼两个，容纳Ⅱ形抽屉架上的榫子。三四两枨及腿足上端开口和一般夹头榫酒桌做法无异。

酒桌正面的牙条分三段。正中一段用作抽屉的前脸。左右两段靠外一端出圆轴，纳入侧面牙条上的窠臼中。靠里一端开口，骑在栽入大边背面的一个扁形木楔上。木楔的地位正在夹头榫两个卯眼之间。牙条和木楔都打眼，穿金属轴棍时将二者连接起来，使牙条两端有轴，可以立起或卧倒。牙条立起，安上腿足，其里端便嵌夹在腿足上端的长口内，形成半个夹头榫。如卸下腿足，牙条卧倒，可贴在桌子背面的大边上。至于酒桌背面牙条，则是通长的一根，两端出轴，纳入两侧牙条的窠臼，和不带抽屉折叠式案的牙条做法相同❶。藏抽屉于牙条之后，隐关捩于榫卯之中，故酒桌功能增益而外貌依然。可谓设计巧妙，备见匠心。

王世襄集 8 开

2014

《王世襄集》整理了王老的全部著作，分 10 种 12 册。纸面布脊，布脊延伸至封面，宽 80mm，高 290mm。

图案出自王亚蓉女士“复原研究 N7 对龙对凤纹绣衾（大被）”，绣衾长 220cm，宽 207cm，衾上缘正中有一个深 20cm，宽 40cm 的凹口。“衾面由五幅刺绣对龙对凤纹匹料拼缝而成，不仅刺绣工艺精湛，纹样单位之大也是出土丝绸文物纹样中前所未有的。……一个花纹单位是由四对凤、三对龙纹构成，左右对称，花纹纵向以植物枝蔓作串连，上部轴线处用个三角形花纹合总两列龙凤，形成一个 181cm 长的大单位纹样。图案设计及设色水平极高，凤与龙的造型具写实感，又非常抽象。其中一对龙凤纹仅各有一足一尾，由一线相牵与一凤体相连，而另一对凤，则只有一羽一爪，以中腰一线与上部龙纹合身。此外龙身凤距、凤身而龙爪的例子也可互见，艺术构想大胆而充满幻想，情韵绵密，格律严谨。”（王亚蓉《战国服饰的复原研究》）

这幅图案的精神韵味，正好适合王世襄的作品。每册布局颜色不同，图案烫红铜金色电化铝，纸面采用粗布纹纸压凹变色方块，方块内烫印亚金书名。

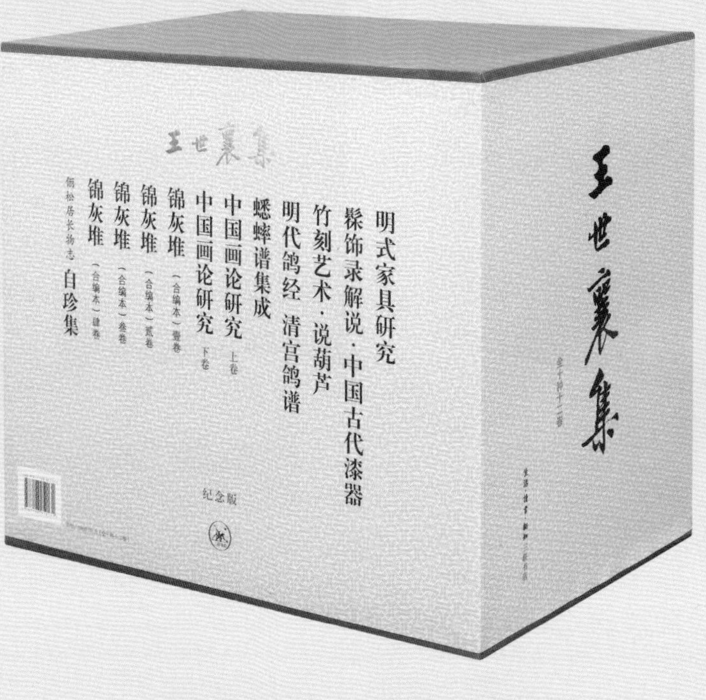
王世襄集
明式家具研究
髹饰录解说·中国古代漆器
竹刻艺术·说葫芦
明代鸽经 清宫鸽谱
蟋蟀谱集成
中国画论研究 上卷
中国画论研究 下卷
锦灰堆（合编本）壹卷
锦灰堆（合编本）贰卷
锦灰堆（合编本）叁卷
锦灰堆（合编本）肆卷
俪松居长物志 自珍集
纪念版
王世襄集

王世襄集
王世襄集 俪松居长物志 自珍集
王世襄集 锦灰堆（合编本）肆卷
王世襄集 锦灰堆（合编本）叁卷
王世襄集 锦灰堆（合编本）贰卷
王世襄集 锦灰堆（合编本）壹卷
王世襄集 中国画论研究 下卷
王世襄集 中国画论研究 上卷
王世襄集 蟋蟀谱集成
王世襄集 明代鸽经 清宫鸽谱
王世襄集 竹刻艺术·说葫芦
王世襄集 髹饰录解说 中国古代漆器
王世襄集 明式家具研究

三联风格

把书做成最好的样子

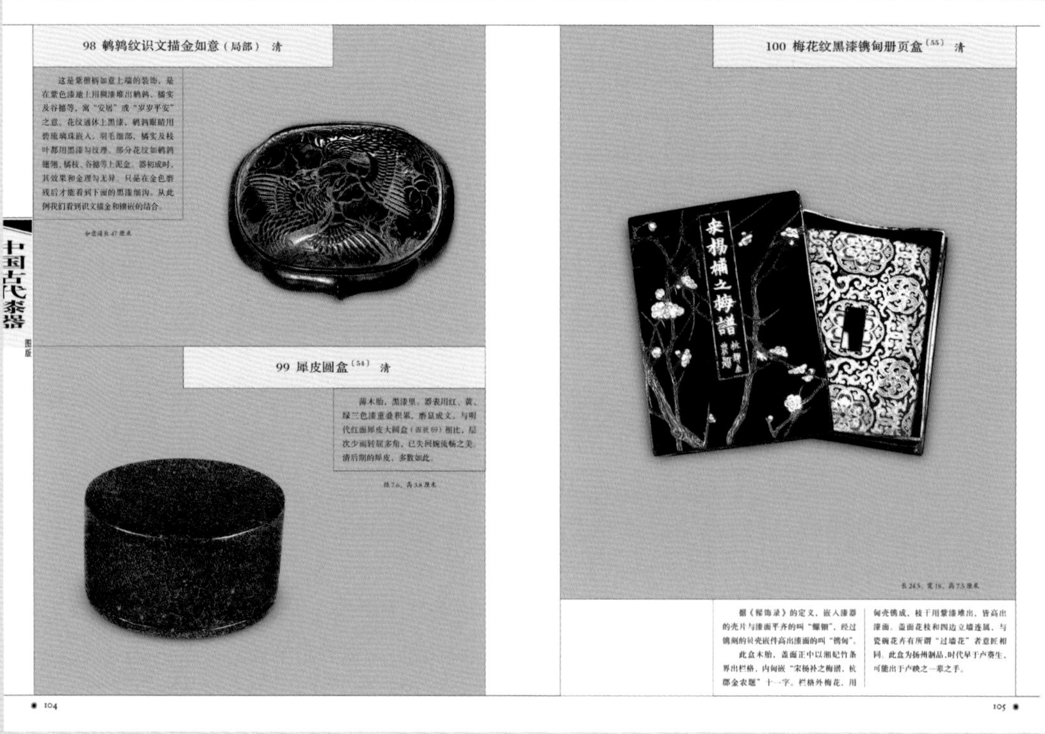

98 鹌鹑纹识文描金如意（局部） 清

这是紫檀柄如意上端的装饰，是在紫色漆地上用稠漆堆出鹌鹑、橘实及谷穗等，寓"安居"或"岁岁平安"之意。花纹通体上黑漆，鹌鹑眼睛用碧琉璃珠嵌入，羽毛细部、橘实及枝叶都用黑漆勾纹理。部分花纹如鹌鹑翅翎、橘枝、谷穗等上泥金。器初成时，其效果和金理勾无异，只是在金色磨残后才能看到下面的黑漆细沟。从此例我们看到识文描金和镶嵌的结合。

如意通长47厘米

99 犀皮圆盒[54] 清

薄木胎，黑漆里，器表用红、黄、绿三色漆重叠积累，磨显成文。与明代红面犀皮大圆盒（图版69）相比，层次少而转屈多角，已失回婉流畅之美。清后期的犀皮，多数如此。

径7.6、高3.8厘米

100 梅花纹黑漆镌甸册页盒[55] 清

长24.5、宽18、高7.5厘米

据《髹饰录》的定义，嵌入漆器的壳片与漆面平齐的叫"螺钿"，经过镌刻的贝壳嵌件高出漆面的叫"镌甸"。

此盒木胎，盖面正中以湘妃竹条界出栏格，内甸嵌"宋杨补之梅谱，杭郡金农题"十一字。栏格外梅花，用甸壳镌成，枝干用紫漆堆出，皆高出漆面。盖面花枝和四边立墙连属，与瓷碗花卉有所谓"过墙花"者意匠相同。此盒为扬州制品，时代早于卢葵生，可能出于卢映之一辈之手。

104　　105

75 白（鸽友提供）

76 黑皂（《中国观赏鸽谱》页40）

77 黑皂（《明代鸽经·清宫鸽谱》页147）*

* 本书所引《明代鸽经·清宫鸽谱》之页码，均参见“王世襄集”之《明代鸽经·清宫鸽谱》。

718

78 铁牛（《明代鸽经·清宫鸽谱》页278）

79 铁牛（韩立先生提供）

719

124 黑玉环（《明代鸽经·清宫鸽谱》页229）

125 黑玉环（《中国观赏鸽谱》页95）

126 紫玉环（《中国观赏鸽谱》页93）

736

127 黑乌（《明代鸽经·清宫鸽谱》页223）

128 紫乌（王学全先生提供）

737

三联风格

把书做成最好的样子

81 明木雕金髹僧人像

82 明铜太监立像

83 明铜错银观音菩萨像

图1 河姆渡原始社会遗址出土木胎朱漆碗

图2 杭州老和山南宋墓出土黑漆碗

图3 天启人物纹罩金髹识文方盘

图4 信阳长台关战国楚墓出土彩绘描漆小瑟残片

4 明朱三松荷叶式水盛

5 明三松款仕女笔筒

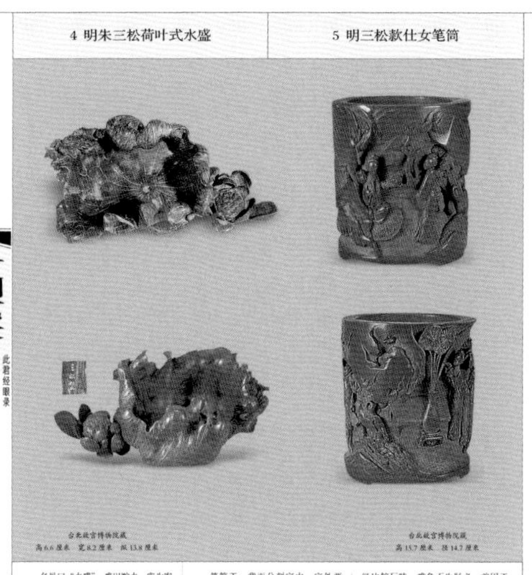

台北故宫博物院藏
高6.6厘米 宽8.2厘米 纵13.8厘米

台北故宫博物院藏
高15.7厘米 径14.7厘米

名虽曰“水盛”，难以贮水，实为案头文玩。意匠镌镂，并臻佳妙，三松竹根制器，未见更胜此者。

器以深秋荷叶为主体，边卷欲枯，虫蚀透漏，筋脉叶内浅镂，叶外隐起，无不逼真。旁侧凹下处，着一小蟹，仿佛郭索有声。叶底盘梗，斜出一花，红衣零落，蕊老药成。花瓣肥短，与窥简图笔筒瓶中所插者，纵有圆雕、浮雕之异，形态则十分相似。二器乃出一手，可以为证。款识“三松制”阴文行书，刻在叶底。

笔筒正、背面分刻室内、室外两景。室内仕女四人，一倚屏风，一捧卷轴，一持如意，一理瓶花。圆窗洞开，垂松可见。瓶后横榻，簟纹宛然。左右以山石老松分隔，转为室外之景。仕女三人，一坐锦荐吹洞箫，一挡琵琶，一持扇立听。石间阴刻“三松”两字行书款。

此器迭经台北故宫出版物刊印，题为朱三松作。所据除款字外，乃因题材为仕女，又有屏风、床榻、瓶花诸事，与三松代表作窥简图笔筒颇多似处。惟经比较玩味，难免不生疑义。首因正、背两景，室内优于室外。后者山石松树，生涩疏拙，刻者胸无章法，有不知如何下刀之憾。进而对比室内景物，窥简图屏风阴刻树枝禽鸟，妥帖有致；此则垂枝冗乱无力。窥简图瓶荷花叶如生，有立体感；此则花瓣碎如秋菊，叶片平如馒盖，全无状物之能。两器相去悬殊，讵能同出一手！今为题名曰“三松款明仕女笔筒”，乃谓笔筒为明人所作，可勿置疑，但未敢遽信为三松手制。世有鉴者，或不河汉斯言。

6 明张希黄南窗遐观图笔筒

笔筒刻行书七行，节录《归去来辞》之一段，故所图为陶令宅，倚窗者乃渊明先生。墙外有孤松挺立，想先生所抚者即此。与前一器楼阁山水相较，夹叶树多种，独无垂柳；山石轮廓皆方折，其下铲薄青筠，再以刃尖挑出细点，以代皴擦，亦与前器之山石玲珑多穴，只假青筠之多留少留状阴阳凹凸大异。可见同为留青山水，而希黄之刀法变化正多也。

上海博物馆藏

文史悦读丛书 大长32开

2006—

《苦命天子》这本书很好看，我一口气读完，很悲叹咸丰皇帝的苦命，内忧外患，无力回天。做这本书的封面，通常的思路是用咸丰的画像，穿龙袍坐龙椅，有这身行头坐在那里，他就是皇帝，哪怕德不配位。我也在封面用了象征皇位的龙袍龙椅，但朝冠下的脸没有五官，他可以是奕訢，也可以是其他人，因为咸丰的那个位置换任何一个人坐，恐怕都没什么两样，历史走到了那一步，乾坤不大可能因为某个人而倒转。左上角的云纹既是装饰元素，也含有“天地悠悠”的意思，其实中国几千年的历史，像奕訢这样的苦命皇帝不知凡几。

这本书归于“文史悦读”丛书，这个丛书名只有三联人知道，读者看到的是一套定位相似、装帧统一的系列书。大概是2006年前后吧，三联想做一套文史方面的中层读物，目标是大学者给普通读者而不是同行写的书，有学术内涵，但要好读耐看。我设计了一个比较少见的开本：145×215mm，视觉上比正度32开显得修长帅气，别具一格。

这套书前后做了二十几种，其中钱满素的《美国自由主义的历史变迁》封面做得不太顺利。我试了好几稿，

苦命天子
咸丰皇帝奕詝
茅海建 著
茅海建 著
生活·讀書·新知三联书店

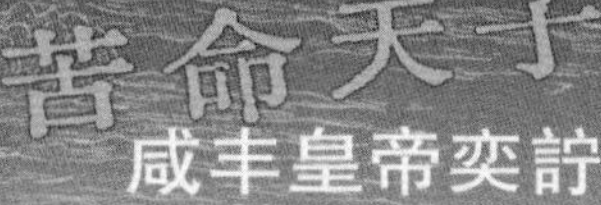
苦命天子
咸丰皇帝奕詝

红楼梦悟
刘再复 著
刘再复 著
紅樓夢悟
生活·讀書·新知 三联书店

用字体排列，用自由女神像，等等，都不满意，最后试着把图片横放，大片留白处放中英文书名，像诗行一样断开，效果一下子就出来了。做封面有时候就是这样，无心插柳，灵感经常是突然来临。

十二个封面和书脊的设计方案

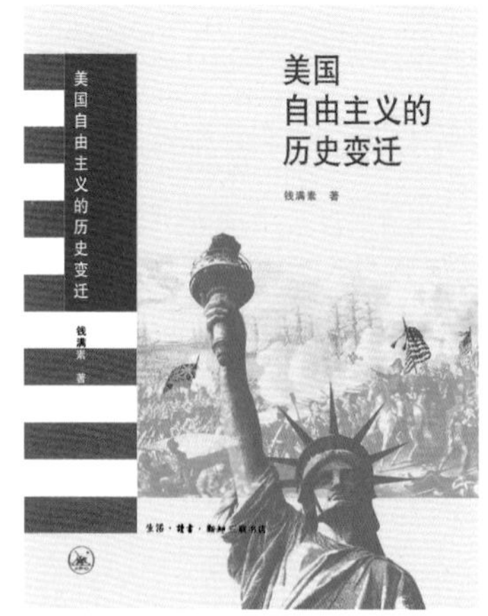

美国自由主义的历史变迁
钱满素 著
钱满素 著
美国
自由主义的
历史变迁
American
Liberalism
and Its
Transformation
生活·讀書·新知 三联书店

美国自由主义的历史变迁
钱满素 著
钱满素 著
美国
自由主义的
历史变迁
American
Liberalism
and Its
Transformation
生活·讀書·新知 三联书店

三联风格

把书做成最好的样子

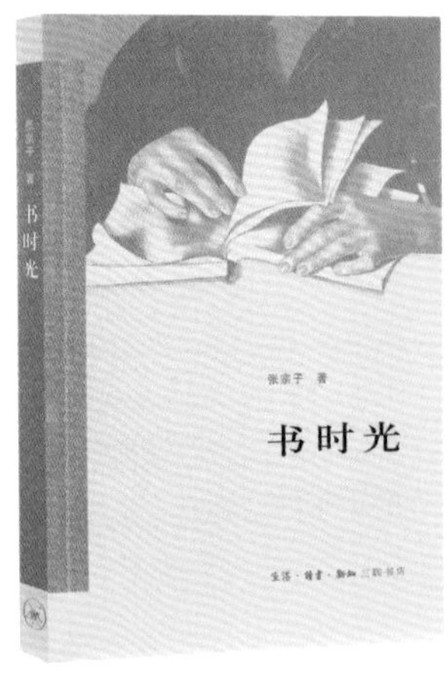

冯友兰作品精选 大长32开
费孝通作品精选 大长32开

2007—2009
2021

90年代以来，三联出了不少20世纪重要学者的作品集，我陆续做过冯友兰、邓广铭、费孝通等作品系列的整体设计。三联对这些作品的定位是想把它们从严肃的高头讲章中解放出来，走进普通读者的视野，因此，可读、好看，是很重要的标准。

他们几位都是做中国学问的，我考虑的基本装帧风格是典雅庄重，有中国文化的内涵，但不失个性与亲和。2006年做“冯友兰作品精选”的时候，我选用了130×210mm的非典型开本，这个开本精巧别致，适合手捧阅读，此后，三联就比较爱用这个开本，“费孝通作品精选”也延用了。

做冯友兰系列的时候，我根据冯先生的照片画了一张简笔素描头像，先在封面烫长方形金箔为底，烫得较深，然后在金箔上烫黑色线条的头像，有纪念碑意味。下面再烫咖啡色丛书名。封底的十字篆书“三史释今古 六书纪贞元”取自冯先生墓碑，概括了他一生的主要著作，工艺上则是直接压凹，空压。

“当代学术”版，2021

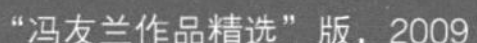
“冯友兰作品精选”版，2009

版，1984（装帧设计：王师颉）

2020年做“费孝通作品精选”的时候，我也是根据费老的照片画了一张素描头像，同样在封面烫椭圆形金箔为底，再烫素描头像。大家说我画费老晚年的样子很传神、很慈爱。这套书封面用色比较鲜亮，天蓝色布脊和蓝绿色封面都是江浙一带南方的颜色，我印象中，费老对南方少数民族尤其是广西和贵州的山区很有感情，他自己也是南方人。

两位先生都是划时代的人物，封面用烫金箔肖像，就像给他们树碑立传，是我们这些后辈向他们致敬。

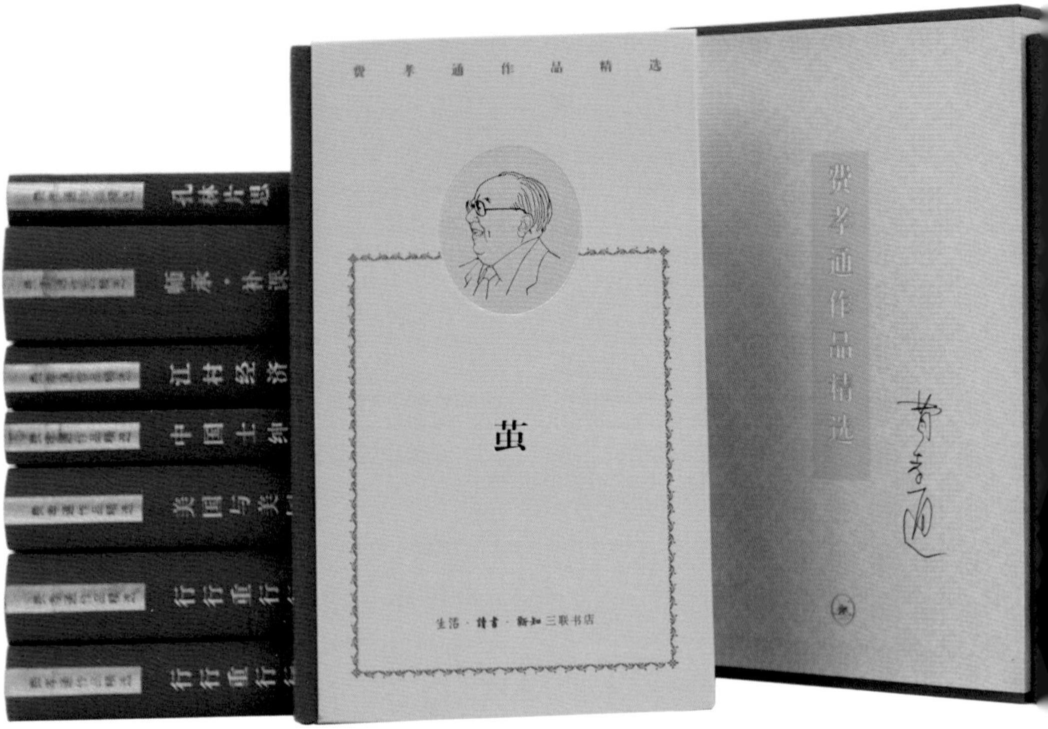

“精选”12种，每种封面封底的方框装饰图案都不同

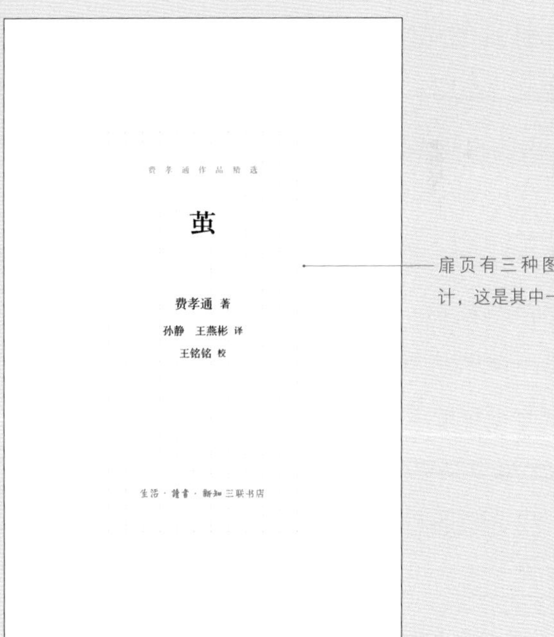

扉页有三种图案设计，这是其中一种

邓广铭宋史人物书系 大32开

2017

邓先生的这五本书，都是写宋代历史上“建立了大功业、具有高亮奇伟志节”的英雄人物。为了呈现这个总体特点，我从宋代纹样中找出合适的图案做成四方连续，用于封面封底的底纹，然后从明代木版刻印书《闺范》中辑出书名用字。明刻本版字体横平竖直，有棱有角，古朴厚重，很能表现这些传主的气象。

这个书系是在邓广铭先生百年诞辰之际推出的。责任编辑孙晓林告诉我，四传二谱是邓先生的代表作，也是宋史人物著作中的经典。三联首次结集，整体推出（合为五册），定位是“名家小系列”。邓先生的女儿邓小南教授在“编后”里有一段话很打动我，我把它抄在这里：

> 先父辞世前，曾经吟诵辛弃疾祭奠朱熹的文字：“所不朽者，垂万世名；孰谓公死，凛凛犹生。”这段沉郁而又慷慨的话语，正是先父倾尽毕生之力抒写刻画的宋代历史人物共同形象的概括，也体现着他心之所思、情之所系的不懈追求。

我希望通过我的设计，把古代先贤的精神和邓先生的寄寓都表达出来。

邓广铭
宋史人物
书系
北宋政治改革家王安石
韩世忠年谱
岳飞传
辛弃疾传 辛稼轩年谱
陈龙川传

陈龙川传
辛弃疾传 辛稼轩年谱
岳飞传
韩世忠年谱
北宋政治改革家王安石
邓广铭
宋史人物
书系

邓广铭 著
韓世忠
邓广铭 著
北宋政治改革家
王安石
邓广铭 著
岳飛傳
与一般史学家不同的一点，他不但研究历史，而且写历史。他的几本传记，像《王安石》《岳飞传》《辛弃疾传》等等，都是一流的史书，表现出他的史才也是非凡的。
——周一良
家父辞世前，曾经吟诵辛弃疾祭奠朱熹的文字："所不朽者，垂万世名；孰谓公死，凛凛犹生。"这段沉郁而又慷慨的话语，正是家父倾尽毕生之力抒写刻画的宋代历史人物共同形象的概括，也体现着他心之所思、情之所系的不懈追求。
——邓小南

邓广铭 著
辛棄疾傳
辛稼軒年譜

张充和诗文集 小 16 开

2016

为知识分子做书，把书做出文化人的品味，是三联图书一贯的追求。张充和先生作为“合肥四姐妹”之一，在书法、昆曲、诗词方面颇有造诣，享誉一时。1949 年随夫赴美后，常年在哈佛、耶鲁等大学执教，传授书法和昆曲，为弘扬中华文化默默耕耘一生。

白谦慎教授为她编纂了这本诗文集，可惜书出来的时候张先生已经去世。白谦慎说，张先生很不喜欢“民国最后的闺秀”“才女”这类称呼，她的人生经历和诗文书画整体上代表着古典的精神，相当完整地体现了中国古典文化精粹的一面。

设计这本书就是想体现出她的这种古典气质，色调沉稳温润。虽然是精装，但采用了最新的装订方式，打开度好，轻型纸也柔软。张先生的诗文很多是与师友唱和的，保有简洁灵动的神韵。她亲手抄在信笺纸上，封面选取了花笺纸上的窗棂和梅花，透出空灵的意境。

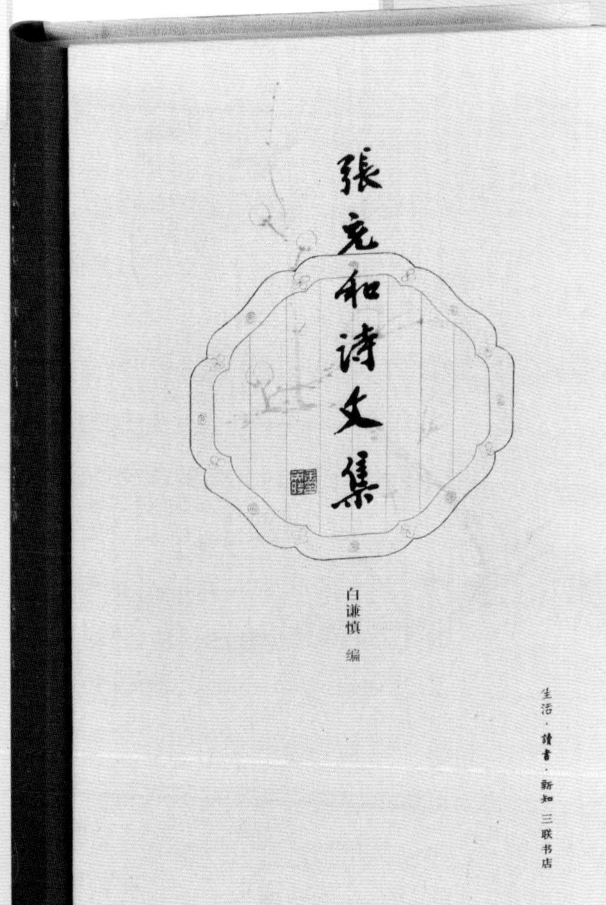

宁成春、刘洋设计

当代学术 小 16 开

2017—

三联比较有影响力的丛书，定位是高品质和经典性，设计和材料方面要体现厚重的质感。我选用小 16 开，宽布脊、纸面精装。藏蓝色带褶皱的书脊布是丛书的统一标志，这是三联蓝，有定型效果。封面则根据内容选定色调和构图，作者签名用手写体，或许会透出一些作者的个性特点，同时让严整的结构显得灵动一些。

我设计了一个 logo，“当代学术”四个字用篆书字体构成一个菱形图案，中间用星号连接。这个 logo 在封面和书脊都用压烫工艺，封底也有，很醒目。

这套书已经出了近三十种，每一种我都尽量看书稿，找感觉。冯友兰先生的《三松堂自序》我在 2009 年就设计过一版，做这一版我又重读书稿，深有感触，便动手画了三棵松作为封面的主元素，既是呼应书名，也寓意冯先生的学术思想如松柏一样长青。

《无法直面的人生：鲁迅传》一书的封面设计让我踌躇了很久。鲁迅先生是个太高大的形象，深入人心，如何通过封面来表达我对他的理解呢？责任编辑给了我一些鲁迅生前的照片，其中上海大陆新村鲁迅故居的一张照片很打动我，书桌上一盏煤油灯，一张藤椅虚位以待。

丛书logo

宁成春为《三松堂自序》
封面设计所绘

天朝的崩溃
鸦片战争再研究
茅海建 著
生活·读书·新知三联书店
天朝的崩溃
鸦片战争再研究

美的历程
李泽厚 著
生活·读书·新知三联书店
美的历程

七缀集 钱锺书 著
杜诗杂说全编 曹慕樊 著
商文明 张光直 著
西周史 增补二版 许倬云 著
拓跋史探 修订本 田余庆 著
近代中国社会的新陈代谢 陈旭麓 著
民主四讲 王绍光 著
心灵秩序与世界历史
杜甫评传 下卷 陈贻焮 著
杜甫评传 中卷 陈贻焮 著
杜甫评传 上卷 陈贻焮 著
中国历史通论 增订本 王家范 著
三松堂自述

我想象着无数个深夜，鲁迅先生坐在这张藤椅里伏案写作。于是我采用了这张照片，刚好有一张彩色煤油灯照片替换下来，把书桌上的煤油灯调出晕黄的光，这束光就如鲁迅先生和他的作品，至今温暖地灼照着我们。

三联风格

把书做成最好的样子

三联时代

设计作品图录

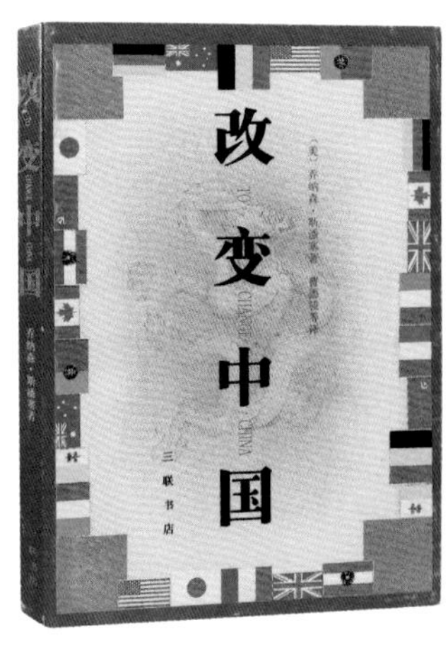

《改变中国》· 32 开　1990
《写给大家的中国美术史》· 16 开　199
《独自叩门》· 32 开　1993
《河流之歌》· 32 开　1994
《唱片经典》· 32 开　1995
《让－雅克 · 卢梭》· 大 32 开　1996

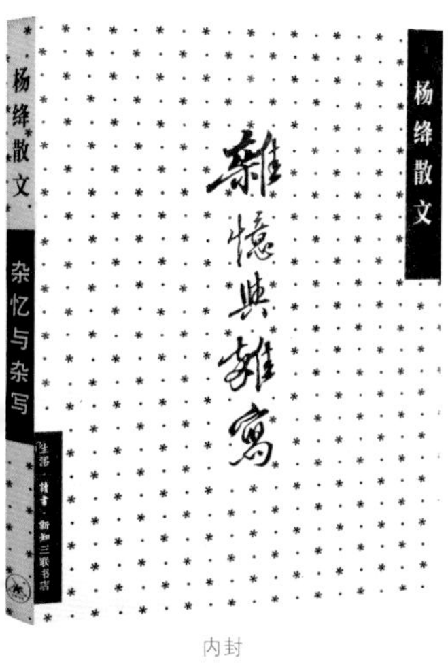
内封

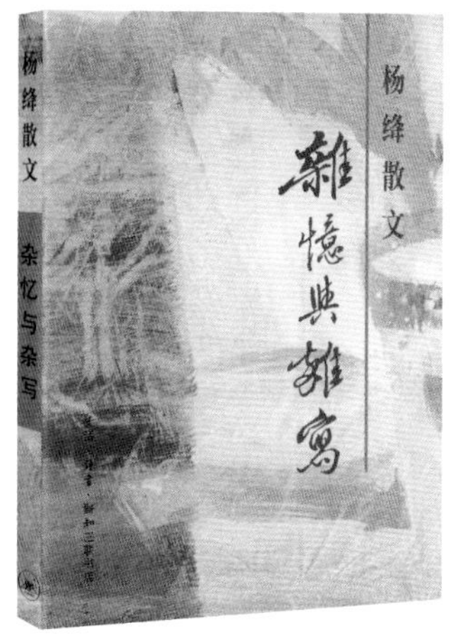
护封

杂忆与杂写》· 32 开　1994
卖文买书》· 32 开　1995
停滞的帝国》· 大 32 开　1993
杨先让、张平良彩绘选》· 16 开
993

护封封面

精装封面

护封封底

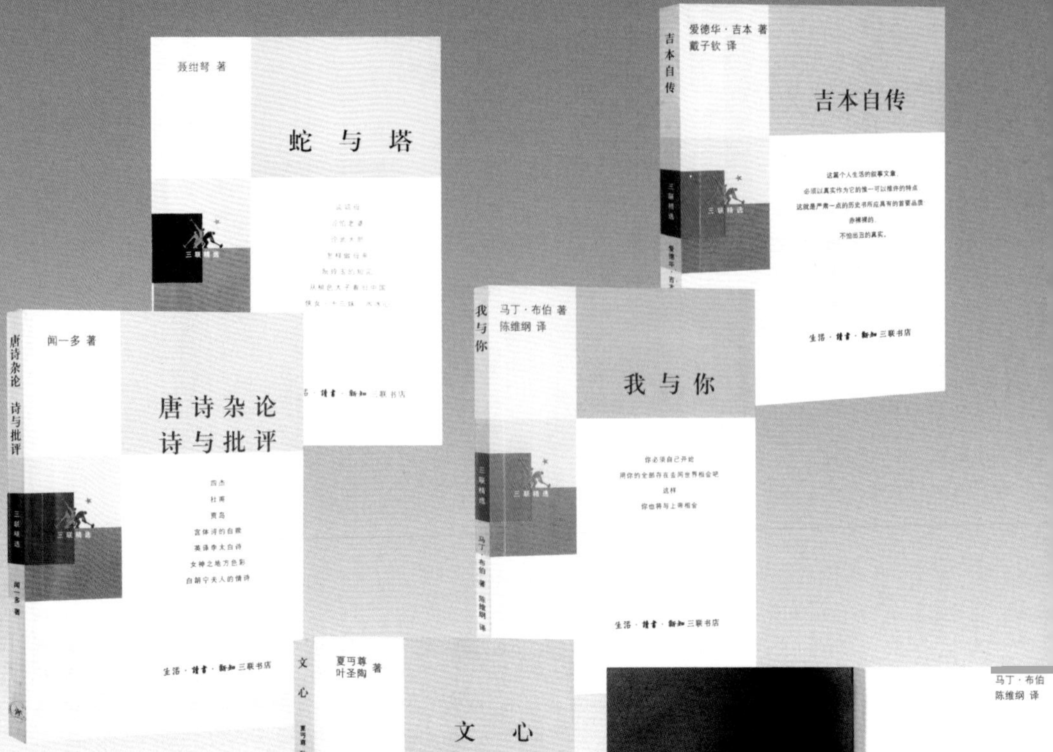

三联精选丛书 · 32开　1986—

爱乐丛书 · 32开　1998—

三联·哈佛燕京学术丛书·大 32 开　1994—

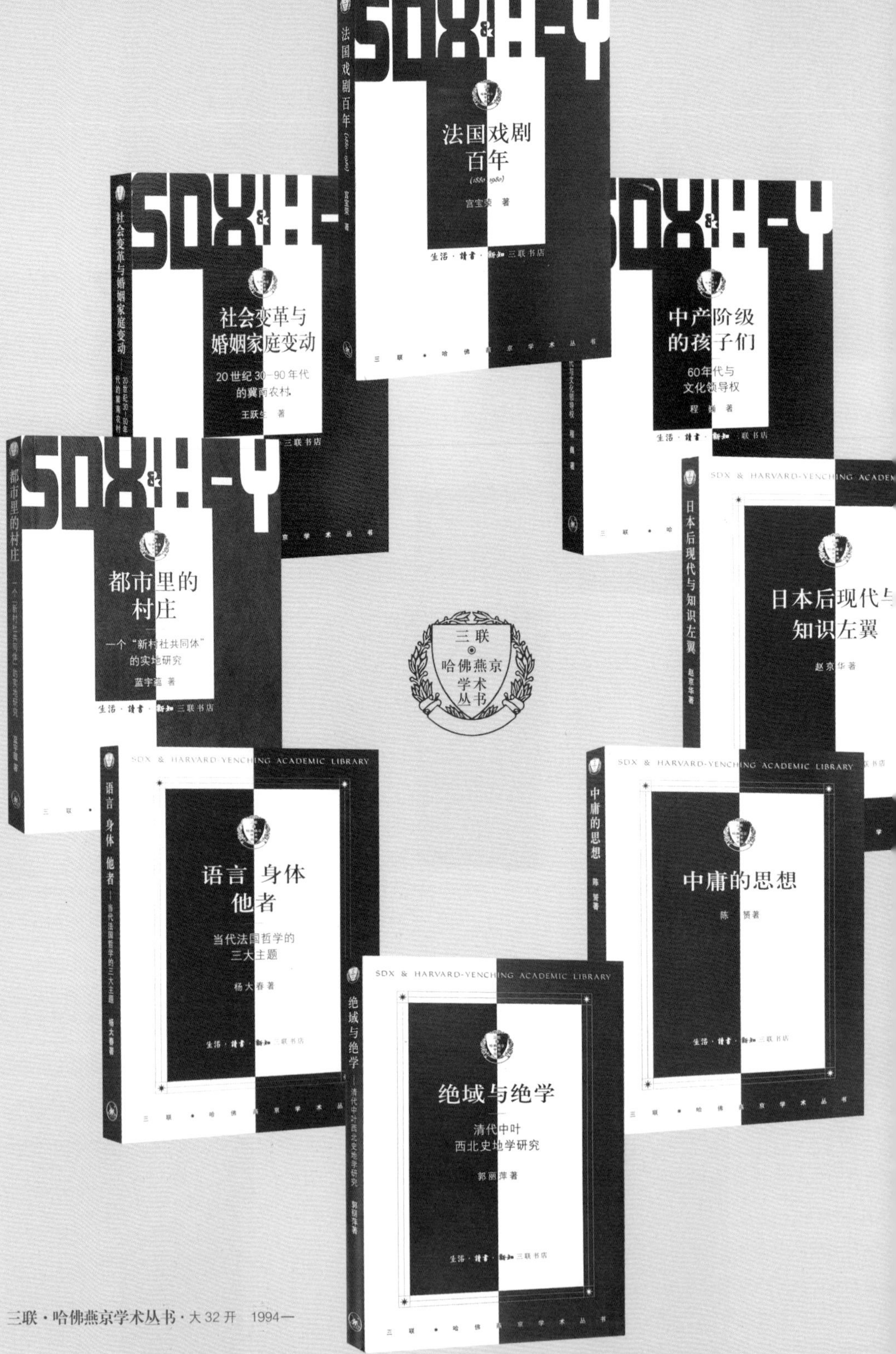
法国戏剧百年
(1880—1980)
宫宝荣 著
生活·讀書·新知 三联书店
社会变革与婚姻家庭变动
20世纪30—90年代的冀南农村
王跃生 著
中产阶级的孩子们
60年代与文化领导权
程巍 著
都市里的村庄
一个“新村社共同体”的实地研究
蓝宇蕴 著
日本后现代与知识左翼
赵京华 著
三联
哈佛燕京
学术
丛书
SDX & HARVARD-YENCHING ACADEMIC LIBRARY
语言 身体 他者
当代法国哲学的三大主题
杨大春 著
中庸的思想
陈赟 著
绝域与绝学
清代中叶西北史地学研究
郭丽萍 著
三联·哈佛燕京学术丛书

三联·哈佛燕京学术丛书·大32开 1994—

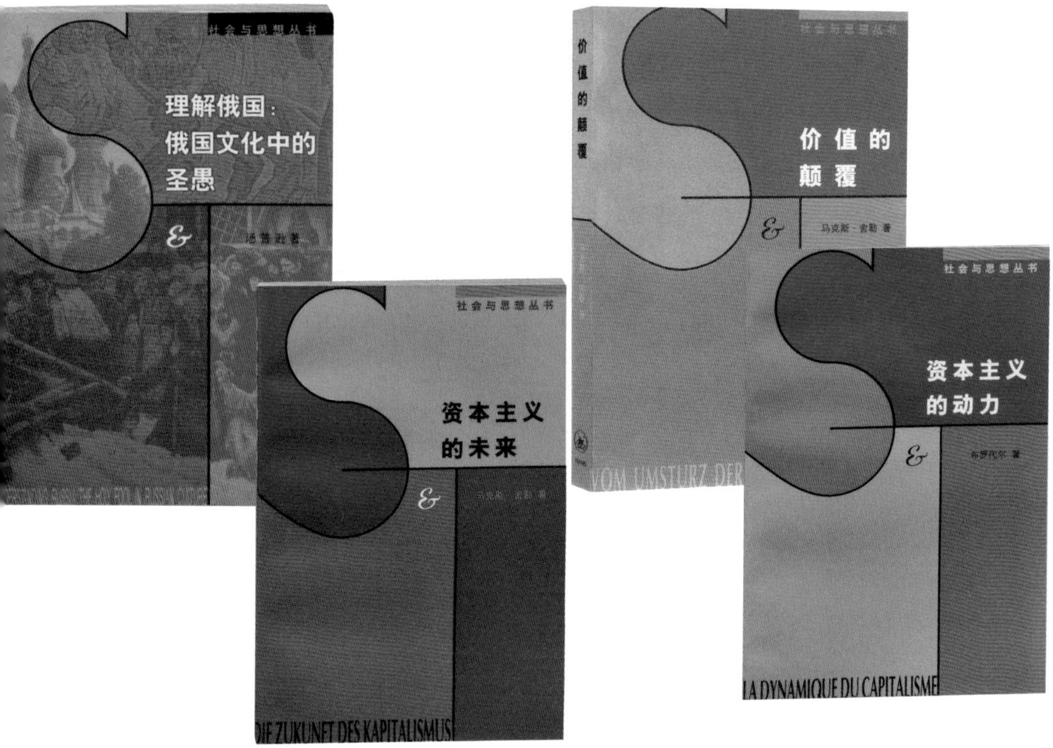

社会与思想丛书
理解俄国：俄国文化中的圣愚

社会与思想丛书
资本主义的未来
马克斯·舍勒 著
DIE ZUKUNFT DES KAPITALISMUS

价值的颠覆
社会与思想丛书
价值的颠覆
马克斯·舍勒 著
VOM UMSTURZ DER

社会与思想丛书
资本主义的动力
布罗代尔 著
LA DYNAMIQUE DU CAPITALISME

社会与思想丛书·大 32 开　1997

《闲花房》·大 16 开　1997
《与成功有约：全面造就自己》·32 开　1996
《决定命运的选择》·32 开　1997

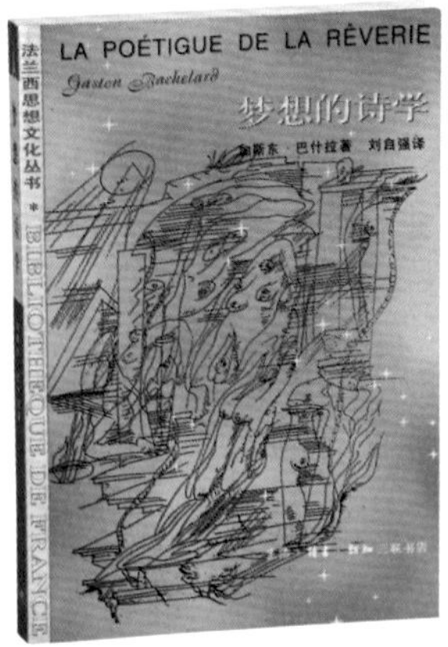

法兰西思想文化丛书·32开 1996—

《现代之路》中文版 / 英文版 · 20 开　2000
《峨山》· 小长 32 开　2002
《建设者　郑周永》· 12 开　1997

函盒

护封

精装封面

学术前沿丛书 · 大 32 开　1998—

学术前沿
THE FRONTIERS OF ACADEMIA
THE NATION-STATE AND VIOLENCE
Anthony Giddens
民族-国家与暴力
安东尼·吉登斯著

学术前沿
THE FRONTIERS OF ACADEMIA
FACES OF HISTORY
HISTORICAL INQUIRY FROM HERODOTUS TO HERDER
多面的历史
Donald R. Kelley
从希罗多德到赫尔德的历史探询
〔美〕唐纳德·R·凯利 著
陈恒 宋立宏 译

学术前沿
THE FRONTIERS OF ACADEMIA
HISTOIRE DE LA FOLIE À L' ÂGE CLASSIQUE
米歇尔·福柯 著
Michel Foucault
疯癫与文明
刘北成 杨远婴 译

学术前沿丛书 · 大 32 开 1998—

学术前沿
THE FRONTIERS OF ACADEMIA
SURVEILLER et PUNIR
Michel Foucault
规训与惩罚
米歇尔·福柯 著
刘北成 杨远婴 译

学术前沿
THE FRONTIERS OF ACADEMIA
George Marcus
Michael Fischer
ANTHROPOLOGY AS CULTURAL CRITIQUE
乔治·E·马尔库斯
米开尔·M·J·费彻尔 著
作为文化批评的人类学
一个人文学科的实验时代
王铭铭 蓝达居 译

学术前沿
THE FRONTIERS OF ACADEMIA
THE CONSTITUTION OF SOCIETY
Anthony Giddens
社会的构成
安东尼·吉登斯著

学术前沿
THE FRONTIERS OF ACADEMIA
Max Weber
WISSENSCHAFT ALS BERUF & POLITIK ALS BERUF
学术与政治
马克斯·韦伯著
冯克利译

学术前沿
THE FRONTIERS OF ACADEMIA
THE SADNESS OF SWEETNESS
甜蜜的悲哀
Marshall Sahlins
马歇尔·萨林斯 著
王铭铭 胡宗泽 译

《田家英与小莽苍苍斋》· 20 开　2002
《孔乙己外传》· 小 16 开　2000
《温迪嬷嬷讲述绘画的故事》· 16 开　1999
《二流堂纪事》· 小 16 开　2005

宁成春、曲小华设计

西方20世纪别墅二十讲》· 小16开　2007
米开朗琪罗传》· 小16开　1998
礼仪中的美术》(上下卷)· 小16开　2006
标靶》· 12开　2000

护封　　精装封面

三联风格

设计作品图录

封面设计：吕胜中　版式设计：宁成春

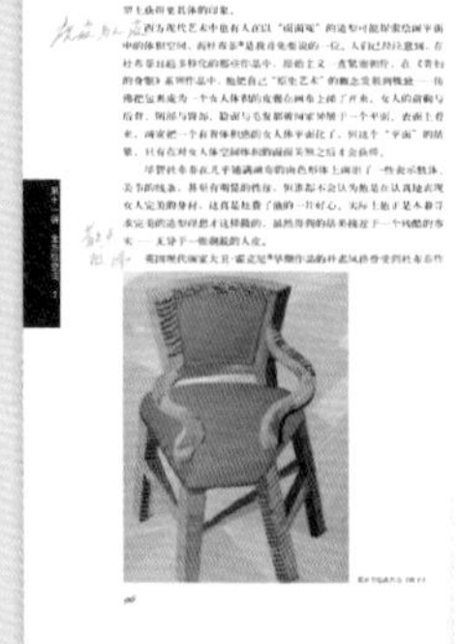

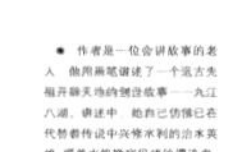

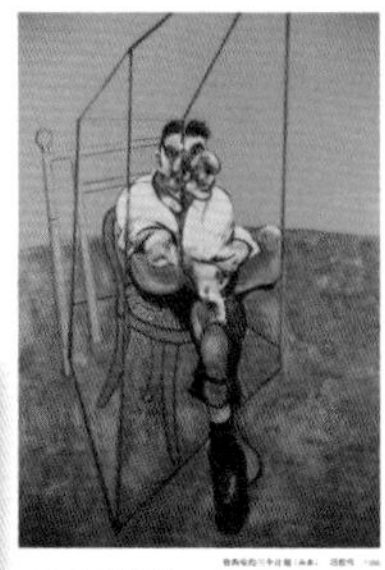

《造型原本》（版式设计）· 小 16 开　2002

《庭院深处》· 小 16 开　2006

中国文化论坛 · 小 16 开 2008—2012

《福建土楼》· 12 开 2003

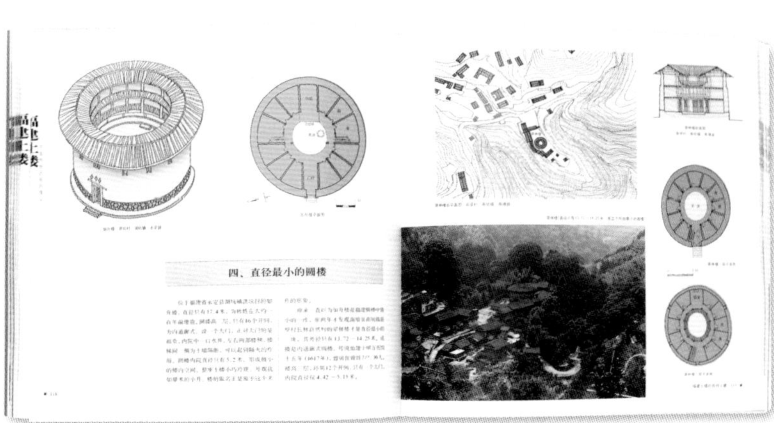

近代中国的知识
与制度转型丛书 · 大 32 开　2005—2018

《重建中国》· 16 开　2006
《建筑文萃》· 16 开　2006
《胡愈之文集》(Ⅰ-Ⅳ) · 大 32 开　2006

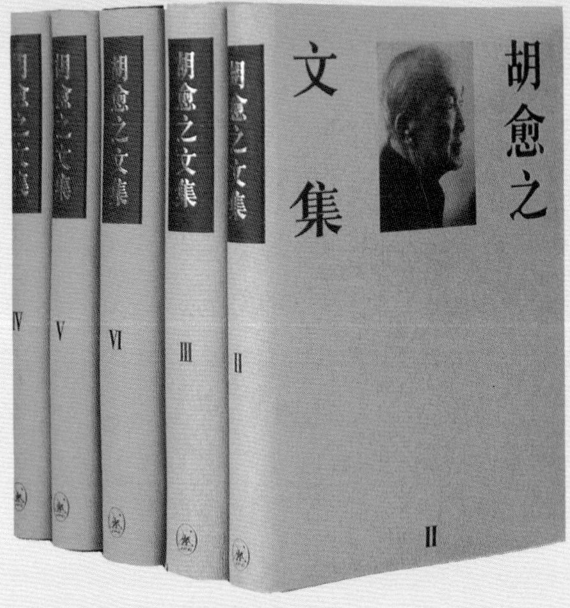

《梨园外纪》· 32 开　2006
《抗衰老计划》· 32 开　2007

曹聚仁作品系列 · 32 开　2007—2012

视觉中国丛书 · 小 16 开　2007

《凭画识人》· 小 16 开　2007
《韬奋：韬奋画传 经历 患难余生记》
小 16 开　2004

当代批评丛书 · 大 32 开　2003—

《中国古典文学图志》· 小 16 开
2006

《中国现代文学图志》· 小 16 开
2009

《董浩云的世界》· 小 16 开
2007

《董浩云日记》· 小 16 开
2007

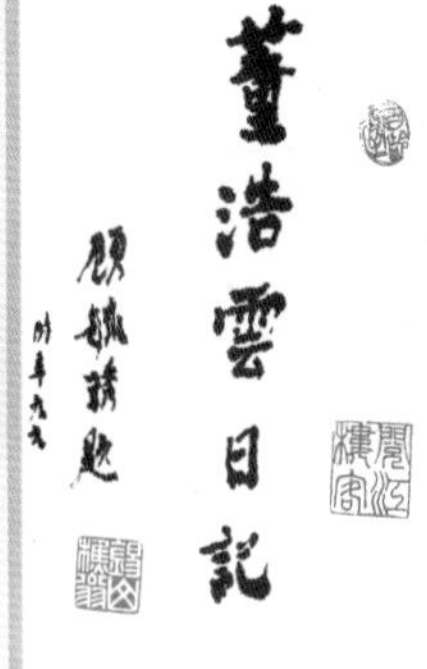

冷眼向洋：百年风云启示录 · 大 32 开
2007

《生活书店史稿》· 小 16 开　1995
《中国金鱼文化》· 20 开　2008
《锦灰不成堆》· 20 开　2007

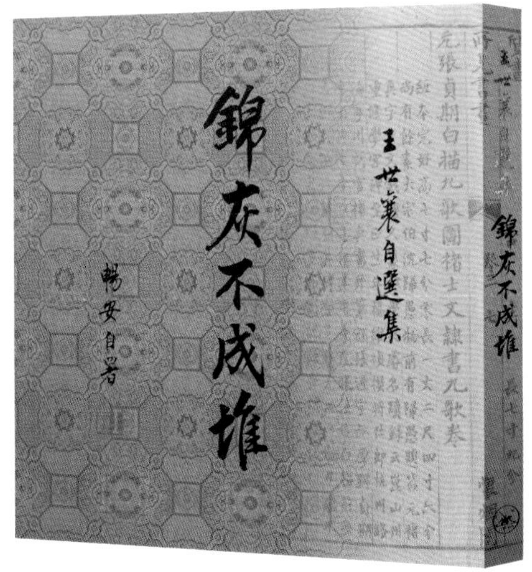

宁成春、曲小华设计

文史悦读系列 · 大长32开 2006—

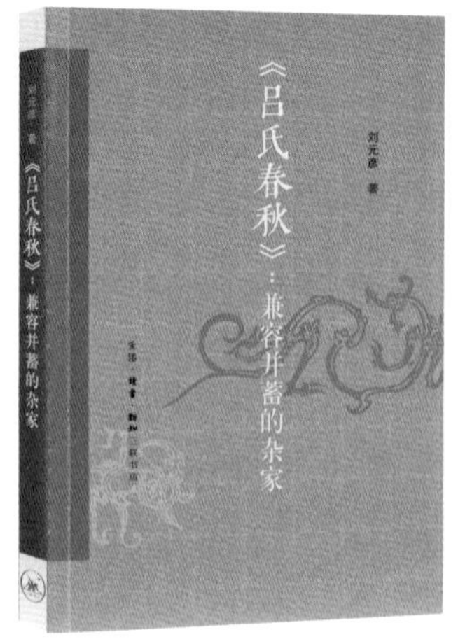

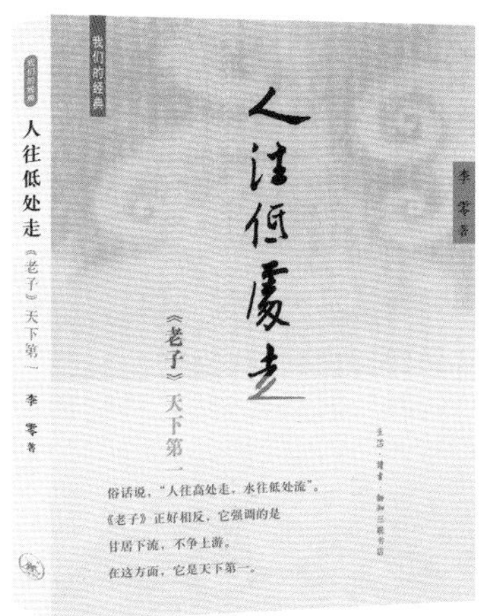

我们的经典 · 小 16 开　2008

《三联书店大事记》· 小 16 开　2008
《三联书店图书总目》· 小 16 开　2008
《三联书店书衣 500 帧》· 小 16 开　2008
《蓝花布上的昆曲》· 小 16 开　2008
《自珍集》· 小 16 开　2007

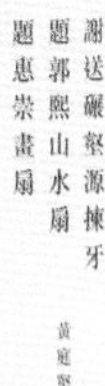

宁成春、鲁明静设计

梧桐楼集 · 小 16 开
人民美术出版社，2016

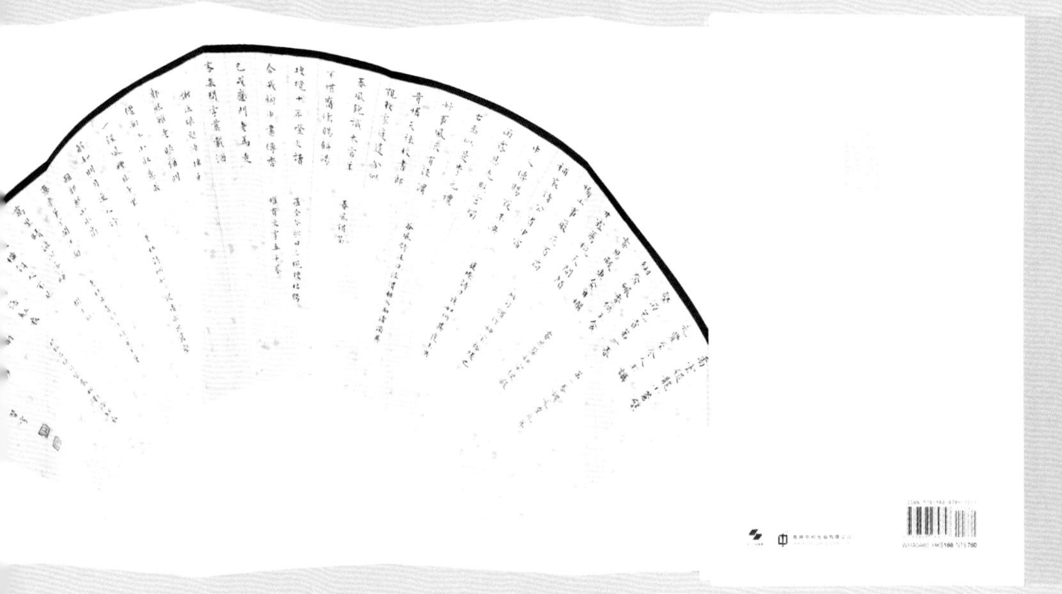

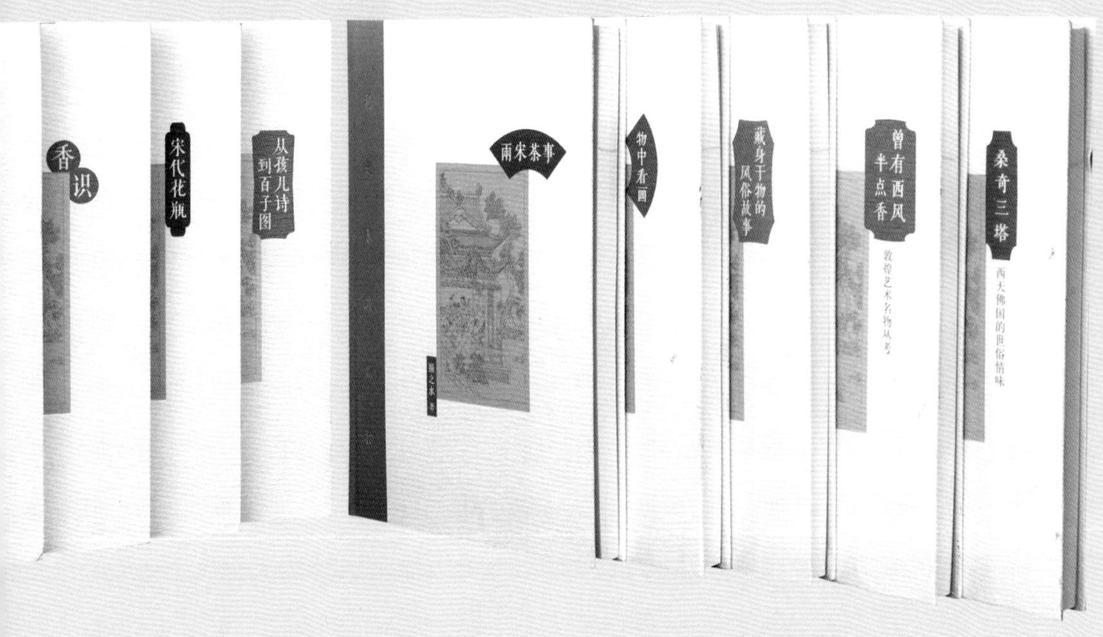
香识
宋代花瓶
从孩儿诗到百子图
两宋茶事
物中看画
藏身于物的风俗故事
曾有西风半点香
敦煌艺术名物丛考
桑奇三塔
西天佛国的世俗情味

三联风格

设计作品图录

当代学术 · 小 16 开　2017—2023

《美源》· 小 16 开　2008

民主四讲

从爵本位到官本位
秦汉官僚品位结构研究

晚清的士人与世相

傅斯年
中国近代历史与政治中的个体生命
从未央宫
到洛阳宫
两汉魏晋宫禁
制度考论
中国文明起源
新探

心灵秩序
与世界历史
奥古斯丁对西方
古典文明的终结
增订本
中国历史通论
增订本
清代政治论稿

我比较喜欢自然的、民间的、人文的东西。

书籍设计强烈表现的是文本的个性，

设计师应时刻控制“表现自我”的欲望，

进入“无我”的境界，

绝不可以借此平台脱离文本，张扬自我。

素以为绚

设计师就要忘掉自我

引 言

我在出版社工作了三十七年，2002年退休，从“美术馆东街”退到“潘家园”，有个小小的工作室，继续设计图书，继续跟印刷厂打交道，后来因为身体状况关闭了工作室，但还是陆续有朋友请我来做设计，一直没有中断，做到今年已经八十岁了，可以说与出版打了一辈子交道。这个过程中，我交到了很多印制工艺技师朋友。没有他们高水平的发挥，我将一事无成。

总结起来，我比较喜欢自然的、民间的、人文的东西。现在的设计存在着两个比较重要的问题：一是设计师对传统文化学习和认知得不够；二是作品脱离群众和生活。以前的设计都是密切地与生活联系在一起的，比如宋代磁州窑的瓷器，很自然。美不是强加上去的一种理念、一个意识形态，美是按照自然法则创造出来的。在强调个人以后，就会过度地

1802工作室
（吕敬人摄影）

我收集的民间瓷器
（吕敬人摄影）

重视设计师自己，而忽视设计对象和广大受众。

在做一本书的设计时，一定要想想心中是否有读者，想象一下读者拿起这本书后是怎样的感觉，问一问自己能否对得起读者。而且做设计时的心态也特别重要。先辈们只是去想如何把产品做得健康、实用、结实，图案也是师傅教给徒弟几代人传承下来的，徒弟天天都在画，从生活中有了感受心中就有这个图案，不是用意识去做，而是无意识做出来的，所以很自然。

日本资深设计家、教育家臼田捷治看过第八届全国书籍设计艺术展览后，在讲演中温和地说了这样一段话："一位作者经历几年、十几年，甚至几十年的努力写成一本书，作为设计师在设计这本书的过程，不可以把自己的东西夹在里面，否则是对文本作者的极大不尊重。"他批评的，是书籍设计中"过度设计""表现自我"的倾向，应该引起当下装帧设计界的极大关注，反思、总结我们所遵循的方向，倡导新颖、简朴、平实、忘我的作风。

书籍设计中，应该淡化设计师个人的风格，强调书本身的个性。不同的书有不同的形态，不同内容的书有不同的处理手段，一定要多样化，不要强调共性，设计家和画家还不一样。当然真要做到并不容易。观念、手段都是为这本书的个性服务的，过去我们的共性太多，个性的东西太少，今后应该强化个性，每个人的东西有每个人的面貌，但设计的每一本书应该有不同个性。我们每做一个设计都是一次试验，会有各种反应，你可以听听，但自己心中一定要有数，不要怕别人说什么。你的合理性并不是随便想出来的。

真正的书籍装帧设计师应该是要了解文本内容，与作者、责任编辑密切沟通，吃透文本精神，然后运用形象可感的设计语言，表达对文本的感受和情绪。这样设计出来的东西就比较自然，也是一个整体，容易让读者产生共鸣。虽然文字给人带来的感受是多种多样的，但是在大的方向上应该是一致的。设计师是用情感的设计打动读者。然而，现在有些书装设计师总爱借着设计的平台来张扬自己，离开文本来表现自我，吸引人的眼球和寻找卖点，甚至整个设计行业都是这样。这当然与目前的社会形态有一定的关系，大家搞不清楚为什么要设计。年轻人更是很少去研究我们的传统文化，对传统文化认识不够，做出的设计大多是照搬外国设计的一些形式。孤立地学习外国设计是不行的，做设计不能只看表面的形式，应该学会用一定的形式来表达情感。

我喜欢去东大桥图书进出口公司买画册，到潘家园买二手书，买国外的书。我看国外的设计，比较喜欢研究它为什么要这么做，与它的整

我和编辑徐晓飞在雅昌印刷车间

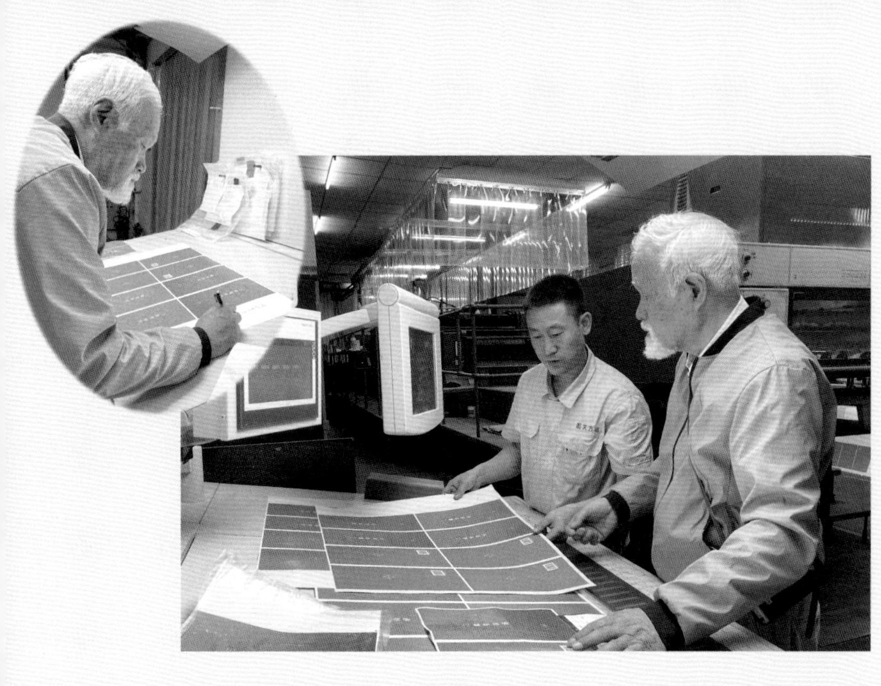

在图文天地印刷车间（薛宇摄）

体艺术思潮、它的大环境有什么关系，然后结合自己的感受、经历，结合文本内容，把学习悟到的东西创造出来，这样越做越有意思。社会总是在向前走的，英国工业革命使莫里斯开拓了 19 世纪书籍设计的新时代，德国包豪斯构成主义设计理念可以说影响了 20 世纪全球的设计。我国现代书籍设计也是沿着世界发展轨迹朝前走。目前我国许多方面的硬件纷纷到位，1995 年开始，北京有了第一家雅迪尔电脑排版公司，此后电脑印制技术发展日新月异，铅印这些传统技术逐渐远离了人们的视线。但我们的设计观念，尤其是书籍的整体设计理念方面还有相当距离。如果观念不能更新，设计就跟不上去。

现在纸张的选择、材料的运用、印制的工艺，远比从前要丰富了，但迷乱多彩的物质的大环境，或许也使人抛去了些许原初的本质和激情。纷繁的纸张种类，桌面系统悬幻的窗口，无意间增生了我们的“奢华病”和“电脑病”，一些木头、黄铜做成的书，一些用电脑特技做金属字的电脑味十足的设计，淹没了设计本身。在富足的前提下，无所适从是否会麻木我们的逻辑思维，懒惰我们的创造力，这都是我们应清醒地去认识的。我们要选择利用今天我们所拥有的一切，使富裕的供给不被浪费，大材不被小用，创造出应有的时代产物。

网络时代无疑给人们提供了很大的方便，但同时在书籍方面也提出了一些问题。网络时代到来，文字的阅读功能在网络上已经可以达成，所以纸质书的出版受到很大的影响，一些像资料一样的书籍就没了生存的空间，找资料上网去查即可。注重形式的书是网络时代的产物。书的内容要精、形式要精，要成为艺术品值得收藏。出那么多粗制滥造、马上就成为废品的书没有任何意义。出版社必须要出版一些有个性、有品质、能收藏下去的书，否则就没有存在的价值，而书的装帧恰恰是网络阅读物不可替代的一个部分。

“张扬书籍的中国精神”，同样是摆在设计师面前极为重要的永久课题，需要我们认真地一点一滴地做起。现在老祖宗的东西已丢了不少。反过来，国外很多顶级设计师汲取了中国的营养，设计中经常能见到中国传统设计要素的痕迹。他们都非常注意怎么去深入生活，怎么去挖掘传统。很多时候，个人的才华比不上自然，比不上传统，比不上生活本身。每个人仅仅是生活在历史长河中的一小段，我们只有把几千年的传统文化借鉴过来才行，借用他力，才更有可能做出好的设计。

传统文化中有太多东西是需要继承的。比如图案的整理工作就非常重要，我们应该去研究和整理几千年来随着社会变化所延续下来的图案。通过现代人的整理，传统的图案一定会有现代的味道，这本身就是将传统文化往现代化推进。可是现在很多学校都没有这样的意识，都是随手拿来就用，没有研究它产生的背景，没有关注意义的延续性，更多是在复制照搬，出现很多突兀的与之前没有任何关系的符号。对照传统文化所拥有的东西，我们会发现有很多“断层”，这反映的是文化的贫弱。不过我认为这只是暂时的，因为还是有很多默默认真做事的人。期待着更多同仁关注、整理、研究装帧史，在与西方、日本的比较研究过程中，总结出我们的审美特质，延续传统文化的发展方向，发扬书籍设计的中国精神。

木垒哈萨克族自治县哈萨克族妇女训练针法的手绣作品

2002 年，华联筹建了“精品书刊工艺研究室”，我一百个赞成，因为这是装帧设计者梦寐以求的。我们早就苦于没有资金、没有厂房、没有时机与“工艺大师”切磋。我们不但需要学习西式精装工艺，还要继承发扬中华民族的线装工艺。我曾有机会进入国家图书馆善本古籍库房，我惊呆了，没想到有那么多精彩的古籍善本。从历史的角度看，我们的事业还在低谷，不如洋人，也愧对祖先，但是我们已经看到繁荣的迹象，希望年轻人更加努力，我非常羡慕你们。

宜兴紫砂珍赏 小8开

1992

1990年春天，我被借调到香港三联书店工作，受托编一本《宜兴紫砂珍赏》。那时董总在香港三联，看到港台两地拥有广大的紫砂爱好者，有意推动出版一本相关的权威著作，就把这个任务交给了我。在这之前，出版工作者协会曾派我去日本学习画册的编辑、设计，对胶版印刷也有些了解，这次正好给了我实践的机会。

董总回北京出差，约我跟她一起去宜兴组稿。我俩商议把当时市面上有关紫砂壶的书买齐，研究应该怎么出。中央工艺美术学院陶瓷系的张守智教授一直与紫砂厂有工作联系，经常带学生到工厂实习，和师傅们交朋友，我们请他担任顾问。确定由顾景舟大师领衔主编，另由顾老的两位徒弟紫砂二厂的厂长徐秀棠，和紫砂一厂的厂长李昌鸿为副主编，搭起了编撰团队。

当时顾老的声望非常高，很多商人等在他们工厂门口的酒店收壶。一把壶出厂价十几万，转到台湾、香港就是几十万、上百万（1992年董总回三联书店任总经理，一个月工资只有四百多块）。我以前对壶和喝茶一点儿不了解，花了45天时间待在那里，天天跟张守智、顾景舟一起喝茶、聊天，商议讨论这本书该怎么做，从紫砂壶的历史一直聊

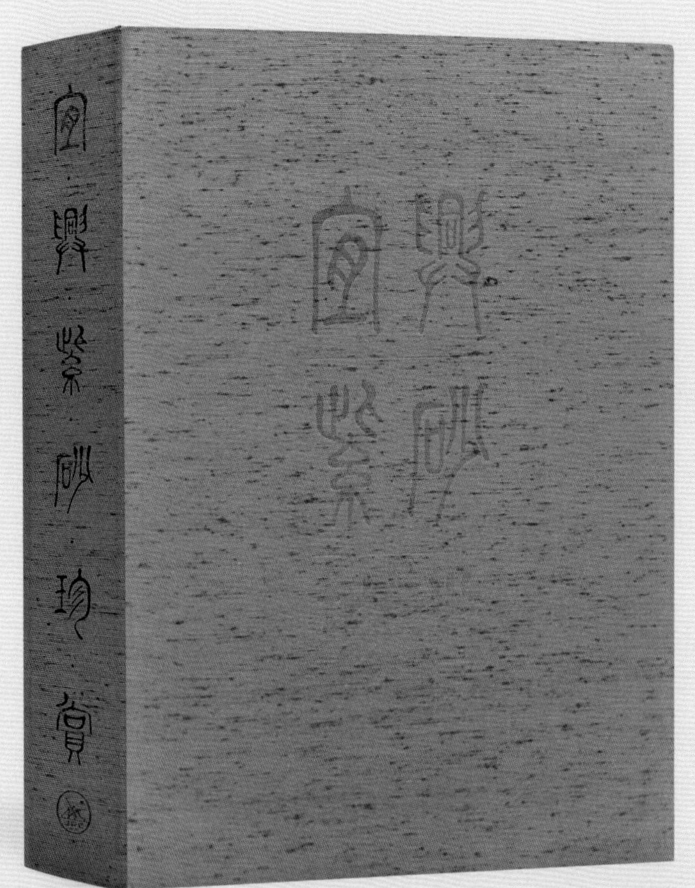
宜興紫砂珍賞
宜興紫砂

特藏本函套

《宜興紫砂珍賞》特藏本（限定貳佰部）第拾貳
主编
顧景舟
時年七十有六
辛未年冬月
三聯書店（香港）有限公司

藏书票

张仃院长题字

到哪些壶应该收在书里。

顾老负责写紫砂的演变历史，李昌鸿负责书写紫砂的工艺，徐秀棠负责书写茶文化。文稿收齐后交由香港编辑部去编辑加工。在顾老的引荐下，我和香港三联的摄影师黎锦荣一起到全国24个地方去拍摄经典紫砂壶的照片。如果没有顾老专业上的支持和特批路条，是无法拍到各地珍藏的511件紫砂壶的。另外，顾老还写信请香港博物馆提供了重要的展品图片。这本书真是权威的主编、权威的壶，以后再难收齐并拍到这么好的图片。

设计上我受到杉浦康平《全宇宙志》的启发，他充分利用书的空间，在切口位置设计了两幅图案，左翻是太阳系星云图照片，右翻是星云的位置图。杉浦先生说，这一设计思路是从中国古籍中学来的。我在1991年台湾光华杂志社出版的《当西方遇见东方》一书中，看到一本美国国会图书馆收藏的明版线装善本书，在书口一面绘有仿明朝画家仇英的《秋江待渡图》，知道果然中国早就有了这种设计方法。我们应该把这种优秀的书籍装帧传统发扬光大。星云图是黑白的，那么能否做一个彩色的呢？我注意到紫砂壶上“鱼化龙”（也就是中国民间吉祥典故“鲤鱼跳龙门”）的形象非常普遍，

宜兴紫砂珍赏

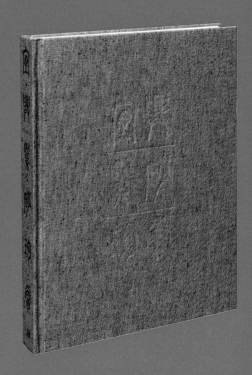

上至清末紫艺大师黄玉麟的无价之宝，下到街边摊贩5元一把的小壶，都能见到，雅俗共赏，寓意也好，于是决定把它用在切口，左翻是鱼、右翻是龙，体现紫砂壶将文人文化与民俗文化相融合的特色。

设计得出来，是不是能够做出来呢？再好的创意都必须通过精良的工艺去实现。一本书涉及很多工序，样样离不开工厂师傅的帮忙。1991年，电脑还没有普及，我找到技术相对领先的香港叶氏三兄弟的高迪制版公司。高迪很超前，那时已经有了以色列的电脑设备，一台设备占了一个大房间（后来我在北京师范大学对面的高迪制版公司看见了，他们把它运到了北京）。画册边口的“鱼化龙”就是这部电脑做成的。我们把鱼化龙的画面用电脑分成204份（画册有408面），每份顺差一页纸的厚度，大约0.2mm，然后把四色图版拼在408页的每一面上。这种设计方法，保证了不管在什么地方切下去，即使稍有偏差，也会出现所设计的图案。

负责分色制版的是高迪制版厂的姜师傅，他是一位越南华侨，很有经验。因为紫砂壶的底片不好，我有一段时间几乎天天往北角的高迪制版公司跑，给姜师傅添了不少麻烦。最初拍片子时我们就想到，一定得是个浅灰色的背景，才能衬托出紫砂壶原本的色彩、质感和造型。可惜80年代末90年代初，中国正在改革开放，乡镇企业特别红火，用电是个问题，许多地方电力不足、电压不稳，黎锦荣带的九个灯泡全憋了，再加上没有色温表，色温无法控制，所以很多底片偏色。但是所有的壶我都看过、摸过、听顾景舟大师讲解过，于是凭感觉、记忆，跟姜师傅一起调整版面的色调，有的版改过数次，打过五次样，还是不尽如

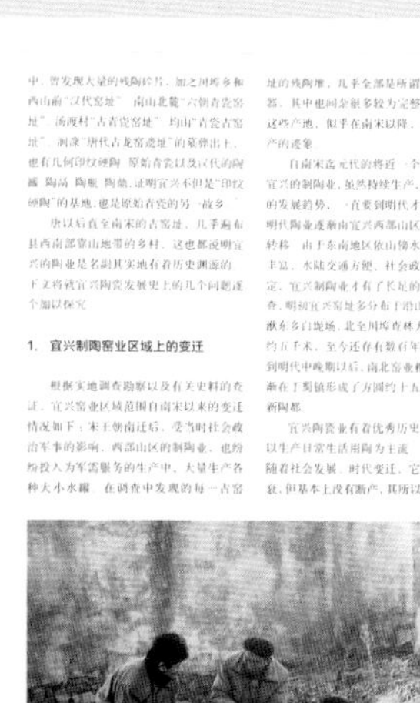

中，曾发现大量的残陶碎片，加之川埠乡和西山前"汉代窑址"、南山北麓"六朝青瓷窑址"、汤渡村"古青瓷窑址"、均山"青瓷古窑址"、涧众"唐代古龙窑遗址"的墓葬出土，也有几何印纹硬陶、原始青瓷以及汉代的陶罐、陶品、陶瓶、陶鼎，证明宜兴不但是"印纹硬陶"的基地，也是原始青瓷的另一故乡。

唐以后直至南宋的古窑址，几乎遍布县西南部靠山地带的乡村，这也都说明宜兴的陶业是名副其实地有着历史渊源的。下文将就宜兴陶瓷发展史上的几个问题逐个加以探究。

1. 宜兴制陶窑业区域上的变迁

根据实地调查勘察以及有关史料的查证，宜兴窑业区域范围自南宋以来的变迁情况如下：宋王朝南迁后，受当时社会政治军事的影响，西部山区的制陶业，也纷纷投入为军需服务的生产中，大量生产各种大小水罐。在调查中发现的每一古窑址的残陶堆，几乎全部是所谓"韩瓶"的废器，其中也间杂很多较为完整的产品，但这些产地，似乎在南宋以降，就没有再生产的迹象。

自南宋迄元代的将近一个多世纪中，宜兴的制陶业，虽然持续生产，但并无明显的发展趋势，一直要到明代才逐渐中兴。明代陶业逐渐由宜兴西部山区向东南方向转移。由于东南地区依山傍水，矿土资源丰富，水陆交通方便，社会政治又相对稳定，宜兴制陶业才有了长足的发展。据调查，明初宜兴窑址多分布于沿山一带，南起湫东乡白泥场，北至川埠香林大岭下，纵长约五千米，至今还存有数百年前的窑址。到明代中晚期以后，南北窑业相互靠拢，逐渐在丁蜀镇形成了方圆约十五平方千米的新陶都。

宜兴陶瓷业有着优秀历史传统，总是以生产日常生活用陶为主流。几千年来，随着社会发展、时代变迁，它历经几度兴衰，但基本上没有断产，其所以有这样强大

人意，只能靠印刷上机的时候再修正。

印刷是在香港九龙土瓜湾中华商务工厂做的，当时他们有海德堡四色胶印机了，可以调色。机长是解放前从上海去的杨效慰师傅，技术一流。印厂多年来都是 24 小时开工的，有时要半夜起来到车间看样。工厂的人就在工会的大长桌子上铺了个睡袋，让我在那里休息。首印 7000 册，我每版活儿都去盯色，1 小时 15 分钟醒一次，盯了 4 天 4 夜。当年不到 50 岁，还能坚持。也因此，我跟中华商务印厂的师傅们成了好朋友。杨师傅是我遇到的最好的师傅，不厌其烦，每上一次版都帮我调整墨色，壶色要饱和，体现质感，灰色背景网点微妙，不能偏色，真是煞费苦心。在他们的努力下，印刷出来的颜色效果终于能够令人比较满意了。

本书还印制了 1000 册特藏本。封面上压了一把紫砂供春壶浮雕，据说这个造型的壶是由一位高僧做的，算是

切口处变化“鱼化龙”

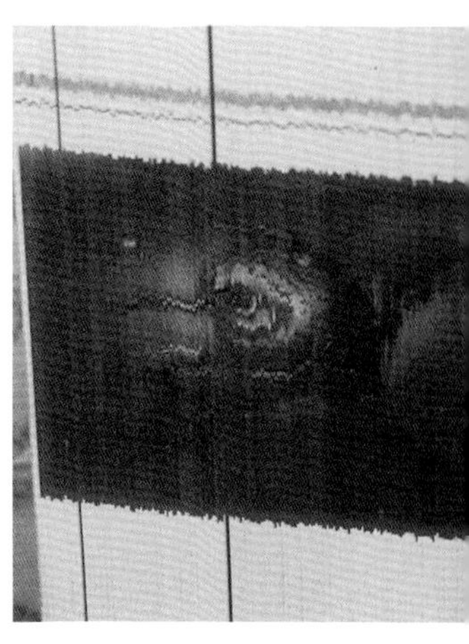

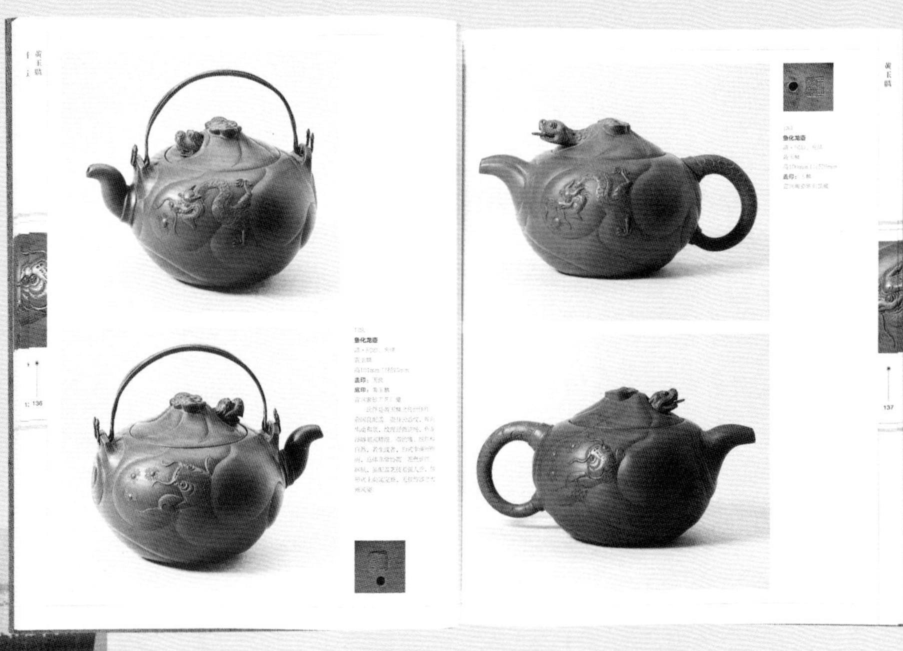

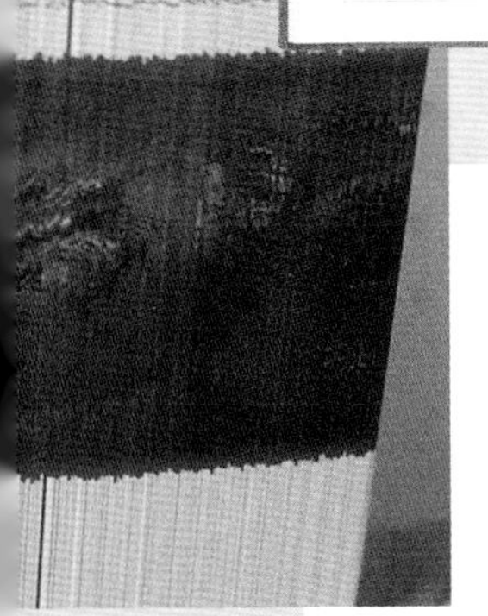

記黃玉麟陶藝

黃玉麟蜀山人原籍丹陽幼孤年十三從同里邵湘甫學陶器三年遂青過於藍善製掇球供春魚化龍諸式瑩潔圓湛精巧而不失古意又善製假山得畫家皴法層巒沓嶂妙若天成吳縣吳中丞大澂及顧茶村先後來聘為各製壺若干事大澂手鐫印章贈之大澂富收藏玉麟得觀彝鼎及古陶器藝日進名亦益高晚年每製一壺必精心構撰積日月而成非其人重價弗予雖屢空不改其度云

一九九一年初秋景舟抄自宜興縣誌

顾景舟大师赠送

顾老写的信

徐秀棠的信

历史上第一把紫砂壶。扉页上有藏书票，印着顾老亲手签名写的编号，我把自己那本96号的送给了杉浦康平先生，他很喜欢。在他的推荐下，日本平凡社买了版权，出版了日文版。

《宜兴紫砂珍赏》出版后，获得了1992年香港印艺学会评出的编辑、设计制作、印刷等八项大奖，并且荣获全场总冠军。这本画册，在制版、印刷、装订上都跳过龙门，达到了新的高度。

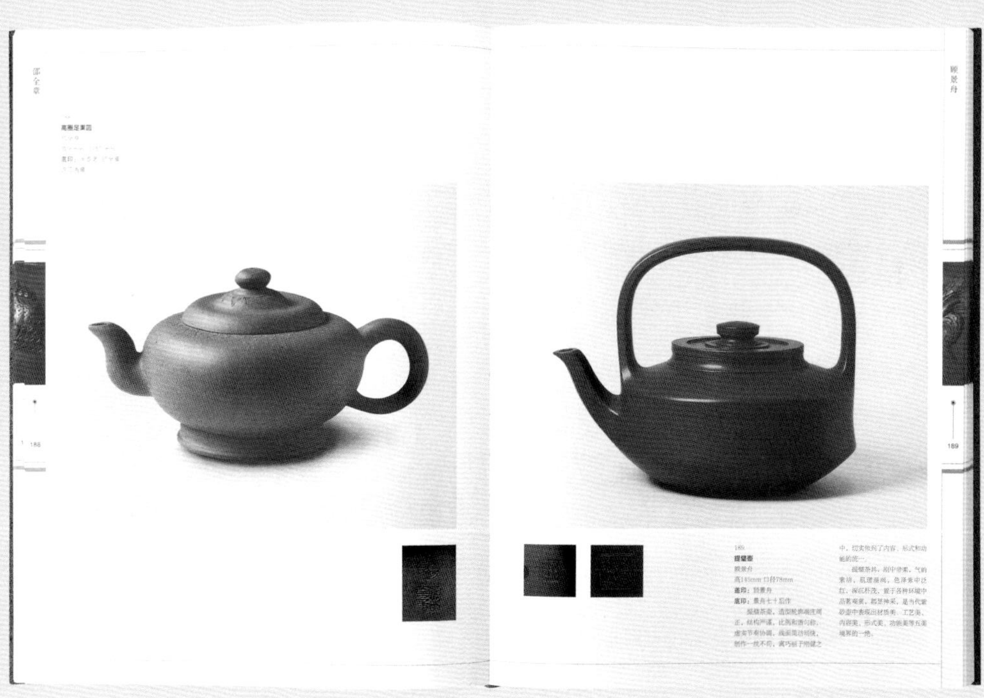

御苑赏石 小 8 开

中国古代赏石 小 8 开

2000
2002

2000 年有位客户找到我，愿意出资做一本最好的画册《御苑赏石》。编者任大卫，笔名丁文父，曾经就读于北京大学，没有毕业就去了海外，对古代赏石情有独钟。《御苑赏石》主要展现的是珍藏于紫禁城御花园、宁寿花园以及京城各处原皇家园林中的庭院赏石，它们历经劫难而幸存，成为中国现存最丰富、最完整、最为流传有绪的赏石收藏。后来，他又编了一本《中国古代赏石》，补充了更多古代赏石的文献以及现存实物。编者为搜集素材花费了很多心血，图片版权都是一幅幅争取来的，因此希望制版、印刷、装订、材料都要最好，呈现最佳效果。

制版阶段，我请香港的冬青美术社分色。当时有了桌面出版系统，自己可控制颜色、挖版。石头的边缘做虚实对比，像画素描一样，让石头看上去有立体感，更能体现出重量感。由此我体会到，制版不只是技术问题，设计者亲自控制更可以捕捉理

御苑賞石
THE IMPERIAL ROCKS
丁文父 編
By David Ren
三聯書店（香港）有限公司
生活·讀書·新知 三聯書店
CLASSICAL CHINESE ROCKS

想的艺术效果。

印刷时从香港中华商务厂请来陈德荣师傅，陈师傅不仅继承了杨师傅的印刷工艺水平，而且又懂制版，建议我们改成五色印刷。装订也有诀窍，大家可以看看切口的一面多么整齐，比《宜兴紫砂珍赏》又提高了一步。函套多加了衬纸，很平整。封面凸起的须弥座赏石，冲压得很清晰。只有一点点遗憾，烫的黑漆片有点不牢固。什么原因呢？是因为手艺最好的烫金师傅（一位瘦高个子的年轻人）得了肝炎，请假回家了。他们老板亲自上马，技术不如那位年轻人。

装帧设计者，不同于架上绘画的艺术家，我们不能脱离印制工艺师，尤其要与那些印制工艺大师合作，没有他们高水平的发挥，我将一事无成。

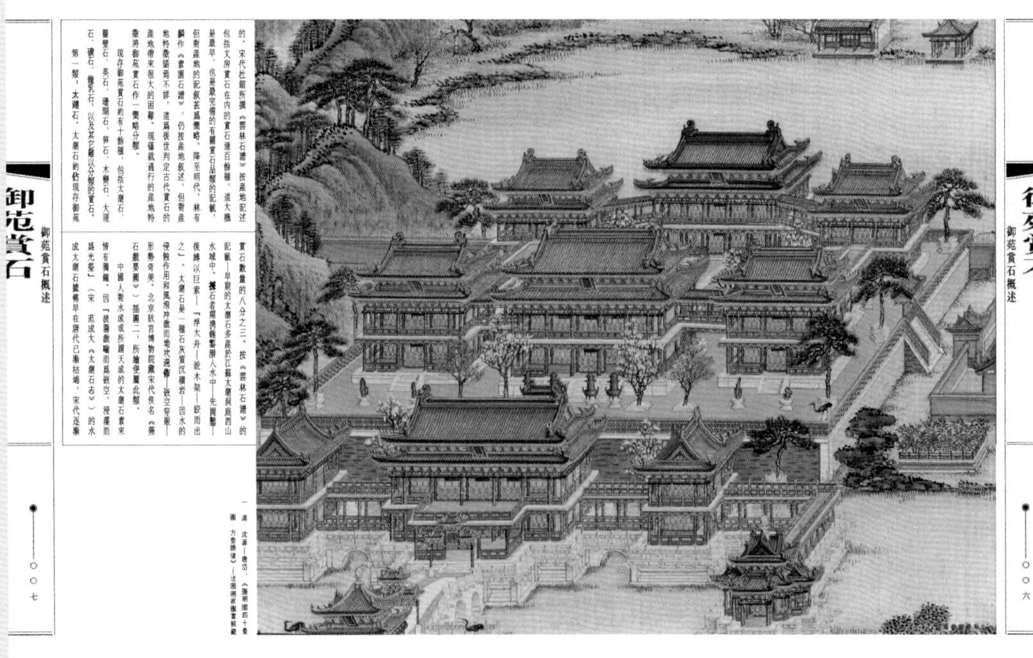
御苑賞石
御苑賞石概述

的。宋代杜綰所撰《雲林石譜》按產地記述包括文房賞石在內的賞石達百餘種，這大概是最早、也是最完備的有關賞石品類的記載，但對產地的記叙甚爲簡略。降至明代，林有麟作《素園石譜》，仍按產地叙述，但對產地特徵語焉不詳，這爲後世判定古代賞石的產地帶來很大的困難。現僅就通行的產地特徵將御苑賞石作一簡略分類。

現存御苑賞石約有十餘種，包括太湖石、靈璧石、英石、珊瑚石、笋石、木變石、大理石、礦石、鐘乳石，以及其它難以分類的賞石。

第一類：太湖石。太湖石約佔現存御苑賞石數量的八分之三。按《雲林石譜》的記載—早期的太湖石多產於江蘇太湖洞庭西山水域中。採石者需携錘鑿潛入水中—先鬩鑿—後縛以巨索—「浮大舟—設木架—絞而出之」。太湖石是一種石灰質沉積岩—因水的侵蝕作用和風浪沖激而塌坎遍佈—嵌空穿眼—形勢奇美。北京故宮博物院藏宋代佚名《蕉石戲嬰圖》）插圖二，所繪便屬此類。

中國人對水成或所謂天成的太湖石素來情有獨鍾，因「波濤激囓而爲嵌空，浸濯而爲光瑩」（宋·范成大《太湖石志》）的水成太湖石據傳早在唐代已漸枯竭，宋代逐漸

一 清 沈源—唐岱，《圓明園四十景圖 方壺勝境》—法國國家圖書館藏

〇〇七　〇〇六

表面變化多端，有劈立當空、色澤清潤者，如劉松年《攆茶圖》和蘇漢臣《秋庭戲嬰圖》所繪；有渾圓豐滿、玲瓏剔透者，如《折檻圖》所繪；有滿穴聚衆、高聳挺拔者，如《十八學士圖》所繪；有體態柔和、婀娜多姿者，如《百子嬉春圖》（北京故宮博物院藏，插圖十二）所繪；有瘦骨嶙峋、竅眼通透者，如《戲貓圖》（臺北故宮博物院藏，插圖十三）所繪；更有樸實無華、渾厚敦然者，如《松陰庭院圖》（臺北故宮博物院藏，插圖十四）所繪。

儘管賞石的美學觀念不斷在衍變，宋人的美學認識和欣賞標準對中國後世的奇石藝術仍有著深遠的影響。但宋代的觀念在隨後三個世紀的少數民族統治時代多少受到一些挑戰：隨著文人文化的興盛，賞石也往往寄情寓意，整體形象「怪」、「頑」、「雅」、「拙」的賞石日漸受到寵愛，藉以表達漢文化特有的孤傲堅貞的人格意味。此時繪畫中所見的賞石，玲瓏剔透，飛揚灑逸的形態特徵有所減弱，代之以渾厚敦實的塊狀特徵，顯得靈氣不足，而園林賞石，例如元錯爺則之蘇州獅子林所見，後人也認爲多「狻猊狀」。當然，這裏僅就繪畫和文獻中所見的漢人民間園林賞石而言。金元兩朝特別是金代皇室在建都北京、興建宮苑之際就對採具

十二　宋　佚名，《百子嬉春圖》——北京故宮博物院藏

◀十三　宋　佚名，《戲貓圖》——臺北故宮博物院藏

明代早期須彌座紋理石

卵石　具紋理　紅褐色　通體高六十六釐米　略呈四面三角體，正面深褐色斑紋　左似老翁作揖　右似銀河北斗　有好事者名之『老翁拜斗』　又有西洋人稱其爲『Piérre bonjour』（日安石），石下配海水紋隨形青石底托　似文房所用之筆架山，須彌座爲漢白玉雕　雙層下枋　圭角壼門式輪廓　中央下垂一對卷雲頭，須彌座下爲兩層露明磚砌土襯，此卵石形狀和紋理皆天然形成　而底托、座座、土襯用工奢侈　刻意烘托　足見此石之珍貴，紋理石多見於文房少見於園林多見於近代　少見於古代　此石立於園囿之中　可謂標新立異。11

紫禁城御花園　御四　通體高六十六釐米

素以为绚

设计师就要忘掉自我

方座湖石

此湖石高百九十四米 孔洞疏落有致 形態變化豐富 是十尊湖石中的佼佼者。

72

頤和園 頤九 石高百九十四米

他六十壽慶時—孫子朱允以特意收集了許多美麗的雨花石—拼成「萬壽無疆」四個大字—一個玉盤盛放一字—還有一枚形同壽桃的雨花石—附以綠石爲葉—也放在一個玉盤裏—一併作爲壽禮獻上—頓使龍顏大悅。在士大夫階層中—玩石之風更盛—藏文房雅玩類奇石者尤多。文人的庭園齋堂中—必有奇石點綴供設—成爲雅俗與否的標幟。

明代賞石名家中有許多著名文人—如姜紹書、林有麟、徐霞客等人—爲數更多的是書畫家—如明初的王紱、夏昶—中期的沈周、文徵明等吳門畫家—晚明的董其昌、陳繼儒、米萬鍾等人。他們不僅豐富了賞石的文人情愫—而且提高了畫石的表現技法—山水畫的各

十三 元 顧安《幽篁秀石圖軸》—北京故宮博物院藏

種畫法更協調地運用於畫石之中—風格面貌也日趨多樣。

明代賞石家中—最負盛名的當推米萬鍾。他是米芾後裔—承米氏遺風—也愛石成癖—自稱「石隱」—取號「友石」。京師所造三座院墅「湛園」、「勺園」、「漫園」—均以奇峰怪石取勝。陳衎《奇石記》中—記載了他所蓄最著名的五塊奇石—皆爲傳世數百年的舊物。家藏之石亦有圖譜—他曾請吳文仲將所蓄奇石繪成一卷—其中有一塊「形如片雲欲墮」的青石—即係祖先米芾遺物。南京六合雨花石聞名於世—也與他的搜集、表彰有直接關係。姜紹書《韻石齋筆談》記述：米萬鍾任六合縣令時—「簿書之暇—觴咏於靈岩山—見溪中文石累累—遺輿臺裹拾之……邑令所好—風行景從—纍纍而來—多多益善。自兹以往—知音鑒賞—珍奇琳琅」。賞石之餘—他還畫石—編有《靈岩石子圖》—也繪單幅石圖—北京故宮博物院藏有一幅《墨石圖軸》—以本人所擅長的書法用筆描繪物象—粗獷、飛動又略帶拙樸感—從形象到筆墨都顯得很奇崛—同時也反映了以書法入畫、具寫意文人畫情味的一路奇石圖面貌。至於他所藏的奇石—在存世畫跡中也有所反映。同時代畫家藍瑛有件《拳石折枝花卉冊》（北京故宮博物院藏—插圖十四）—其中十開均畫湖石—據自題「丁酉花朝畫得米家藏石並寫意折枝計二十頁」—知道拙湖石即米萬鍾家所藏。藍瑛運用寫實手法—以精細而又富變化的筆墨—准確生動地描繪出了奇石之形與神。畫法勾皴染結合—用筆粗健蒼勁—洗練凝重—墨色乾濕相兼—層次豐富？同時又能根據不同石質和體貌—運以或粗或細、或剛或柔、或快或慢、或濃或淡的變化筆墨—使諸石呈現瘦骨嶙峋、空靈剔透、厚重滑潤、小巧玲瓏等多種石態—以及蹲、卧、俯、仰、屈、伸等各種奇姿—全面展現了奇石瘦、皺、透、漏、清、丑、頑、拙的藝術特色。此作在以形傳神方面堪稱奇石圖中的佳構。

隨着搜玩奇石風氣的熾盛—記述和描繪奇石的譜錄也層出不窮—其中圖文並茂的石譜以成書於萬曆年間林有麟所著的《素園石譜》最爲知名。該書搜採自南唐以來見諸史籍圖譜的百數種名石奇峰—介紹文字中還保留了許多有價值的名人詩文。石譜中有宋代米芾藏玩之「石丈」、「寶晉齋硯山」、「蒼雪堂硯山」—以及蘇軾藏玩之「雪浪石」、「仇池石」和預購未果之「壺中九華」等—此書的文與圖均具有重要史料價值。

賞石在明代繪畫中仍多與其它物象相配—但自身特色更加鮮明。明代初期以畫竹著稱的夏昶、金湜都兼善畫石—竹與石相得益彰。夏昶的墨竹主宗元人—更多承李衎的寫實派傳

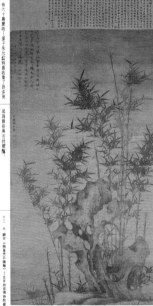

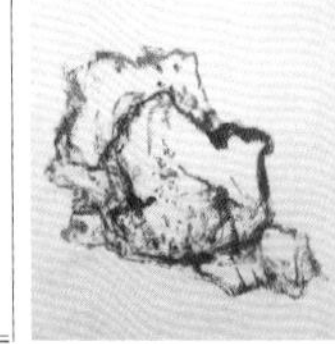

十四 明 藍瑛《拳石折枝花卉冊》 衎闌湖石—北京故宮博物院藏

CLASSICAL CHINESE ROCKS
by David Ren

中國古代賞石
CLASSICAL CHINESE ROCKS

楠木座透雕菊花石

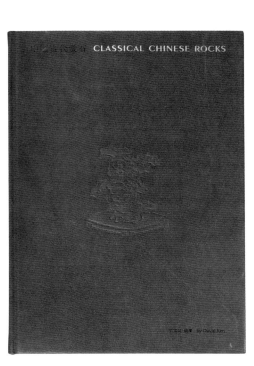

诗琳通公主诗文画集 20开

1993

诗琳通公主是泰国前任国王普密蓬·阿杜德的次女，加封“玛哈·查格列利暹罗大公主”爵号。公主在文学、音乐、绘画方面造诣很深，她酷爱文艺，博学强记，勤于写作，写了许多不同题材的作品，尤其擅长写诗，出版诗集多种。她的绘画独具一格，以明朗的色调，讴歌自己国家的山川、草木和人物，受到泰国人民的喜爱。她的中文老师顾雅炯把其中的部分作品译成中文，内容广泛，既有包含故事情节的作品，也有各个时期所写的记叙文章等等。

1991年5月，中国新闻出版署署长宋木文同志随杨尚昆主席访问泰国，诗琳通公主和宋署长商定在中国出版她的文集。1993年交由三联书店出版，出版社把这个任务交给我完成。因为是诗、文、画集，内容丰富，我选择了20开本，用一幅水彩画的局部淡化处理，铺满封面，中间放一幅公主肖像，并有公主的中文签名。中、泰文书名“诗琳通公主诗文画集”烫金放在肖像之上，下面放出版社名，印黑色。书脊、封底直到勒口铺满深紫色，书脊最上方放公主的logo，烫金，书名橘红色，译著者浅绿色，这两种颜色都是组成深紫色的成分，因此有对比又协调，最下方

诗琳通公主诗文画集
【泰】诗琳通公主著

诗琳通公主诗文画集
生活·讀書·新知三联书店

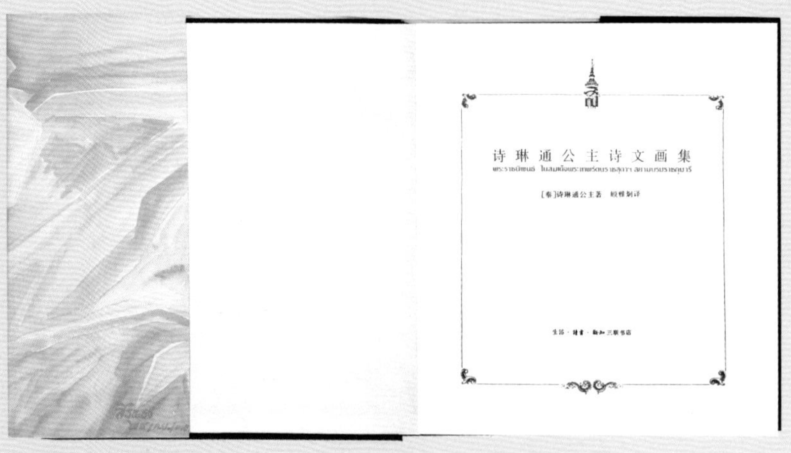
诗琳通公主诗文画集

[泰]诗琳通公主 著

生活·读书·新知 三联书店

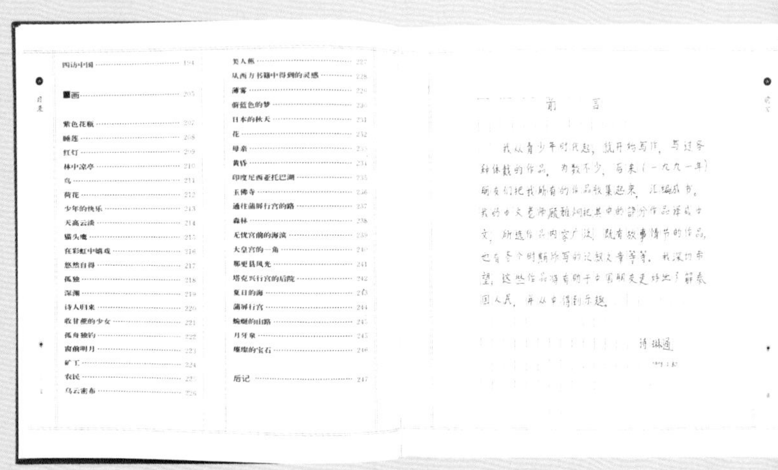

前言

诗琳通

是社标印橘红色。封底中间放一幅油画花卉作品，精装选用紫红色布纹纸，书脊文字和封面图案烫金，扉页用公主的 logo 和图案组成一个红色装饰方框，把文字放在其中。

整本书用中文线装书的栏线，做了统一的网格，把不同体例的诗、文、画统合其中。书眉用△○□，分别标明诗、文、画加以区分。文字部分用胶版纸印单黑，绘画部分用铜版纸印四色，环衬采用淡绿色横向水纹 150 克特种纸。

此书曾荣获日本东京亚太地区图书设计金奖。

友谊颂

自古泰中是近邻，
两国人民友谊深。
今后来往更频繁，
传统关系日益新。

1981年

音乐会开幕献词

我们一起来演奏吧！
让美妙旋律四处飘荡。
敬爱的老师们，
我们共度这欢乐的时光，
全神贯注，齐心协力，娴熟演奏，
民族乐队、管弦乐队各显其长，
优美的乐曲令人荡气回肠，
泰国音乐功德无量。
增添智慧，丰富学识，
赶走疲劳，驱散忧伤，
让欢乐的歌声更加嘹亮，
我们来自四面八方，
今日欢聚一堂，
联手演奏民族乐曲，
歌颂和谐、友谊和吉祥。

1987年

油画

水彩画

油画

油画 1983.7

香港 8开

1997

1996年我被借调到香港联合出版集团，负责《香港》画册的设计工作。这本书是为董建华特首制作的礼品书，有好几种装帧形式。

特藏本函套遵从简约大气的原则，从中间一分为二，左右幻彩烫印HK大字，传统的“香港”两字作为锁扣，竖排居中。内壳采用深紫与浅黄的对比色，压印1997的年份，中间为圆形铜制紫荆花图案。这些元素都是为了凸显香港中西交融的文化特色。

普通精装同样采用对比手法，左右对称呈现的是香港岛和九龙半岛之间的维多利亚港，这里港阔水深，是亚洲第一、世界第三的天然良港，香港因而有“东方之珠”的美誉。但细看就会发现，今昔对比，山峦依旧，海港的面貌却发生了天翻地覆的变化，一艘轮船从中间穿过，见证香港走向新世纪。书中的不同年代的篇章页使用了不同的字体，也呼应了这种时代的变迁。页码用的是圆形符号，就像珍珠一样。

这次制版没有《宜兴紫砂珍赏》那么顺利，高迪的叶氏兄弟移民加拿大，大浦公司只有一年多的制版经验，对电脑制作不十分熟练，我更不懂。图片又是新华社的新闻

礼品版函盒

照片，有点先天不足。制版不好，给印刷带来很大困难。不过最终印刷、装钉、材料还是很精采。《香港》出版后，获得 1997 年香港特区政府及印艺学会设计印制优秀奖。

1997.7.1

with compliments
of
Tung Chee Hwa

chief executive
hong kong special administrative region
people's republic of china

中華人民共和國香港特別行政區
行政長官 董建華 致意

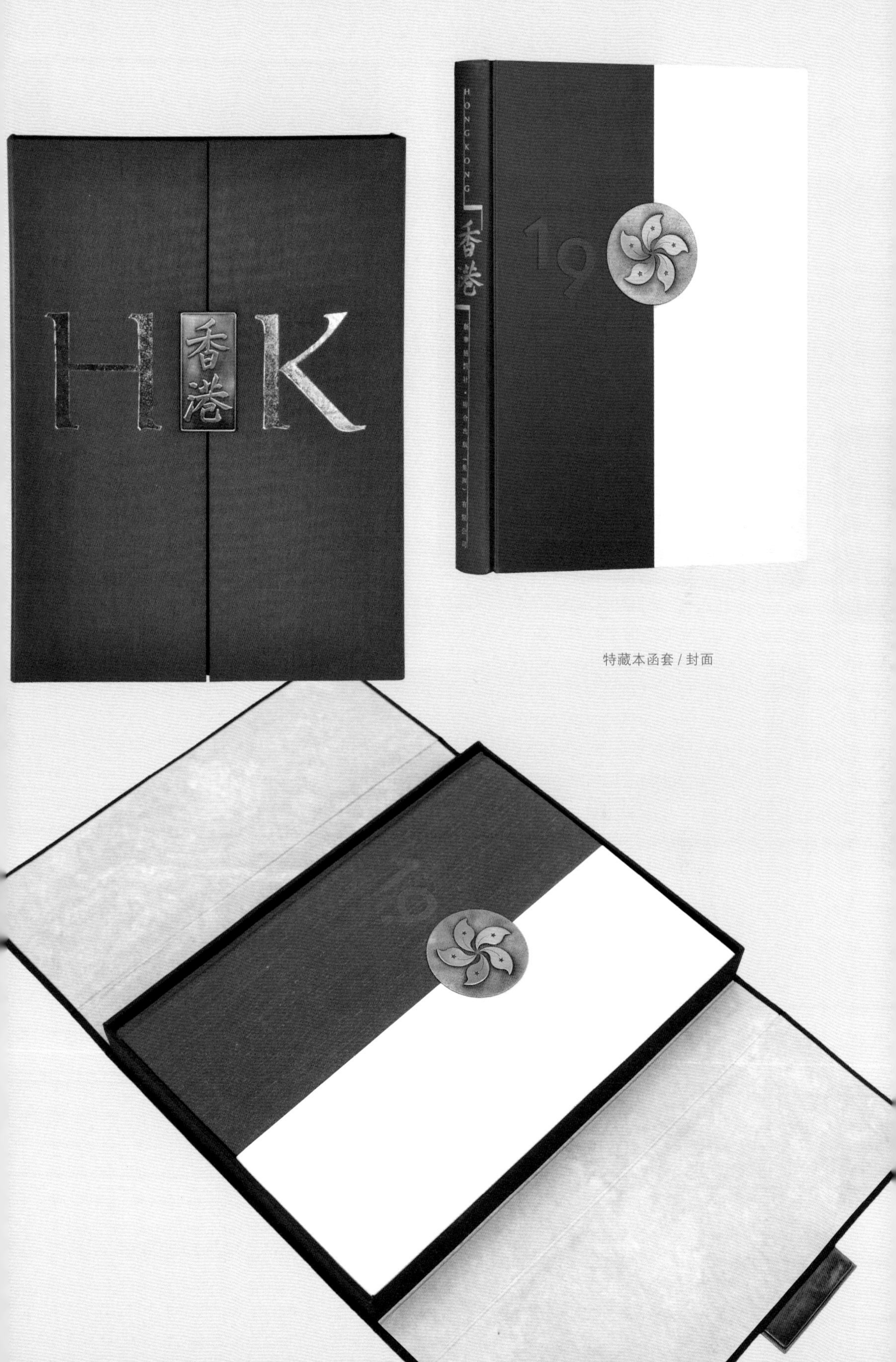

特藏本函套 / 封面

普通精装本函套

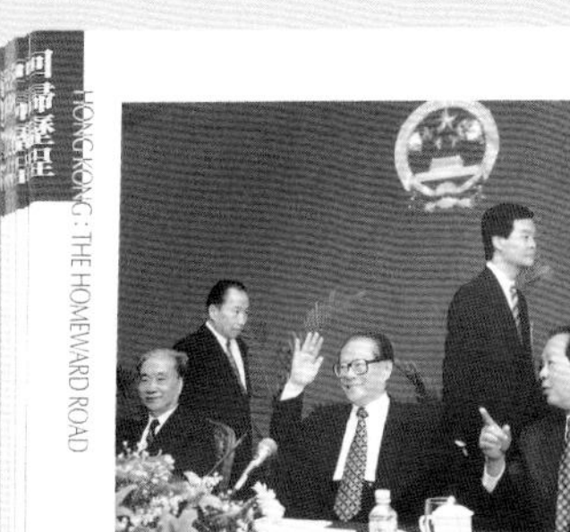

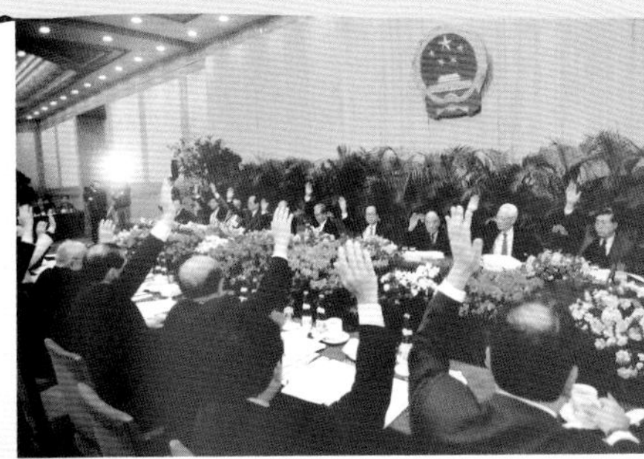

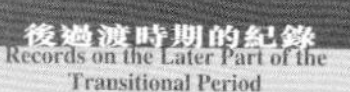

HONG KONG : THE HOMEWARD ROAD
後過渡時期的紀錄
Records on the Later Part of the Transitional Period
HONG KONG : THE HOMEWARD ROAD

书眉拼字设计

ECONOMIC TAKEOFF
經濟騰飛
ECONOMIC TAKEOFF
ECONOMIC TAKEOFF

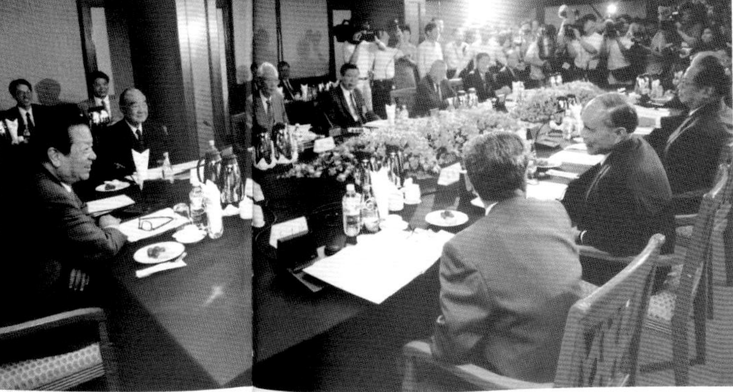

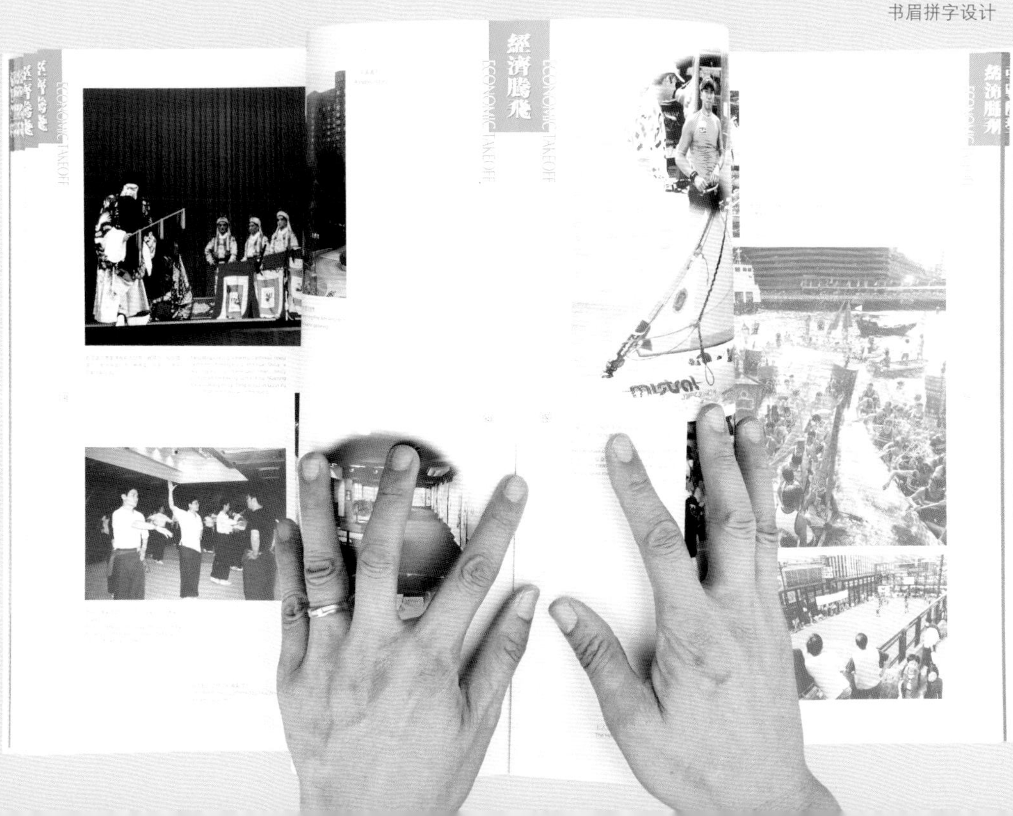

澳门 1999 20 开

1999

1999 年澳门回归，澳门行政长官何厚铧在致辞中写道：澳门将发展成为一块名副其实的莲花宝地，市民无需为治安问题担惊受怕，邻里和睦相处，亲如一家、安居乐业；澳门成为举世知名的一个历史文化城市和旅游胜地，观光旅游设施众多，游客络绎不绝，市面一片繁荣景象，工商各业兴隆；澳门成为一个先进经济区域，拥有专业、廉洁的公共行政系统，服务素质优异，充满发展机会……而且文化风气浓厚、潜能涌现，人才辈出，前程无限。

《澳门 1999》采用正度 12 开精装。我把护封分为上下两半，下半是法国人波塞尔绘于 1838 年的马格庙广场的历史画卷，上半将当代奥凼跨海大桥及高楼大厦的图景印在金色油墨之上，中间设计“MACAO”五个字母，两朵盛开的莲花亭亭立于左侧，印金色底漏空。右上侧印金黄色块，上压何厚铧长官的题字“澳门”，下方竖排“1999”，印红色。书脊最上方黑色方块与封面右上角的黄色方块对齐，印金色“澳门”，下方竖向卧排金色“MACAO”，竖排黑色“1999”。

澳門
1999
MACAO
国务院新闻办公室
五洲传播出版社
澳门
MACAO
1999
五洲传播出版社
壹
玖
玖
玖

精装封面采用深绿色布纹特种纸，封面四角压印大写数字“壹玖玖玖”。中间烫压澳门特区区徽（由五星、莲花、大桥和海水图案组成）。正文分七个篇章，书眉放在右侧单码页，不同的色块中印浅色“MACAO”，下面是七个篇章的标题，页码在每页下方居中，数字上端印一朵莲花，白莲花衬托的颜色与本篇书眉的颜色相同，形成呼应关系。

中华人民共和国50周年图集 大8开

1999

1998年，上海世纪出版集团调我去上海，为纪念建国五十周年做这本大型画册。出版社专门组织了设计班子，为了确保内容准确，前后修改了八次，非常辛苦。

精装封面的白色布料织有少数民族的纹样，是专门定制的。中间的红色国徽最为醒目，在布面直接压凹击凸，烫印真金，烫红色漆片，函盒击凹凸。这个技术当时只有北京新华印刷厂有，是他们的专利。自1997年《香港》画册用了铜版镶嵌，类似的做法多了，太雷同，我想借此机会恢复传统的工艺，把冲压、烫金工艺保留下来。于是，我先找到上海造币厂，制了一块国徽钢模（早在70年代我就在这个厂制过列宁像的钢模）。然后在张总的支持下，找到北京新华印刷厂，把几吨重的皮壳空运到北京，专门请一位姓段的师傅冲压。廖总亲自督阵，给很多人添了麻烦，但是金箔的效果非常好，印得非常深、非常实，比电化铝沉稳多了，这项工艺达到了相当高的水平。

其他印制工作是在中华商务广东公司进行的。目录

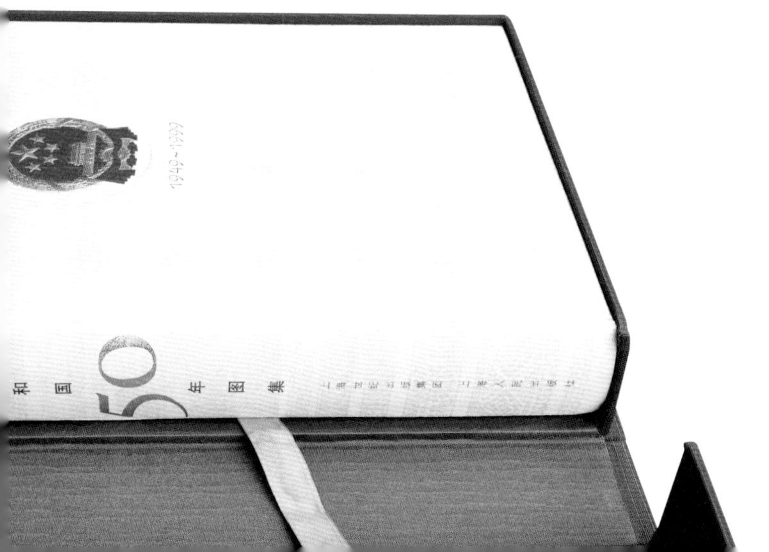
1949~1999
和
国
50
年
图
集

页也是先印金，再印咖啡色，有一种辉煌的效果。整体配色上，特别着重红、黄两色的运用，在多处出现正红（蓝 10、红 90、黄 70）、淡黄（蓝 7、红 5、黄 25）和浅黄（蓝 4、红 3、黄 13），保证色值的准确和稳定。国庆，一定要庄重、大气、典雅，做出精、气、神。

此外，我还受其他出版社的邀请，做过《薄一波》《邓小平画传》《朱德画传》等，通过图册的形式，展现了这些国家领导人的生平和风采。

中华人民共和国主席江泽民题词

中華人民共和國的
成立開創了中國歷史
的新紀元站起來的
中國人民將对人類
作出更大的貢献

江澤民
一九九九年八月廿日

小平您好
小平您好

江泽民和各族人民在一起

开国奠基
1949~1956

概 述

中华人民共和国成立

祖国大陆解放　建立地方各级人民政权

恢复和发展国民经济

土地改革

抗美援朝

“三反”、“五反”运动

社会改革

新中国的召唤

第一届全国人民代表大会

生产资料私有制的社会主义改造

第一个五年计划

科技、教育、文化事业的发展

人民军队的正规化现代化建设

倡导和平共处五项原则

1976~1992 改革开放

概述

从徘徊中前进到伟大的历史转折

1992~1999 继往开来

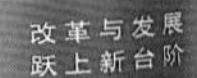

概述

邓小平视察南方发表重要谈话

改革与发展跃上新台阶

邓小平画传、朱德画传 12开

2004/2005

邓小平是一位影响和改变中国历史进程，为世界所瞩目的世纪伟人。他是中国人民心中的一座丰碑，他的英明、业绩、思想风范永载史册。在邓小平100周年诞辰之际，四川人民出版社策划出版《邓小平画传》，以缅怀他的丰功伟绩，寄托我们不尽的思念。四川人民出版社的编辑看到市面上已经有由中央文献出版社出版，我2003年设计的《薄一波》画册，那是第一次用图文并茂的形式出版国家领导人的传记。他们便找到我，希望我担任画册的总体设计。《邓小平画传》分上下两卷，正文共分89个小节。开卷是一篇长文《波澜壮阔的一生》，介绍邓小平生平，上卷包含42节，下卷包含47节和后记。

因图文较多，我选择大12开本，采用精装纸面皮脊。上下两卷封面、封底共四面，选用绒面纸印四色邓小平不同时期的肖像。PU仿皮材料占封面面积的1/3，上下横排空压编者和出版社，中间横排空压书名邓小平画传。在书脊对应封面书名的位置，烫压一圆形花环，上面叠印黑色书名，“平”字置于花环之中央。书脊上下烫压

藏书票 · 170x148mm

编者和出版社，卷次在书名之下，烫金，文字全部竖排。两卷外加一函套，选用 PP 材料。PP 材料可以降解。比较环保，且透明可以胶印四色。我在函套上下两面印了橘红色图像：1984 年邓小平在天安门城楼检阅时，北京大学学生游行队伍打着“小平您好”的标语，经过天安门广场的场景。书装入函套后，正好透出下卷封面邓小平挥手致意的形象，表现了邓小平与人民群众的亲切关系。

正文版式用网格分两栏文字，加半栏说明文字，图文混排。我把整本的每一面版式画好，再交曲小华、吴曙明、潘卫霞分头一起制作。

书眉左页双码有一红色条，旁边印黑色书名，右页单码红色条旁印小节的标题，以方便检索。每面下方正中印椭圆红色块，页码翻白。小节标题由红、黄色块构成，与单栏文字栏宽相同（90 毫米），单行标题色块高 20 毫米，双行标题色块高 27 毫米，标题用小标宋在红色块中翻白。每节标题都编辑了邓小平的讲话或短语，字数不同，色块大小各异。图片说明前有红色三角，表示图片的位置，图文之间由栏线分割。正文以外的文章以图的形式穿插文中，加浅黄底色，用略小的楷体与正文加以区别。画册中的黑色照片都处理成四色咖啡色调，与彩色图片协调。

精装封面的 PU 仿皮材料是塑料制品，有质量问题，几年后自然脱皮，设计师慎用！

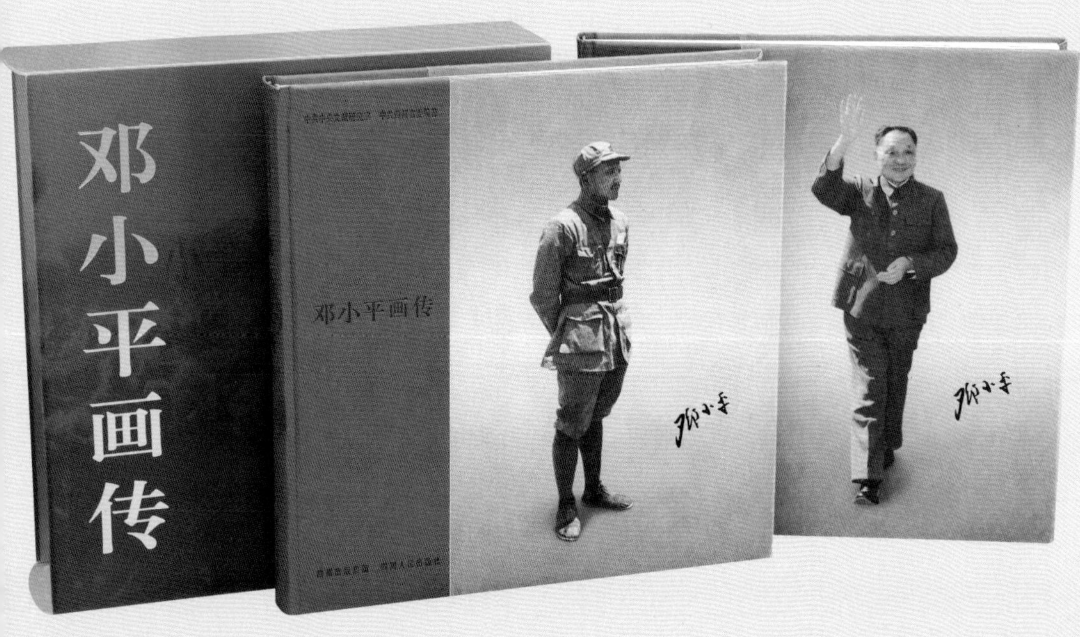
邓小平画传
邓小平画传

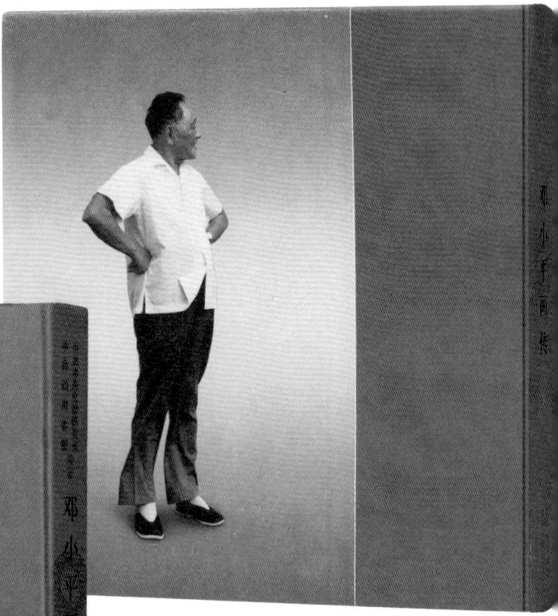

谨以此书献给邓小平诞辰一百周年

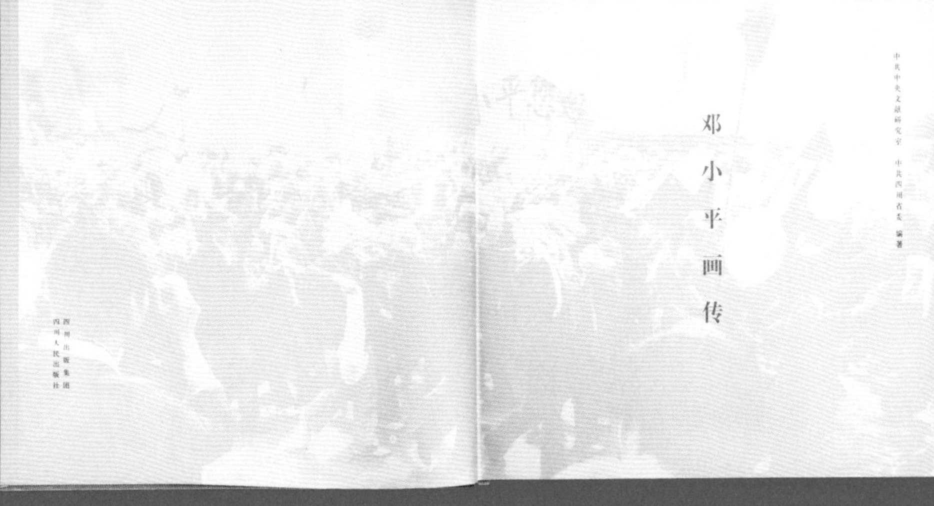

"永远不要过分突出我个人。我所做的事，无非反映了中国人民和中国共产党人的愿望。"

波澜壮阔的一生

家世

（我）生于一九〇四年七月十二日（农历），学生，父亲教育，同时又是军政界中人，同时又是一个小地主。

素以为绚

设计师就要忘掉自我

第五届全国政协主席

就按第一方案搞一次

朱德画传
朱德
朱德画传
朱德画传
朱德

朱德画传

出生在佃农家庭

朱德薇任爲二十軍黨代表

楊森派曾速孔赴漢領械彈

推进军队正规化现代化建设

向中央提出开发海南岛

新疆文库 小8开

2012

“新疆文库”是新疆维吾尔自治区党委、政府批准的新疆历史上规模最大的一项文化出版工程。主要出版新疆有史以来至1949年10月1日之前的有关哲学、社会科学、历史地理、文学艺术、科学技术等内容的文献作品，总体按甲、乙、丙、丁四大部类编排，以汉、维吾尔、哈萨克、蒙古、柯尔克孜、锡伯等六种文字编辑出版。自2012年启动，计划要出1000种。

从北京调到新疆挂职工作的黄局长找到我，提出自治区政府希望封面能够用上尼雅遗址发掘出土的“五星出东方利中国”的汉代蜀锦图样。丝织品是中原华夏文明的一个代表，而《新疆文库》装帧设计选用的汉代丝织品出土于新疆，说明在很早之前中原与西域就有频繁的文化交流。

“五星出东方利中国”蜀锦1995年出生于精绝国尼雅遗址的男女合葬墓中。彩锦织物裹在射手的前臂上，锦边缘缝织物是绢。彩锦为五重平纹经锦（使用蓝、绿、黄、红、白五种颜色的经线）。锦上织有日月、云朵、孔雀、仙鹤、辟邪和虎的纹样以及“五星出东方利中国”的文字。

这里的“五星”，是先秦所谓的太白、岁星、辰星、荧惑和镇星。秦汉以后，又称金星、木星、水星、火星

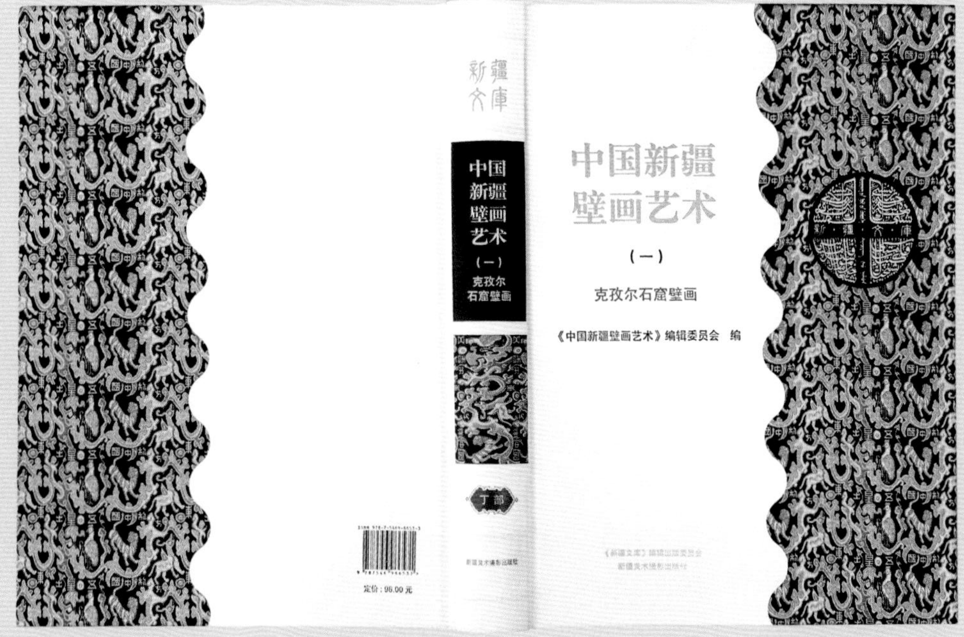

新疆文库
中国新疆壁画艺术
（一）
克孜尔石窟壁画
《中国新疆壁画艺术》编辑委员会 编
丁部
定价：96.00元

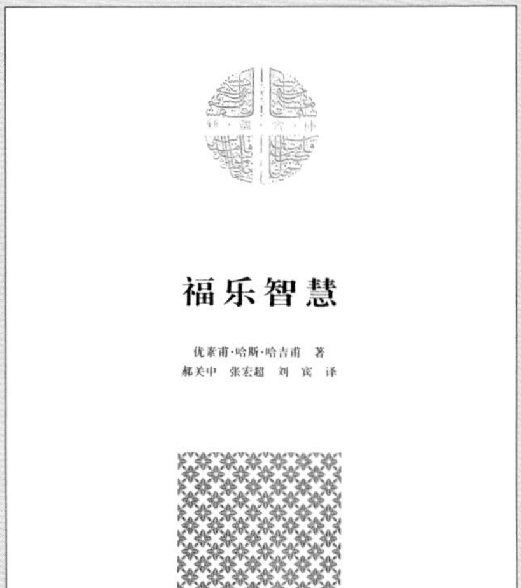

福乐智慧
优素甫·哈斯·哈吉甫 著
郝关中 张宏超 刘宾 译
《新疆文库》编辑出版委员会
新疆人民出版社

透明护封（PP材料）

新疆文库
福乐智慧

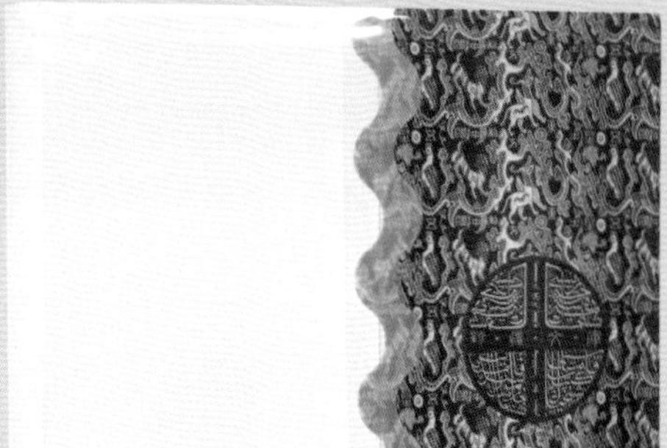

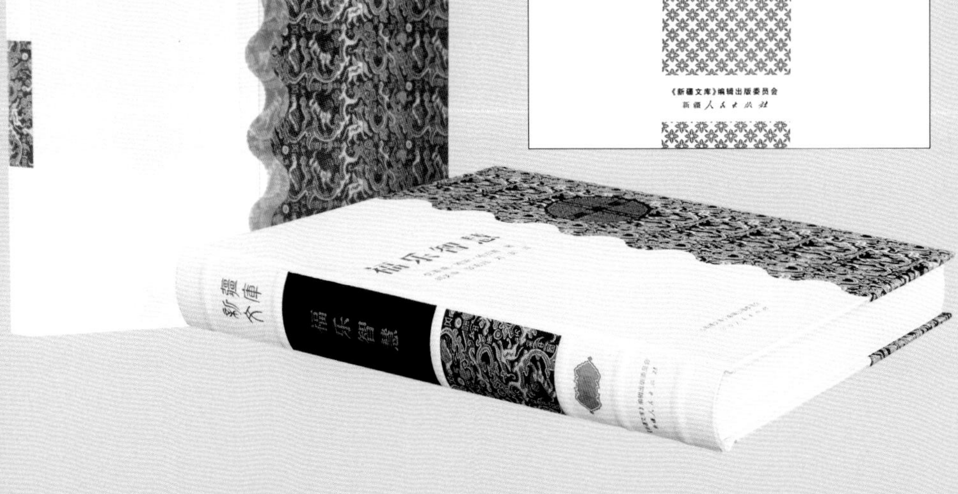

和土星。所谓“中国”，泛指黄河流域的中原地区。“五星出东方利中国”是古代占星学上很常见的占辞。《史记·天官书》上说：“五星分天之中，积于东方，中国利，积于西方，外国用兵者利。”在《汉书》《晋书》《隋书》《新唐书》天文志以及《开元占经》等典籍里都能见到类似的记载。“五星出东方”是指五大行星在某段时期内，日出前同时出现在东方。这种天象非常罕见，所以引起古人的好奇和重视，把这种天象附会上某种“天意”。比如《文献通考》上就有“周将伐殷，五星聚房”之说。五星聚合一般要几十年乃至上百年才能出现一次。中国上次出现是在 1921 年，下一次要等到 2040 年了。

五色仿丝织锦用于现代图书设计是一次全新的尝试。文物原件长 18 厘米，太大了，不能直接用，得对图形比例、配色进行二次创作，重新定制仿丝织锦。为了这个封面，我们一起专程去南京博物馆丝绸研究所定制面料。考虑到成本以及耐久性，我强调一定不能用真丝，要用化纤的。结果研究所的同志还是用了真丝做试验，方案通过后一问价格，每米要 300 块，太贵了。我们只能改变原设想，从网上查到浙江海宁这边可以织，于是驱车从苏州赶往海宁。就在快到的时候，接到电话，厂家倒闭了。真是沮丧至极！只好把车先停下来，在附近找了家饭馆吃饭。饭馆老板听到我们聊天，主动帮忙，说他知道一家织厂，可以去看看。到厂里一看，规模很大，通过电脑很快就把我们需要的四色纹样设计出来，化纤材料 90 多块钱 1 米，5000 米起织。我测算了一下，幅宽一米五，1 本书 10 块钱成本，还可以，总算是找到了比较理想的解决方案。我将文物缩小了三分之一，改为

“五星出东方利中国”
汉代蜀锦图样

纬线织锦。画好分版设计稿，将左右接为四方连续图案，交浙江海宁许村利诚公司织造。

与代表农耕文明的丝织物相对应，在最终实现的封面的另一边，我选择了西域游牧民族生活中常用的皮革材质，体现中华文化“多元一体”的特征。真皮太贵，为了保证手感，“新疆文库”采用再生皮料，既环保还降低了图书成本，又保留了真皮耐磨和牢固的特性，便于长期保存。但是，仿丝织锦与再生皮料的曲线拼合又对印装工艺和加工技术提出了新的挑战。曲线模切的皮料要与织锦面料平整完美拼合，需要先在裱封织锦面料上曲面压印，这样才能使皮料与织锦面料的衔接处平整，同时还要求曲线吻合精准。最终，承印“新疆文库”的深圳中华商务联合印刷公司完美实现了这一拼合工艺。

封面左上方，六种文字构成的“新疆文库”圆形标识烫印于织锦面料之上，形象地诠释了新疆多民族、多语种的多元文化特点，传达出融合、团结之意。

书脊采用了西式书籍经典的圆脊竹节起鼓的精装形式。竹节精装与织锦、再生皮料结合使用，最能体现新疆独特的东西方文明交汇的文化特质。

杉浦康平先生曾经说：“进化与文明、传统与现代两只脚交替，这才有迈向前进方向的可能性。多元与凝聚、东方与西方、过去与未来、传统与现代，不要独舍一端，明白融合的要义，这样才能产生更具涵义的艺术张力。”“新疆文库”的装帧设计恰恰体现了这一融合之道。

总　序

张春贤*

"盛世修典籍，太平纂鸿轶"是中华民族的优秀文化传统。2011年，中共新疆维吾尔自治区委员会和新疆维吾尔自治区人民政府决定编辑出版大型文献丛书《新疆文库》，启动了新疆历史上由政府主导和组织的规模最大的文化出版工程。这是进一步推动社会主义文化大繁荣大发展的重要举措，对于进一步向世人展示中华民族文化积累，推进中华文明传承，促进中华民族文化创新，具有重大意义。同时，对于帮助国内外全面了解古代西域和深入认识今日新疆，也必将发挥重要作用。

新疆是我们伟大祖国的一块宝地。"一体多元"是中华文明，更是新疆文化的突出特征，也是当代新疆能够从容面对"经济全球化"的文化优势所在。古代新疆曾经是人类四大文明——中华文明、印度文明、阿拉伯—波斯文明和希腊文明的交汇之地，被人们视为保存和展示人类"文化多样性"的博物馆。在这块异彩纷呈的历史文明交汇区，中华文明以其"有容乃大"的开放博大胸怀，广纳博取，包容吸收，接受不同文明的滋养，丰富壮大了自身，形成了"一体多元"的文化格局。编辑出版《新疆文库》，就是通过对新疆久远厚重、丰富多样的文化遗产开展一次大规模挖掘、收集和系统整理出版，展现新疆历史文化积累的规模和从属于中华文明的"一体多元"特征；展现新疆作为我国历史文化资源大区的概貌；展现新疆作为古丝绸之路枢纽地区对中外文化乃至东西方文明交流做出的杰出贡献；展现新疆作为现代文化蓬勃发展的新兴地区所依托的丰富厚重的文化生态基础。

我们党历来主张，对待历史文化遗产，要坚持辩证唯物主义和历史唯物主义的基本立场，坚持批判地继承人类文明一切有益成果的基本原则，坚持为中国特色社会主义服务和为人民服务的方向，坚持"古为今用，洋为中用"和"百花齐放，百家争鸣"的方针。《新疆文库》体现文明守护和文化传承功能，为新疆实现现代化提供关

5

这样也会使自己有好的名声
2872 有头脑的人追求好的名声，
有知识的人能够受人信任
2873 有智慧的人处事必有人性，
有知识的人乃是人类的精英
2874 请听有智慧的人说些什么，
有智慧的人是世上英杰：
2875 **聪慧忠贞之人是人中典范，**
为了别人，愿意把自己奉献。
人若下流，行为卑贱，
纵使信誓旦旦，也会食言。

※ ※ ※

2877 君王啊，我的话已经说完，
御膳监应由这种人承担
2878 这样的人为你奉上膳食，
你可尽管享用，毋须疑虑

※ ※ ※

2879 君王啊，我知道的就是这点，
心里的一切已全部说完

国王问贤明

2880 国王说：这些我全已听清，
还有个问题，请你说明
2881 请再为我说说侍酒官，
这种人应具备什么条件
2882 国君对他信任，心头踏实，
饮用送来的酒浆，不必怀疑

第三十七章

贤明论侍酒官应具备的条件

2883 贤明答道：啊，君王，
这事也须用知识细想
2884 这需要至亲或久经考验之人，
要品行端正，能抑制欲望
2885 要知足、可靠、忠心赤胆，
行为正直如离弦之箭
2886 这样的人适合执杯捧盏，
可胜任此职，担任侍酒官
2887 开胃剂、兴奋剂、泻药都由他配制，
一切药物全都由他来掌管
2888 吃的、喝的、含的等等，
各种药全都在他手边
2889 干鲜果品或饮用的酒浆，
经他之手向国君奉献
2890 饮食会危及国君的生命，
饮食的滋味也取决于厨师和酒官
2891 倘若厨师和酒官人不可靠，
国君想安心吃喝就实在困难
2892 请听有知识的哲人的言谈：
抑制食欲，吃饭要细嚼慢咽
2893 抑制食欲，能把生命保全，

说法图（局部）

飞天

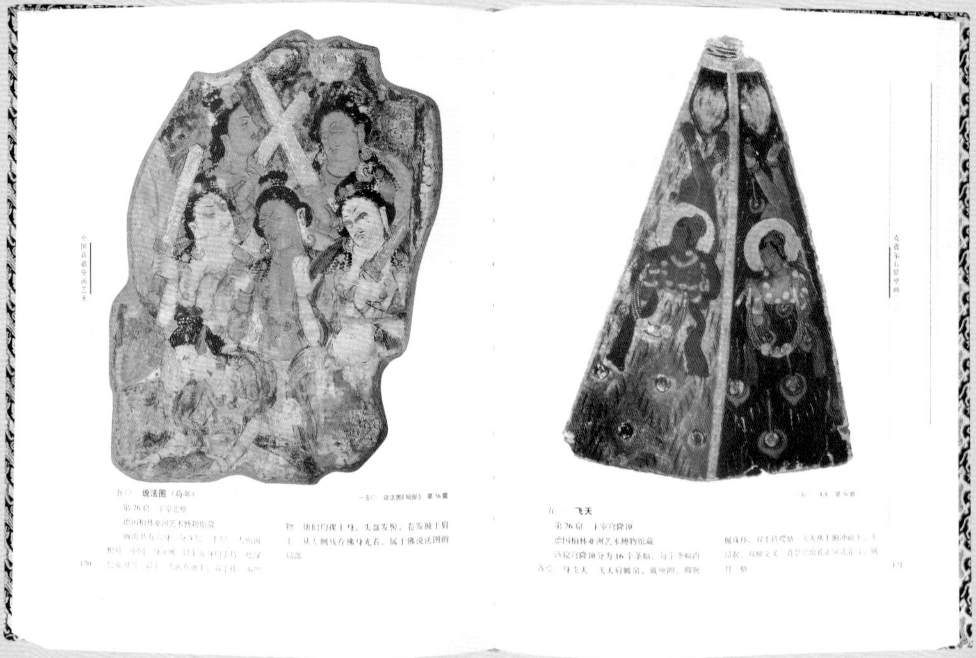

“新疆文库”无论从书稿内容的辑录，还是视觉传达的物化，处处体现出多元文化与设计多样性的共融。从作品着手，对优秀文化进行发掘、运用，再融入现代设计的创新，就是对优秀文化的传承。“新疆文库”的装帧设计正是从理解作品的内容入手，把握住书稿最本质的内涵，发掘出最适合的装帧语汇，准确地传达出“新疆文库”独有的特质，从而受到各族读者的广泛欢迎和好评。

刘堪海

现为新疆人民出版社美术装帧设计室主任，“新疆文库”设计总监

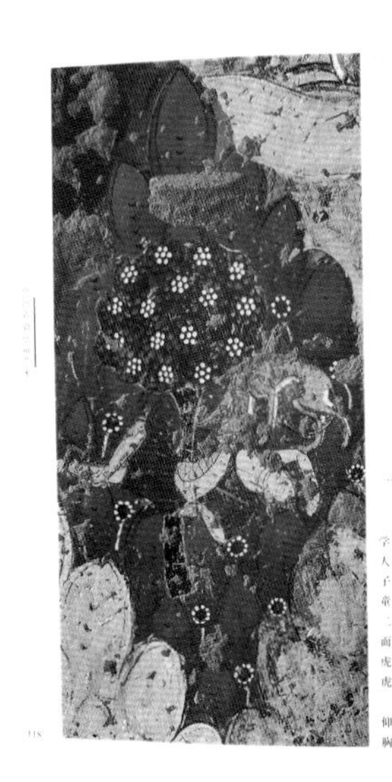

点校本“二十四史”

国庆七十周年纪念版 小16开

2019

2018年，我为中华书局点校本“二十四史”国庆七十周年纪念版做设计，封面再次用到了“五星出东方利中国”特制面料。中华书局总经理徐俊说，他们经常用宋锦做面料，在海宁有多年联系的工厂。我把布料样板和电子文件交给他们，他们找到新的工厂，才50块钱1米，成本又降了不少。

这版“二十四史”的文字版心，在原来小32开本的基础上放大了15%，更为清晰。

封面没有沿用郭沫若的题字，而是从顾颉刚日记、书信中集出的。顾老为点校“二十四史”做出了重要贡献，第一部《史记》就是由他挂帅整理。纪念版集他的手书做题签，是为了表达敬意。

整个设计都是在徐俊的指导下和中华书局美编室主任毛淳商议完成的。

點校本二十四史國慶七十周年紀念版
梁書
二
063
梁書
三

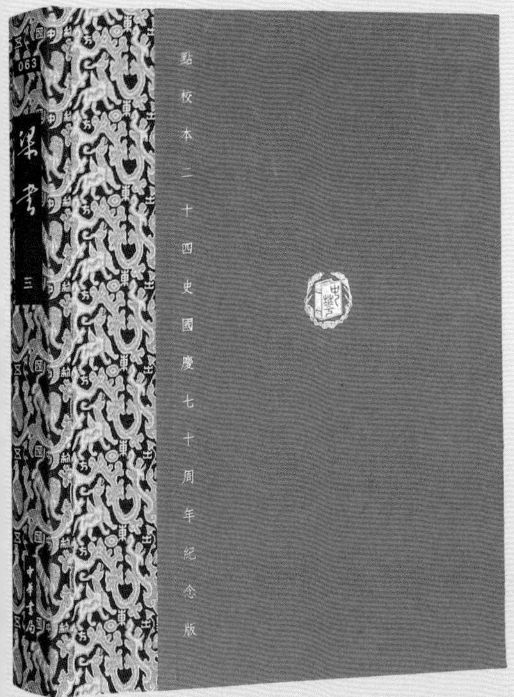
063
梁書
三
點校本二十四史國慶七十周年紀念版

〔漢〕司馬遷 撰
〔宋〕裴駰 集解
〔唐〕司馬貞 索隱
〔唐〕張守節 正義

史記

第一册
卷一至卷七

中華書局

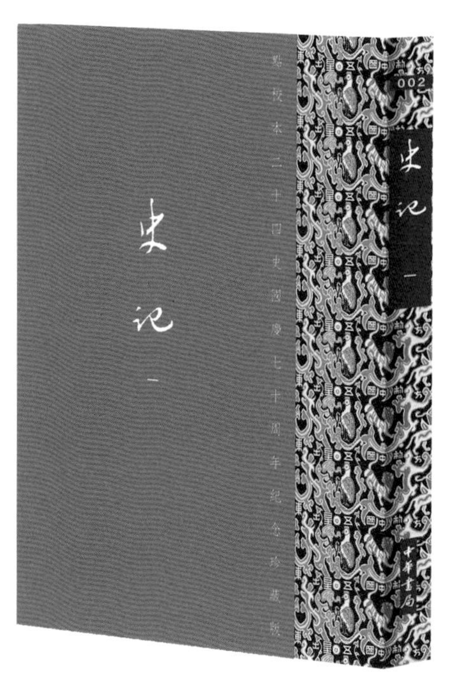

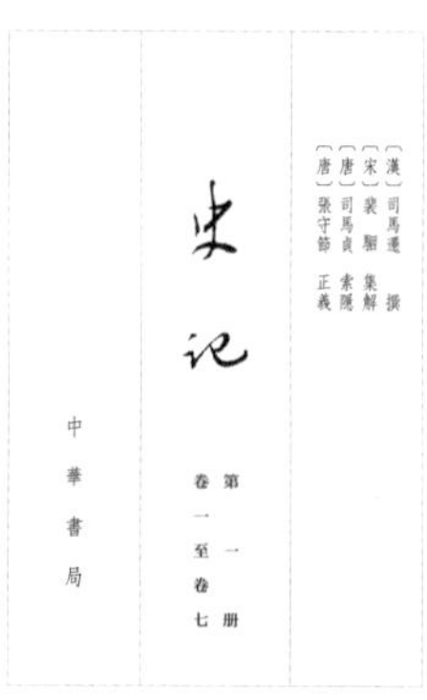

扉页

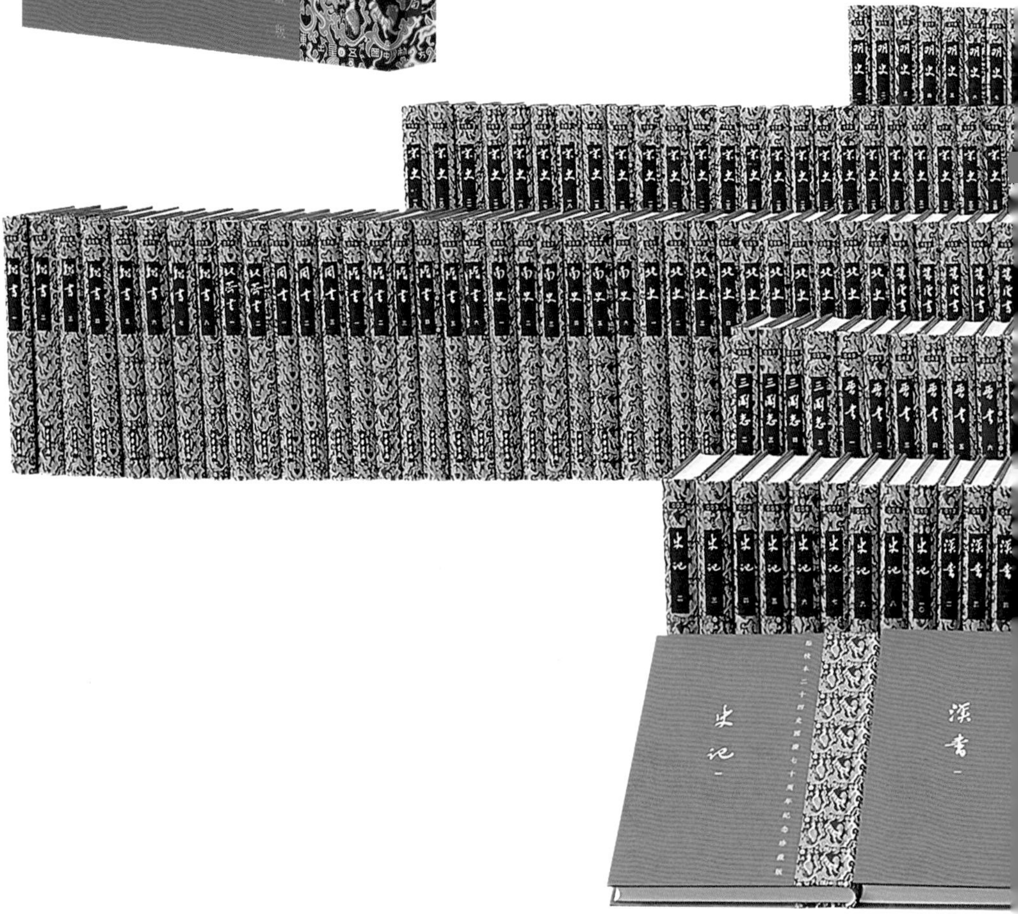

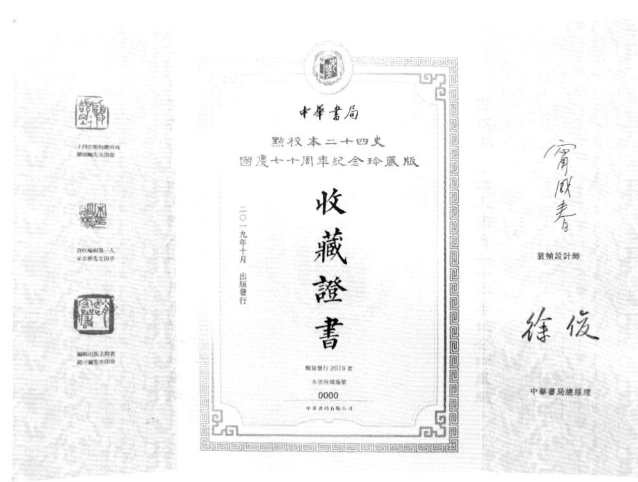

中華書局
點校本二十四史
國慶七十周年紀念珍藏版
收藏證書
二〇一九年十月　出版發行
限量發行2019套
本套收藏編號
0000
中華書局有限公司
裝幀設計師
中華書局總經理

收藏证书

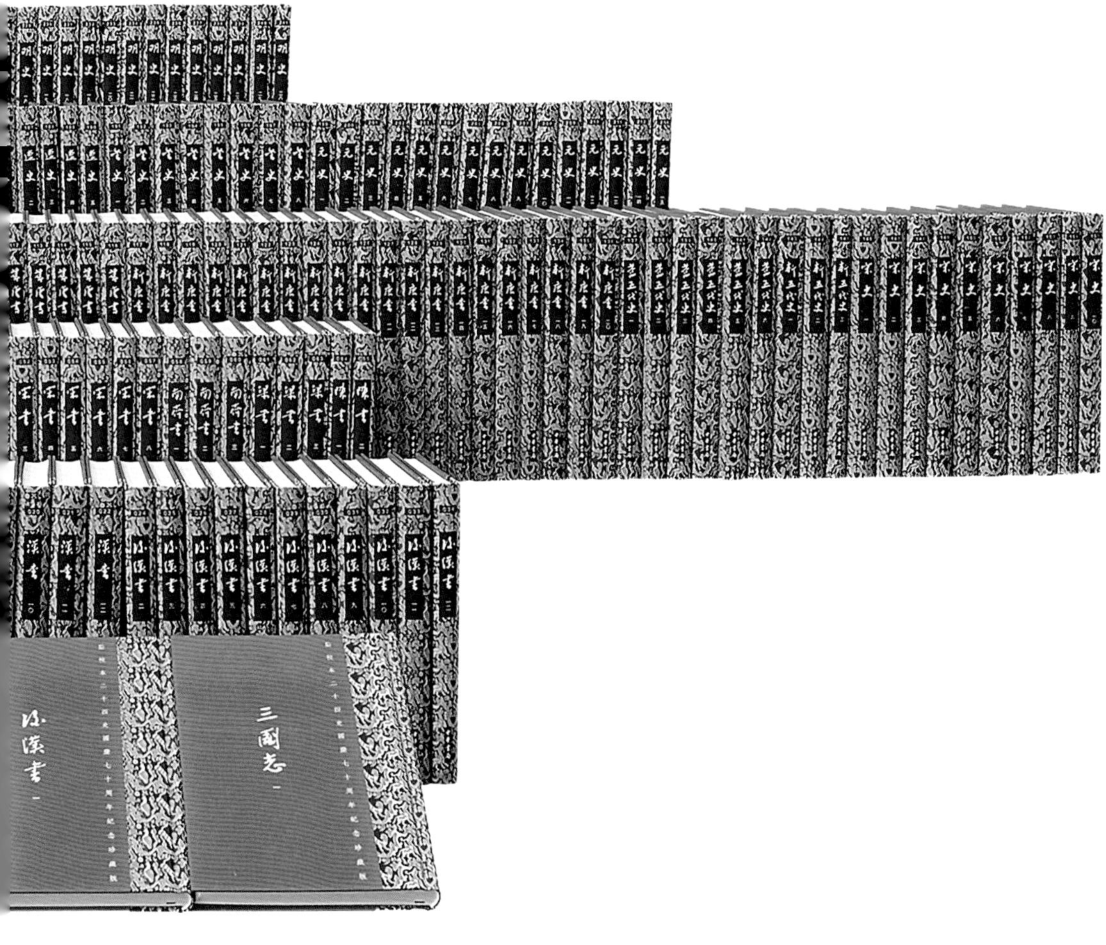

王叔晖《西厢记》 8开

2014

2012年，原来三联的老同事汪家明调到人民美术出版社任社长，策划出版“经典连环画原稿原寸系列”，王叔晖的《西厢记》是第一种，其他还有《生死牌》《杨门女将》《孔雀东南飞》《燕青打擂》等等，由我和鲁明静一起设计。

这些画稿是几十年来首次公开出版，非常珍贵。人民美术出版社当年为创作人员专门定制了稿纸。那时候国家出资让人民美术出版社专设一个连环画编辑室，每个编辑都是创作者，每年的工作就是创作几本连环画，因此诞生了很多精品。

《西厢记》原稿为8开（280×80mm），128幅画作都是单页呈现，绘画水平相对高。汪总认为这么好的东西还是应该让人看到，不然大家之前见到的都是缩小后的64开，太可惜了。所以，我们将开本设计为大度6开，页边距左右28mm，上下45mm，采用散页的形式，读者可以把单页取出装入镜框欣赏。每幅页面设有页眉和图片序号。正文散页用300克棉彩纸四色印刷，除了修去个别霉点和污渍，尽量接近原本的面貌，画师们的铅笔痕迹等等都得到保留。

保存多年的画稿由人美资料室的刘平老师亲自护送到

宁成春、鲁明静设计

印刷制版公司进行调色，每个局部和细节都经过反复核对和比较。正文前另有骑马订册页简介，专（咖啡色）加黑，双色印刷。为了让正文的散页有个封面和封底的结构，还特意设计了印有唐代宝相花图案及贴签的封面，以及只有图案的封底。一个裱糊在 2mm 的荷兰板上，另一个裱糊在三层瓦楞板上，以减轻整体包装的重量。

最外层采用天地函盒装帧。外函为棉布面料，上卷豆绿色、下卷湖蓝色，内衬草绿色里纸，起墙部分为浅灰色。函盒铺紫色宝相花纹样，中间压凹，模切传统云纹边框，贴淡粉色里纸。书名字集唐代褚遂良书法，烫哑光黑色漆片。从书名、卷次用暖灰色印刷，作者和出版社名用蓝灰色印刷，冷暖颜色丰富淡雅。这几种素雅明快的配色与材料搭配，柔美、饱满，既与发生在唐朝贞元年间的《西厢记》爱情故事契合，也没有喧宾夺主，形式和内容比较协调。另外，考虑到中国传统戏剧的特色，封面没有放任何图像，就是为了让读者感觉到，这只是一个故事，而非现实。

这套书的设计理念能充分实现离不开印制的配合。印厂的师傅数十次拿着打样来到出版社，反复确认工艺实现效果和材料的呈现情况，在控制成本的前提下实现了最佳的印制效果。

做一本书就像演奏一部交响乐，各个环节通力合作才会奏出和谐动听的乐章。

西厢記
2014-1959
西厢記
西厢記
2014-1959

张光宇集 8开

2015

我1960年入中央工艺美术学院读书，正好这一年张光宇先生生病，我1965年毕业，也是这一年张光宇先生离去了，在五年当中，我在学校里实际没有听到他的课，但是我跟张正宇儿子同班，曾经有机会到他伯父张光宇家里拜访。而且我们学校的老师，像张仃院长、邱陵老师、袁运甫老师，他们都直接受张老先生的影响，作品里都有他的风格。

我从2009年开始很少做设计了，人民美术出版社的汪家明社长开始启动《张光宇集》计划。之前做过单行本《西游漫记》，这次按原作重新制版。但是原作很旧，变色很厉害，原作变成老人，跟年轻的时候完全不一样。我根据早期印刷品一点点提，恢复作品年轻的原貌。华联印刷厂印前车间的师傅付出很多精力。

制作全集的时候，非常感谢唐薇教授，她做了多年收集和研究工作，几乎把所有张光宇先生的作品资料都收齐了。作品集里大部分是由家属提供的原作，线条、墨色非常生动，很精彩。也有些是解放前报纸上发表的作品，没有原件。当时报纸是铅印，纸张很粗糙，作品面貌跟原作差距相当大，甚至画面上还有做锌版挖版的痕迹。于是，

張光宇集
人民美术出版社
張光宇集
漫画卷
插图卷
绘画卷
设计卷
人民美术出版社

張光宇集
漫画卷
插图卷
设计卷

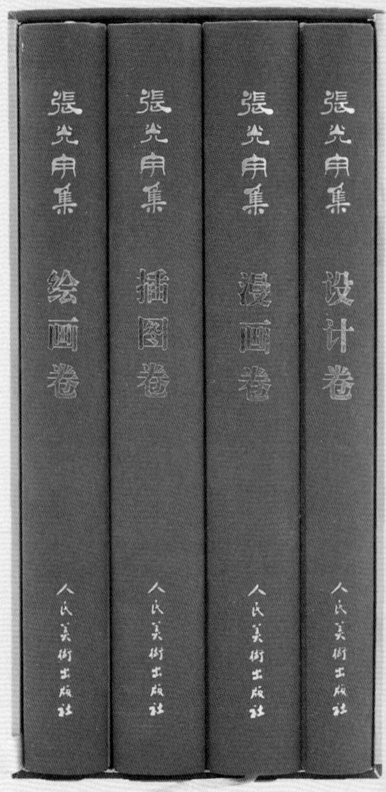

我指导胡长跃在修图方面下了很大功夫，他很辛苦，工作量很大。比如在香港发表的《猪八戒游香港》一套，虽然精彩，就是片子太差，全是断线、钉子眼等各种脏东西，如果我们再不修好的话，以后也很难再出版了。大家就为一个目的，尽量恢复原来的面貌，体现出张光宇先生的整体水平，尽自己所能做好工作。

作品集准备印刷时，汪家明社长退休了，新社长把1500套的印数砍了一大半，改为600套。花费这么大的精力，只印600套，太遗憾了。

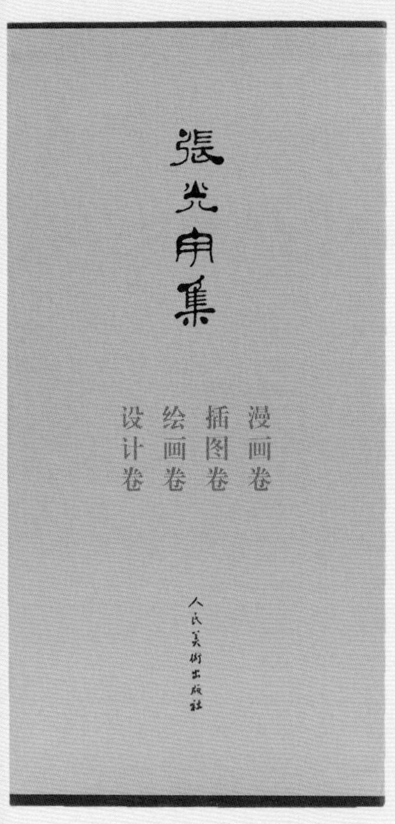
張光宇集
漫画卷
插图卷
绘画卷
设计卷
人民美術出版社

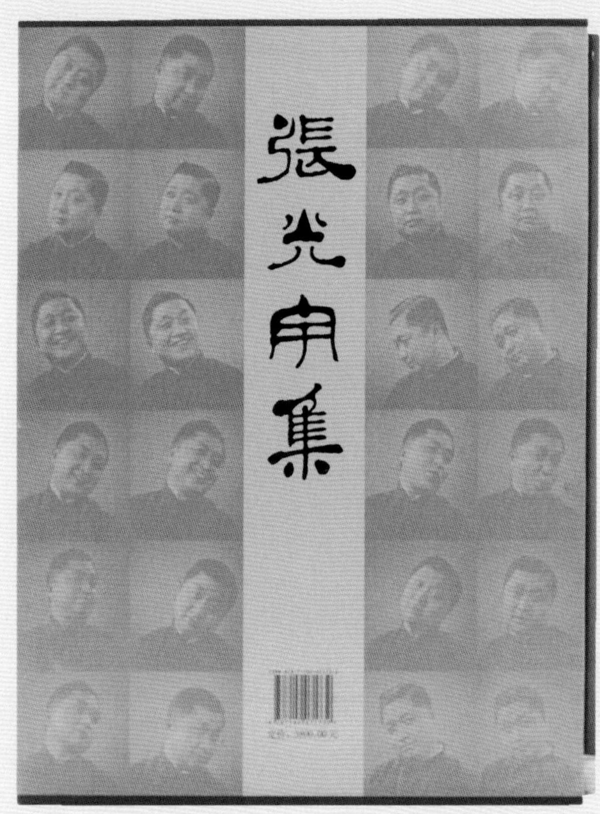
張光宇集

东江泛舟
1940年9月~12月

本书承蒙
黄苗子先生及黄苗子郁风慈善基金会
鼎力支持

《张光宇集》

顾问
黄苗子 黄永玉 韩美林 王文章

工作小组
张大羽 宁成春 汪家明 黄大刚
唐薇 李大钧

主编
唐薇 黄大刚

張光宇集

漫画卷

人民美術出版社

素以为绚

设计师就要忘掉自我

第一回	显神通老者赠灵球　索天书国王发奇想	第六页

张光宇集

曼画卷

西游漫记

國王問道：『在球裡面，我怎樣去打開來看呢？』老人再用手一指道：『莫急！莫急！高僧唐三藏率弟子孫悟空朱八戒沙和尚不是已經開始向西天極樂世界代你去取了嗎！哈！哈！……………』

第一回
第六頁

62

63

第四回	埃秦国毛尖鹰逞雄　正义弹孙悟空伏妖	第三页

孙悟空朱八戒走在前面，
行了一程，
只不见师傅与沙和尚随来，
心中有些疑惑，
孙猴知道有变，
一个筋斗云翻上半空，
四面一望，并无动静，
但见半山腰里有一白衣女子正在哭哭啼啼的喊："好命苦，
我的丈夫，
今番又被拉去当壮丁，
叫我如何过活呀！……"十分凄切，
悟空踏住云脚，
翻身落地，
上前打问，
原来她叫孟姜女，
她的丈夫范杞良是万年老丁，
因为没有钱今番又被鸦鸦鸟们奉了毛尖鹰之命强拉去当新
丁！
孙猴听了，
十分愤怒道："我齐天大圣定与你们报仇！"
孟姜女拜谢不已。

孫悟空朱八戒走在前面，行了一程，只不見師傅与沙和尚随來，心中有些疑惑，孫猴知道有變，一個觔斗雲翻上半空，四面一望，並無動靜，但見半山腰裏有一白衣女子正在哭哭啼啼的喊：『好命苦，我的丈夫，今番又被拉去當壯丁，叫我如何過活呀！……』十分悽切，悟空踏住雲脚，翻身落地，上前打問，原來她叫孟姜女，她的丈夫范杞良是萬年老丁，因為沒有錢今番又被鴉鴉鳥們奉了毛尖鷹之命強拉去當新丁！孫猴聽了，十分憤怒道：『我齊天大聖定与你們報

第四回
第三頁

第五回	阿房行宫迷八戒　梦得快乐困悟空	第一页

却说自从孙大圣显了神通，
灭了毛尖鹰巨魔，
威震埃秦古国，
他一路进来，
老百姓个个欢喜跳跃，
焚香祷祝，
奉为真神出现，
不知不觉又来到一个地方，
叫做"梦得快乐"城，
这是埃秦的贵族区，
生活奢侈，
出入此城的人都是王公显宦，
大贾巨富，
以及名媛闺秀，
歌姬舞女等，
均荟萃于斯，
法老始皇的"阿房行宫"，
也建在此城，
更增加此城的价值，
阿房行宫的建筑是架在轻汽球上面，
表示专供上层阶级的人士快乐逍遥，
平民不得与焉。

却說自從孫大聖顯了神通，滅了毛尖鷹巨魔，威震埃秦古國，他一路進來，老百姓個々歡喜跳躍，焚香禱祝，奉為眞神出現，不知不覺又來到一個地方，叫做『夢得快樂』城，這是埃秦的貴族區，生活奢侈，出入此城的人都是王公顯宦，大賈鉅富，以及名媛閨秀，歌姬舞女等，均薈萃于斯，法老始皇的『阿房行宮』，也建在此城，更增加此城的價值，阿房行宮的建築是架在輕汽球上面，表示專供上層階級的人士快樂逍遙，平民不得与焉。

第五回
第一頁

民间情歌 39×36cm

《时代漫画》第2期 1934年2月20日

《张光宇绘民间情歌》上海独立出版社 1935年12月

12

民间情歌 26×27cm

《时代漫画》第2期 1934年2月20日

《张光宇绘民间情歌》上海独立出版社 1935年12月

13

民间情歌

《时代漫画》第14期 1935年2月20日

《张光宇绘民间情歌》上海独立出版社 1935年12月

34

民间情歌

《时代漫画》第14期 1935年2月20日

《张光宇绘民间情歌》上海独立出版社 1935年12月

35

张光宇集

插图卷

林冲

52. 柴进即设筵置酒相待，并修书两封，吩咐林冲道："沧州大尹也与柴进交好；牢城管营、差拨亦与柴进交厚；可将这两封书去下，必然看觑教头。"

114

53. 林冲被押到沧州牢城营内，亏得柴进有书相荐，所以管营、差拨十分周全林冲，只教他去看守天王堂。

115

张光宇集

插图卷

神笔马良

《神笔马良》八 27×36cm

"嗖"的一声，射出的箭正中财主的喉咙

《中国民间故事》外文出版社 1957年11月

《张光宇插图集》人民美术出版社 1962年5月

144

《神笔马良》九 36×27cm

一不小心，在它头上溅了一滴墨水，白鹤便眼睛一睁，拍拍翅膀飞去了

《新观察》1956年第3期 1956年2月

《中国文学》1955年第4期

《中国民间故事》外文出版社 1957年11月

《张光宇插图集》人民美术出版社 1962年5月

145

素以为绚

设计师就要忘掉自我

森罗万象 《万象》第1期 1934年5月20日

科学与理想 《万象》第2期 1934年6月20日

《装饰》第1期 1958年

《装饰》第2期

《装饰》第3期

《装饰》第5期

《装饰》第6期

纪67《中华人民共和国成立十周年》
第一组3枚
设计者 张光宇、邱 陵、陈汉民
钟 灵、张 仃、周令钊
1959年9月28日

东江泛舟之十九 13.5×17.5cm

东江泛舟之二十 13.5×18cm

东江泛舟之二十二 8×17cm

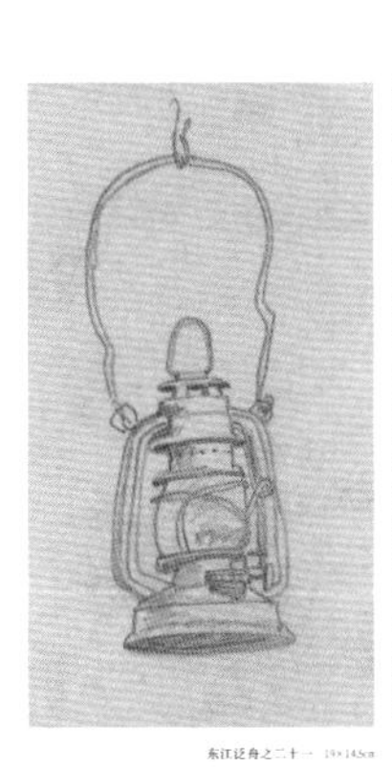
东江泛舟之二十一 19×14.5cm

东江泛舟之二十三 10.5×16.5cm

鲁迅手稿全集 小 8 开

2021

《鲁迅手稿全集》是国家资助的项目。

2020 年国家图书馆的馆长看到我给中华书局设计的点校本“二十四史”国庆七十周年纪念版，让出版社的编辑找我帮忙。编辑委员会选用了赵延年的鲁迅木刻肖像，做了全皮和皮脊布面两种方案。

特藏本文稿编

魯迅手稿全集
1
文稿編
一
魯迅手稿全集 1 文稿編 一
魯迅手稿全集 2 文稿編 二
魯迅手稿全集 3 文稿編 三
魯迅手稿全集 4 文稿編 四
魯迅手稿全集 5 文稿編 五
國家圖書館出版社
文物出版社

魯迅手稿全集
18
日記編
一
魯迅手稿全集 18 日記編 一
魯迅手稿全集 19 日記編 二
魯迅手稿全集 20 日記編 三
魯迅手稿全集 21 日記編 四
魯迅手稿全集 22 日記編 五
國家圖書館出版社
文物出版社

素以为绚

设计师就要忘掉自我

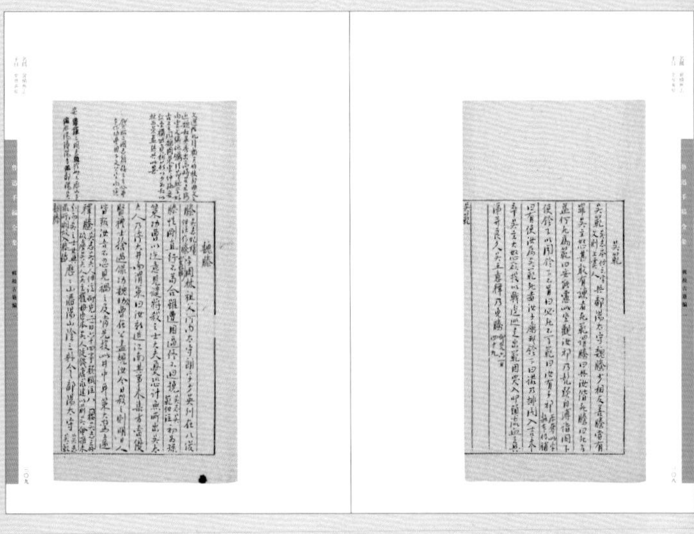

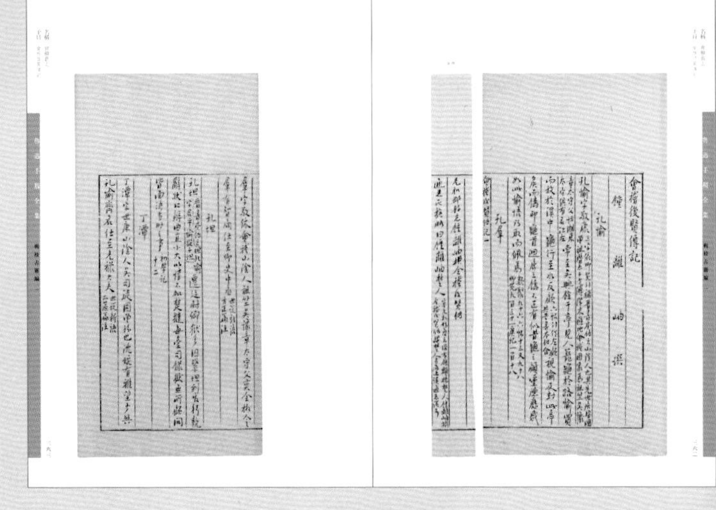

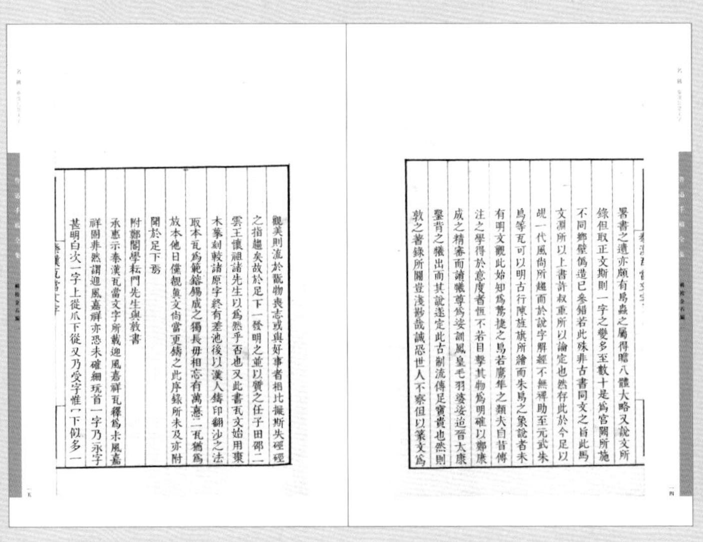

署書之遺亦頗有鳥蟲之屬得睹八體大略又說文所錄但取正文斯則一字之變多至數十是爲宮闕所施不同鄉壁僞造已參錯若此殊非古書同文之旨此馬文淵所以上書許叔重所以論定也然存此於今足以覘一代風尚所趨而於說字解經不無禆助至元武朱鳥等瓦可以明古行陳旌旗所繪而朱鳥之象說者未有明文觀此始知爲鷙捷之鳥若鷹隼之類夫自昔傳注之學得於意度者恒不若目擊其物爲明確以鄭康成之精審而讀犧尊爲娑訓鳳皇毛羽娑娑迨晉大康鑿背之犧出而其說遂定此古制流傳足寶貴也然則敦之著錄所關豈淺尠哉誠恐世人不察但以篆文爲

觀美則流於翫物喪志或與好事者相比擬斯失硜硜之指趣矣故於足下一發明之並以贊之任子田邵二雲王懷祖諸先生以爲然乎否也又此書瓦文始用棗木摹刻較諸原字終有差池後以漢人鑄印翻沙之法取本瓦爲範鎔錫成之獨長毋相忘有萬憙二瓦猶爲放本他日儻覩眞文尚當更鑄之此序錄所未及亦附聞於足下焉

附鄭闇學耘門先生與敦書

承惠示秦漢瓦當文字所載迎風嘉祥瓦釋爲未風嘉祥固非然謂迎風嘉祥亦恐未確細玩首一字乃永字甚明白次一字上從爪下從又乃受字惟冖下似多一

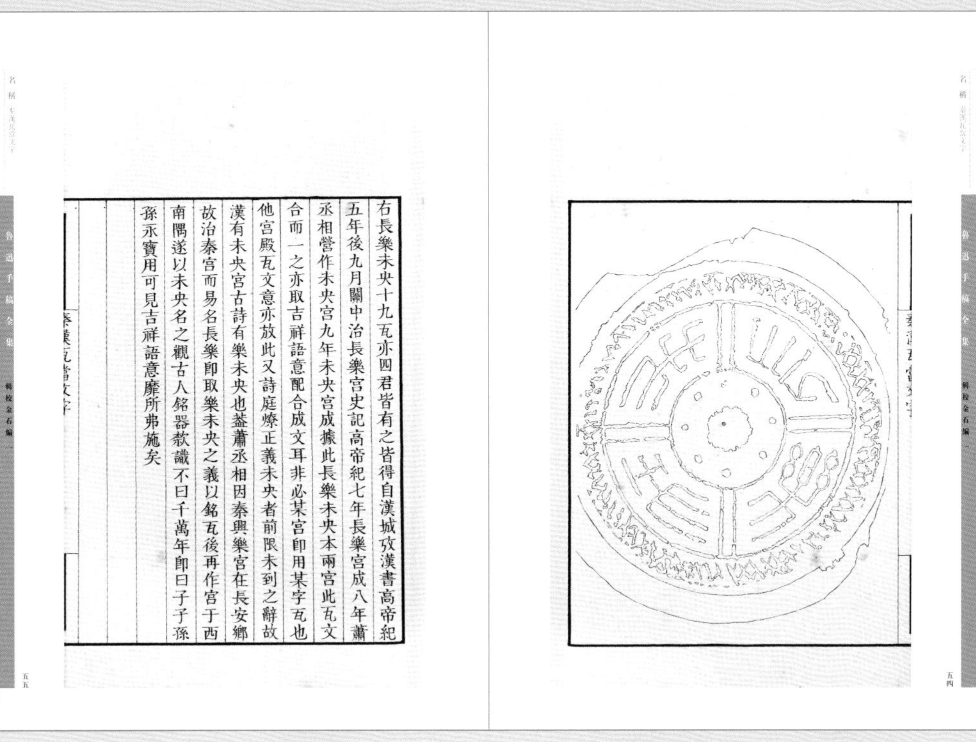

右長樂未央十九瓦亦四君皆有之皆得自漢城攷漢書高帝紀五年後九月關中治長樂宮史記高帝紀七年長樂宮成八年蕭丞相營作未央宮九年未央宮成據此長樂未央本兩宮此瓦文合而一之亦取吉祥語意配合成文耳非必某宮卽用某字瓦也他宮殿瓦文意亦放此又詩庭燎正義未央者前限未到之辭故漢有未央宮古詩有樂未央也葢蕭丞相因秦興樂宮在長安鄉故治秦宮而易名長樂卽取樂未央之義以銘瓦後再作宮于西南隅遂以未央名之覲古八銘器欵識不曰千萬年卽曰子子孫孫永寳用可見吉祥語意靡所弗施矣

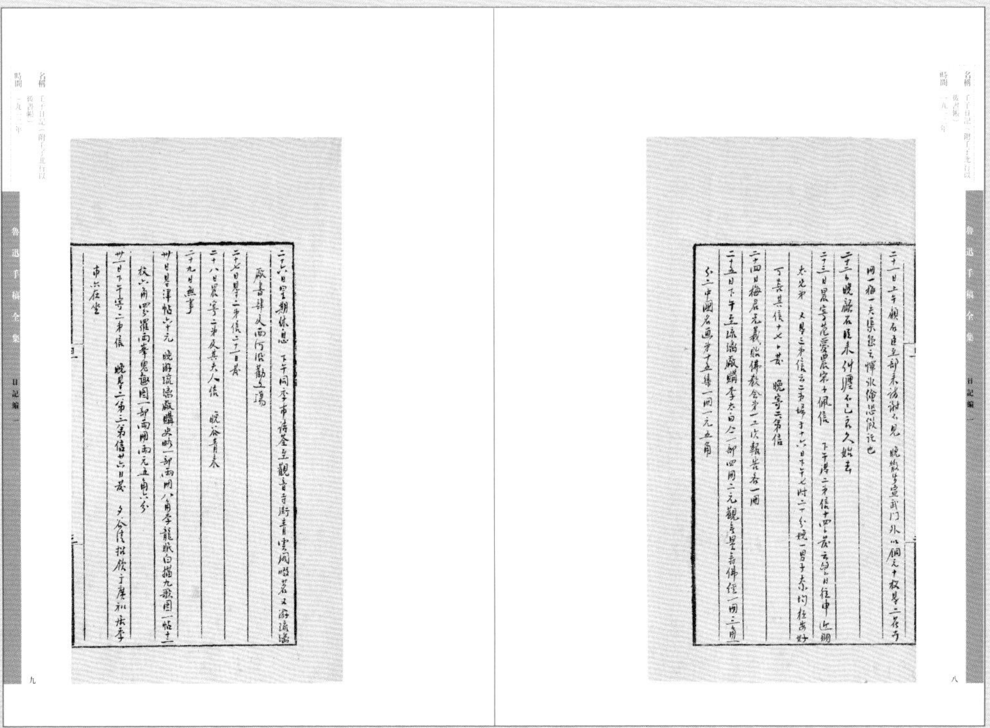

二十一日上午顧石臣至部未訪謝不見　晚散步宣武門外以銅元十枚易二花卉皿一梅一夫渠聊以慰冰僑思假託也

二十二日晚顧石臣來仲遲不已良久始去

二十三日晨寄范愛農宋子佩信　下午得二弟信十四日發云望日往申迎頓太兒弟　又得三弟信云二弟婦于十六日下午七時二十分娩一男子大小均極安好可喜其信十七日發　晚寄二弟信

二十四日梅君光羲貽佛教会第一二次報告各一册

二十五日下午至琉璃廠購李太白全一部四冊二元觀无量壽佛經一冊三角又中國名畫第十五集一冊一元五角

二十六日星期休息　下午同季市詩荃至觀音寺街青雲閣啜茗又遊琉璃廠書肆又西河沿勸工場

二十七日得二弟信二十一日發

二十八日晨寄二弟及其夫人信　晚谷青來

二十九日無事

卅日買津帖六十元　晚遊琉璃廠購史略一部兩冊八角李龍眠白描九歌圖一帖十二枚六角羅兩峯鬼趣圖一部兩冊兩元五角六分

卅一日下午寄二弟信　晚得二弟三弟信廿六日發　夕谷青招飲于廣和居季市亦在坐

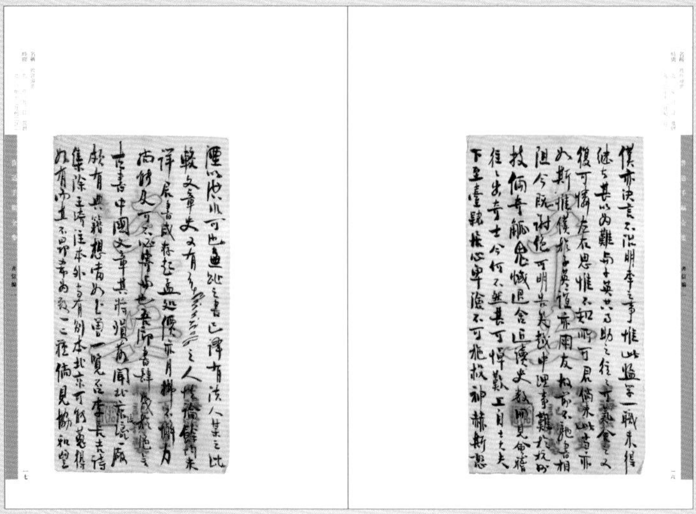

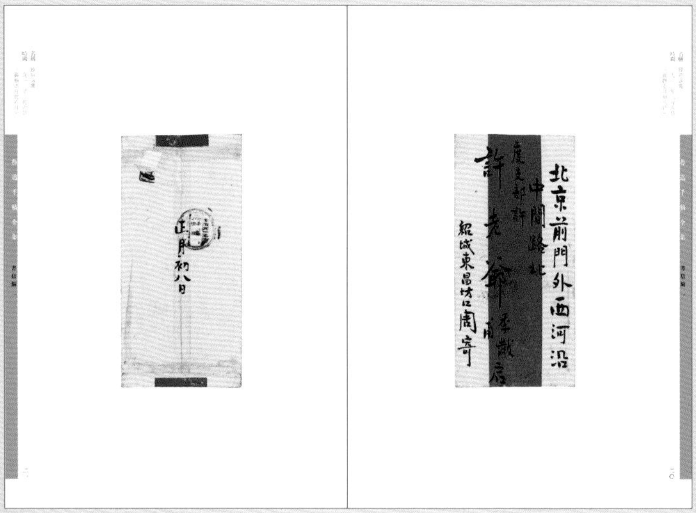
北京前門外西河沿
中間路北
度支部許
許 老爺 季黻啟
紹城東昌坊口周寄
正月初八日

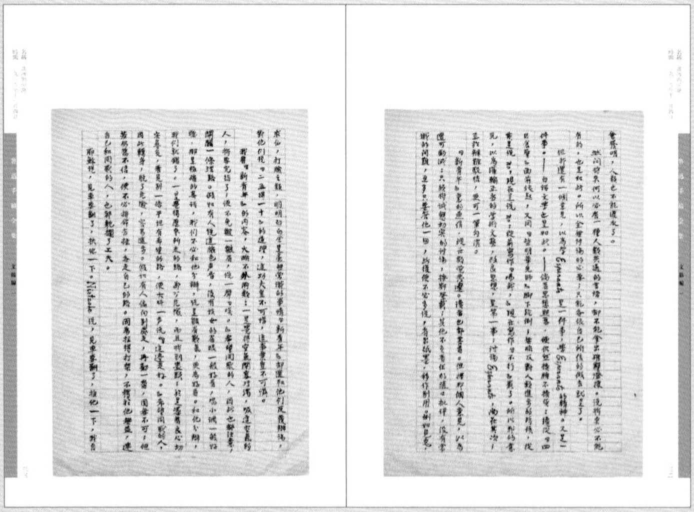

素以为绚

设计作品图录

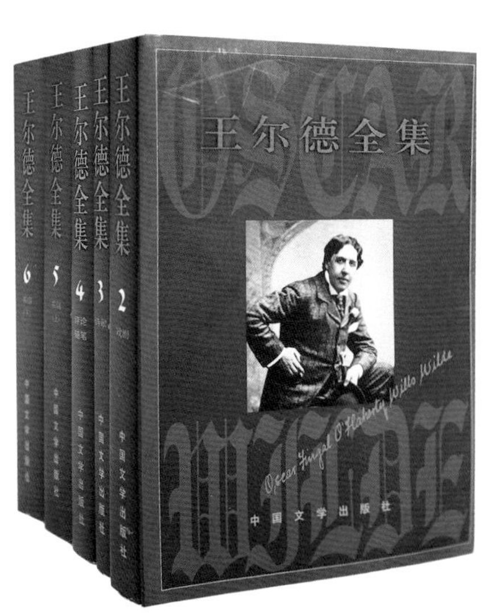

《王尔德全集》（全 6 卷）· 32 开
中国文学出版社，2000

《中国城市市花》· 16 开
华夏出版社，1989

《寻觅与审视》· 32 开
中国华侨出版社，1990

《长江广场》文书 · 6 开
1995

《中信室内装修工程公司》文书 · 16 开
1995

清平乐书系 · 小长 32 开
东方出版社，1993

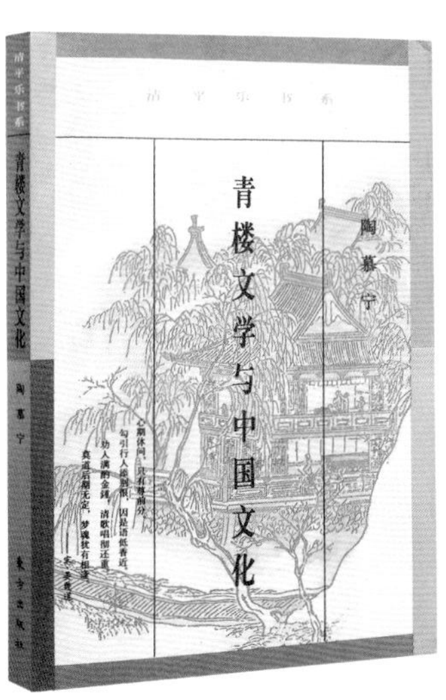

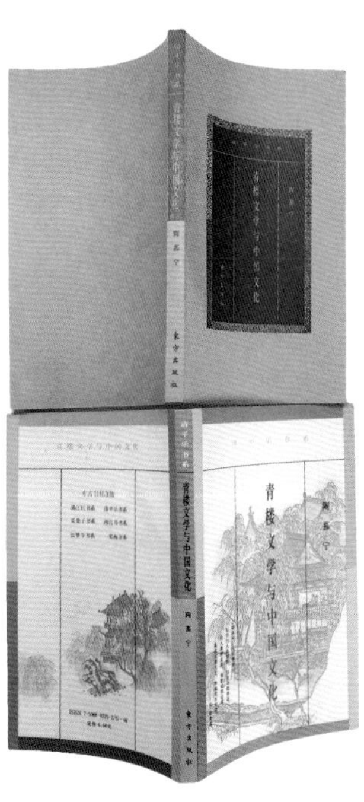

蓝袜子丛书 · 32开
河北教育出版社，1996

名士雅品小集 · 64 开
东方出版社，1994

采桑子书系 · 32 开
东方出版社，1993

20 世纪桂冠诗丛 · 32 开
中国文学出版社，1996

露珠丛书 · 32 开
河北少年儿童出版，1996

《源氏物语》· 大 32 开
远方出版社，1996

《中国音乐家辞典》· 16 开
人民出版社，1998

素以为绚

设计作品图录

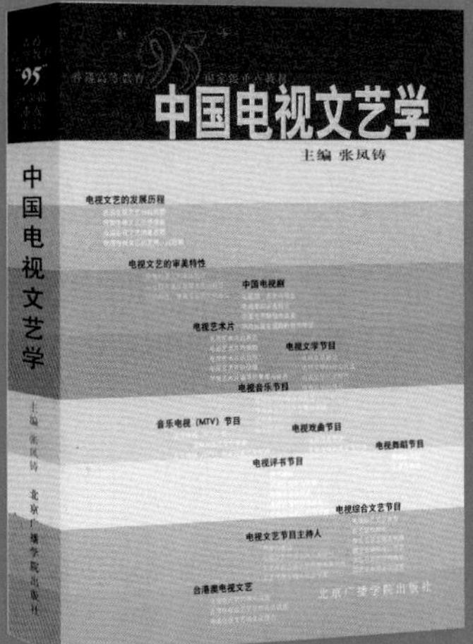

《中国电视文艺学》· 32 开
北京广播学院出版社，1999
《商务印书馆百年大事记》· 16 开
商务印书馆，1997

《我看那方土》· 32 开
五洲传播出版社，1996
'95 北京非政府组织妇女论坛丛书 · 32 开
中国妇女出版社，1995

妇女大会乘车卡

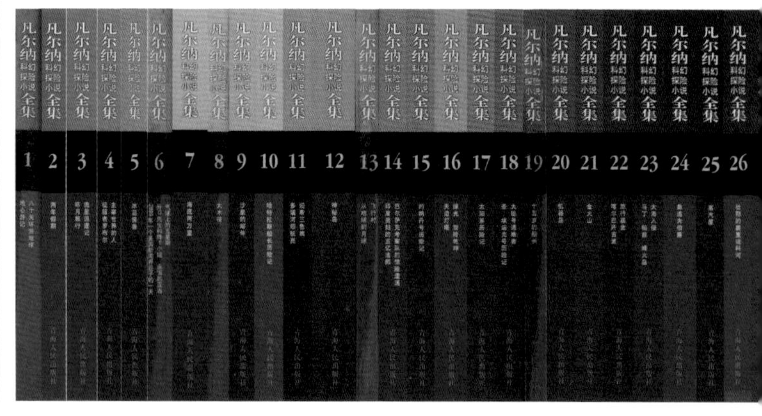

《凡尔纳科幻探险小说全集》（35 册）· 32 开
青海人民出版社，1998

《班禅画师尼玛泽仁绘画选》· 12 开
五洲传播出版社，1994

《长江》· 大 16 开
人民出版社，1995

黄永玉画集（4 册）· 大 16 开
黑龙江美术出版社，1998

《西南联大现代诗钞》· 大 32 开
中国文学出版社，1997
《新华文摘总目录 1991—1995》
16 开　人民出版社，1997
《世纪之交》· 大 16 开
辽宁教育出版社，1995
《昨天》· 32 开
中央编译出版社，1998
《中国古代散文史》· 32 开
人民日报出版社，1996
《古文观止》· 16 开
建宏出版社，1996
CHINA Online · 32 开
CHINA'S FOREIGN TRADE AND ECONOMIC COOPERATION · 32 开
五洲传播出版社，2001

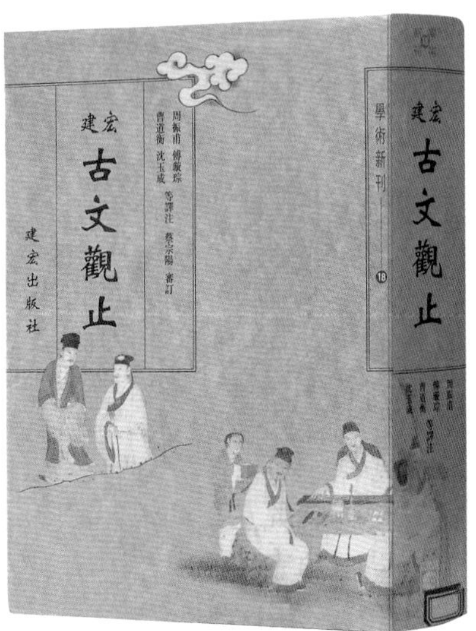

ISSN 0583-0206

1999 1
WORLD LITERATURE
世界文学
世界文学 1999
SHIJIE WENXUE
1

世界
文学
WORLD
LITERATURE

ISSN 0583-0206

1999 3
WORLD LITERATURE
世界文学
世界文学 1999
SHIJIE WENXUE
3

世界
文学
WORLD
LITERATURE

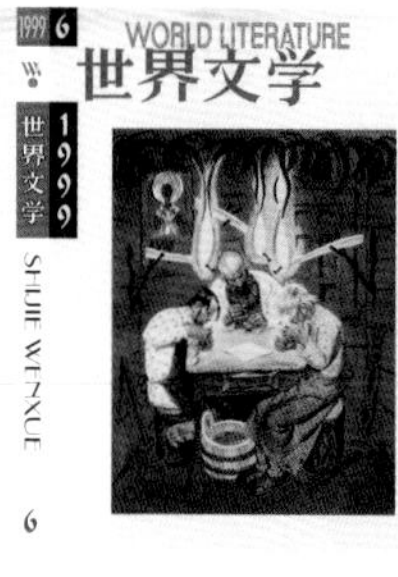
1999 6
WORLD LITERATURE
世界文学
世界文学 1999
SHIJIE WENXUE
6

世界
文学
WORLD
LITERATURE

2000
世界文学
WORLD LITERATURE

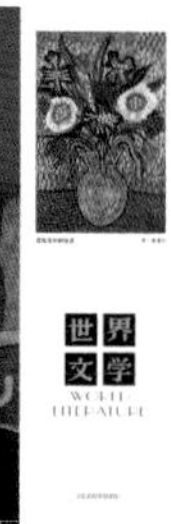
世界
文学
WORLD
LITERATURE

ISSN 0583-0206

2000
世界文学
世界文学
SHIJIE WENXUE
5
WORLD LITERATURE

世界
文学
WORLD
LITERATURE

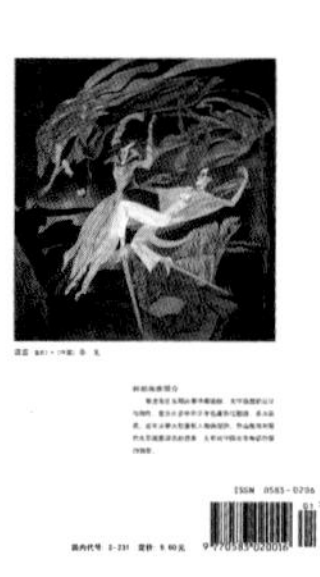

2001
世界文学
世界文学
SHIJIE WENXUE
1
WORLD LITERATURE

1
世界文学
1997
WORLD LITERATURE

WORLD LITERATURE
世界文学
2008 • 1

WORLD LITERATURE
世界文学

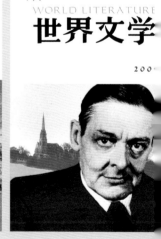

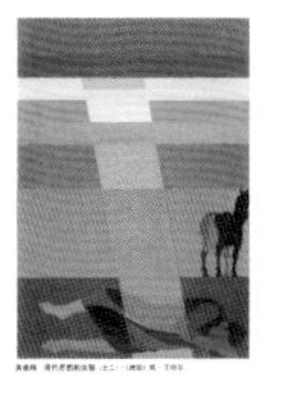

《世界文学》杂志·大32开
《世界文学》杂志社，1999-2009

作家珍藏版·大32开
作家出版社，1996

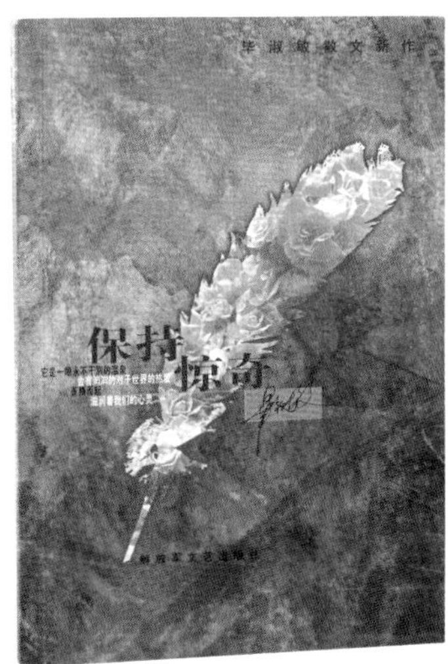

《人生历练》· 32 开
作家出版社，2002

《澳门岁月》· 32 开
作家出版社，1999

《百年风流》· 32 开
作家出版社，1999

《保持惊奇》· 32 开
解放军文艺出版社，1998

《海城路上的求索》· 32 开
中国文学出版社，1998

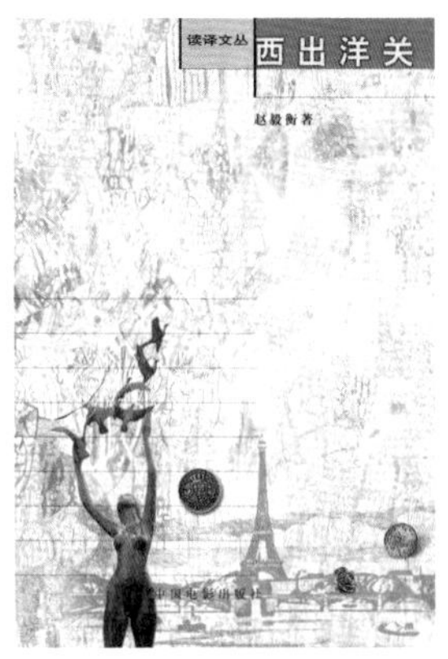

素以为绚

设计作品图录

读译文丛 · 大 32 开
中国电影出版社，1996

《人物》杂志 · 32 开
《人物》杂志社，1999-2003

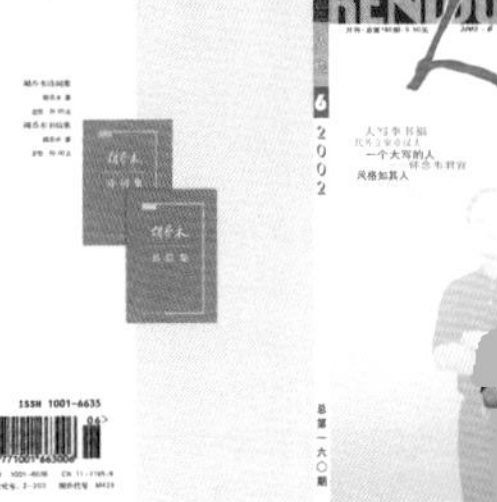

中国现代文学研究丛刊 · 大32开

作家出版社，2003–2005

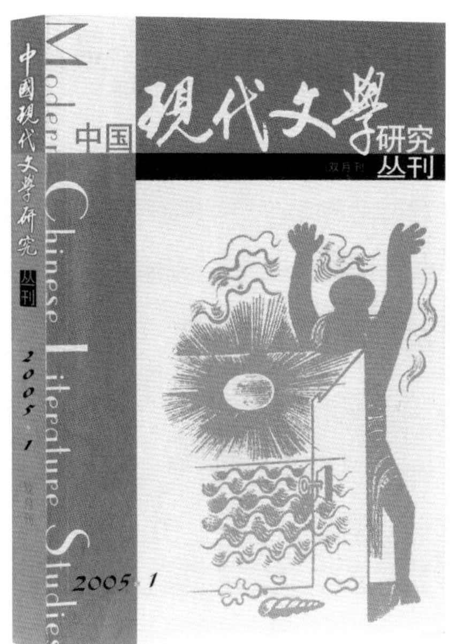

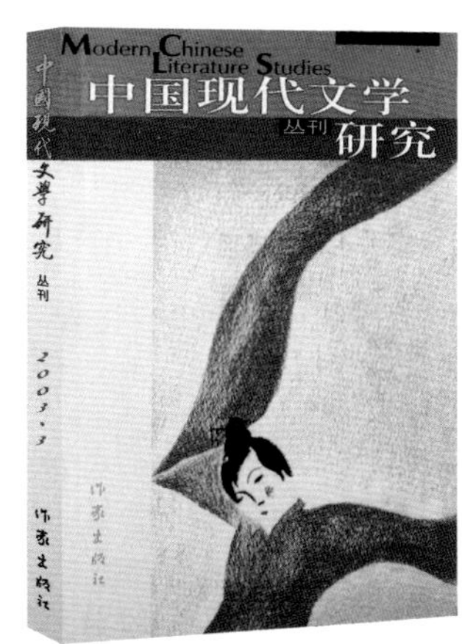

中国巨匠美术丛书·16开
文物出版社，1998

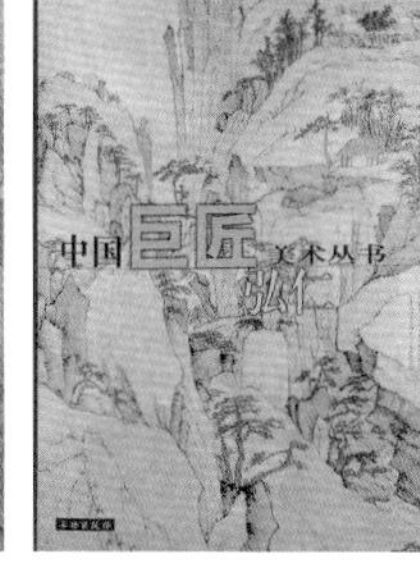

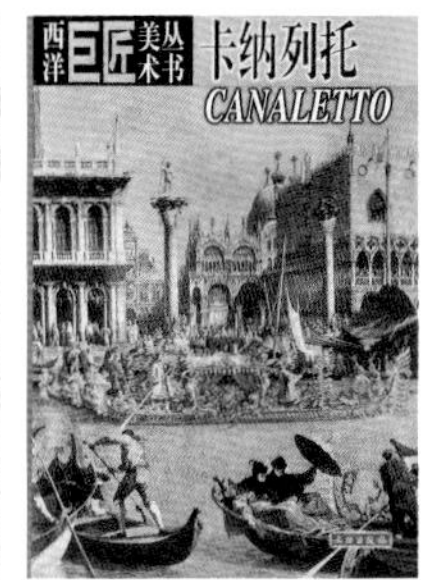

西洋巨匠美术丛书 · 16 开
文物出版社，1998

《古希腊悲剧经典》· 大 32 开
作家出版社，1998

《潘鹤传》· 16 开
华文出版社，2000

《胡雪岩全传》（7 册）· 32 开
南海出版公司，1996

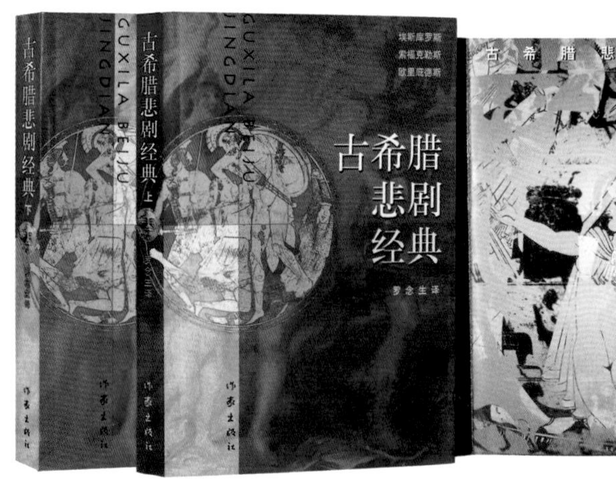

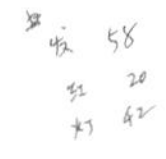

素以为绚

设计作品图录

中国西部探险丛书 · 32 开
中共中央党校出版社，1996

《中国文化遗产》· 16 开
中国文物报社，2004

《打造江山》· 大 32 开
作家出版社，2000

中国普通纪念币（上下卷）· 12 开
西南财经大学出版社，1999

素以为绚

设计作品图录

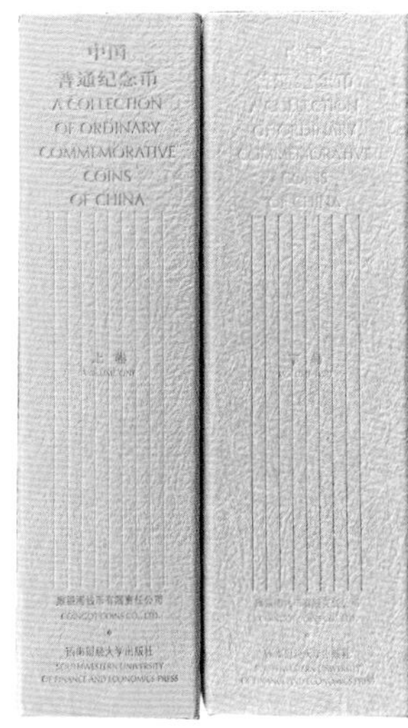

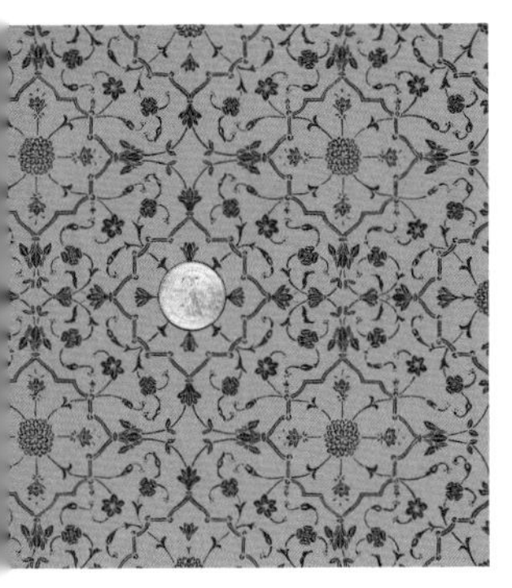
维吾尔自治区成立 30 周年纪念币

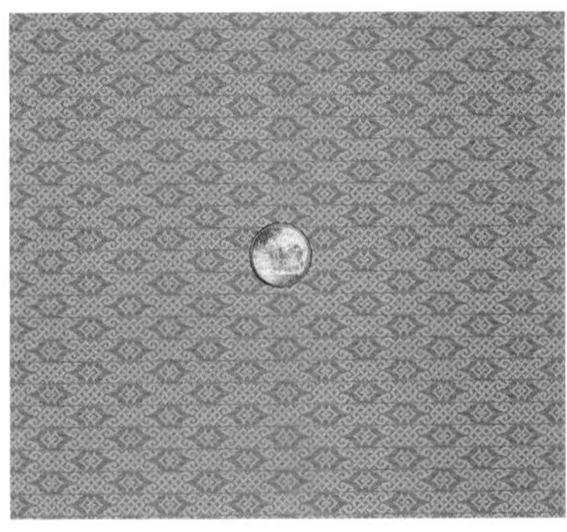
内蒙古自治区成立 40 周年纪念币

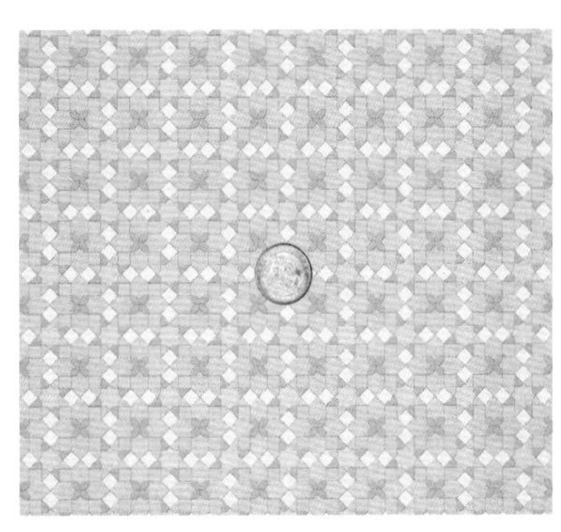
宁夏回族自治区成立 30 周年纪念币

广西壮族自治区成立 30 周年纪念币

中华人民共和国成立 40 周年纪念币

朱德诞辰 110 周年纪念币

中华人民共和国第六届全国运动会纪念币

第 43 届世界乒乓球锦标赛纪念币

中国珍惜野生动物——大熊猫特种纪念币

中国抗日战争和世界反法西斯战争胜利 50 周年纪念币

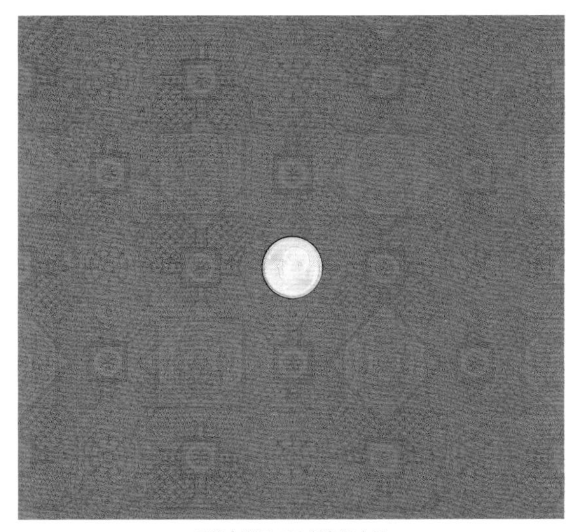

毛泽东诞辰 100 周年纪念币

第十一届亚洲运动会纪念币

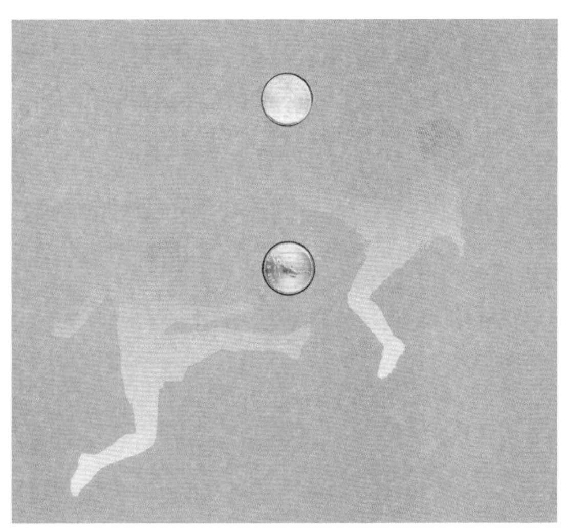

第一届世界女子足球锦标赛纪念币

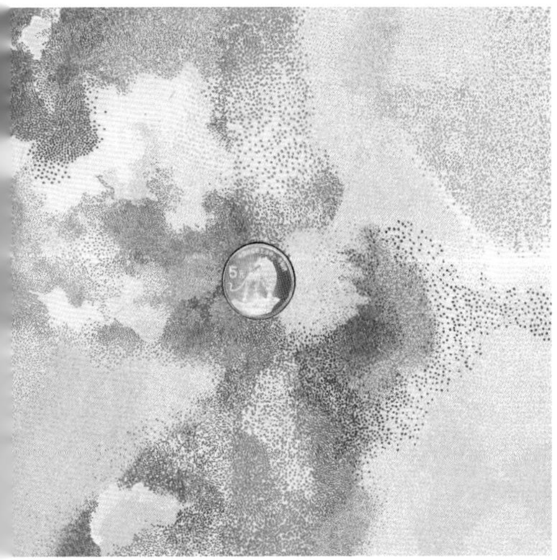

中国珍惜野生动物——华南虎特种纪念币

中华人民共和国宪法颁布 10 周年纪念币

《国际可持续发展战略比较研究》· 32 开
《地方可持续发展导论》· 32 开
《中国可持续发展态势分析》· 32 开
商务印书馆，1999

中国基本情况丛书 · 32 开
五洲传播出版社，2000

语言学与应用语言学系列 · 32 开
北京广播学院出版社，2000

素以为绚

设计作品图录

《昨日深圳》· 大 12 开
中国青年出版社，2000

大江大河传记丛书 · 大 32 开
河北大学出版社，2001

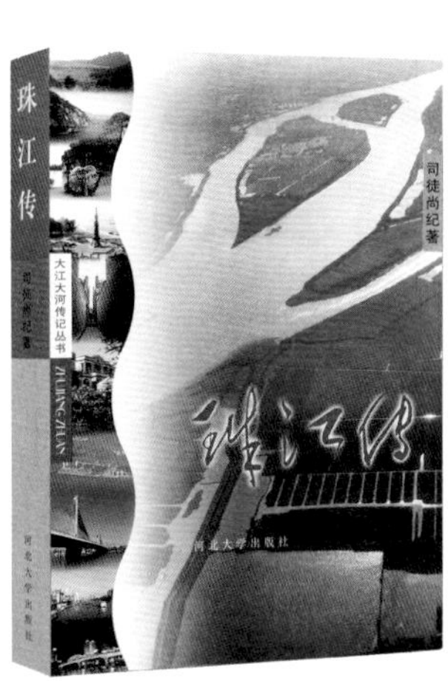

《解构民意》· 小 16 开
华夏出版社，2001
《公共关系教程》· 小 16 开
华夏出版社，2001
《何长工》· 12 开
人民出版社，2000
《潘光旦选集》· 大 32 开
光明日报出版社，1999
《纵情之痛》· 24 开
香港艺苑出版社
河北教育出版社，2001

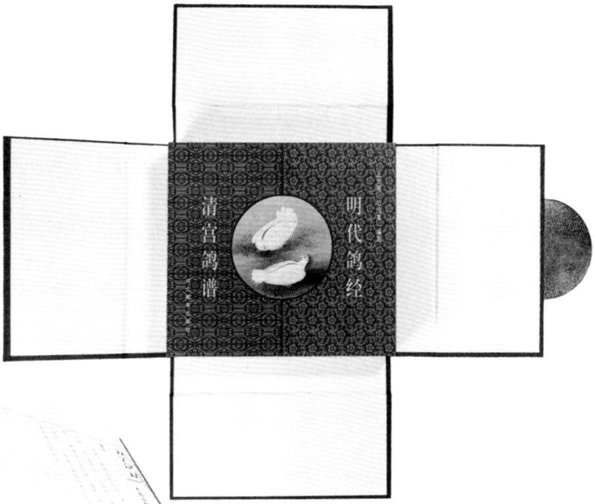

《明代鸽经　清宫鸽谱》· 大 20 开
河北教育出版社，2000

《百年中国文物流失备忘录》· 大 32 开
中国旅游出版社，2001

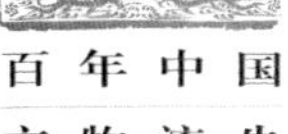

张自成　主编

扉页

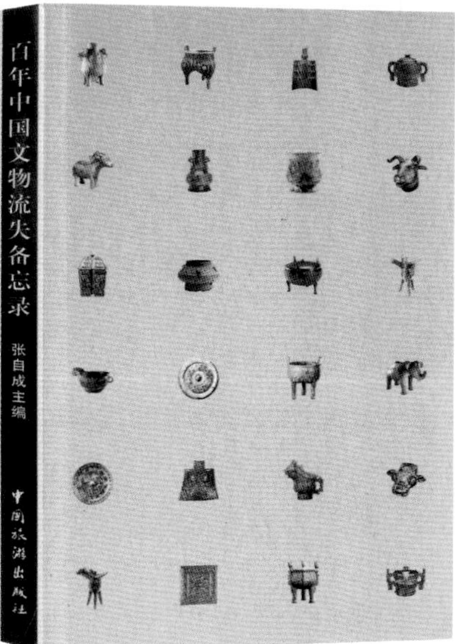

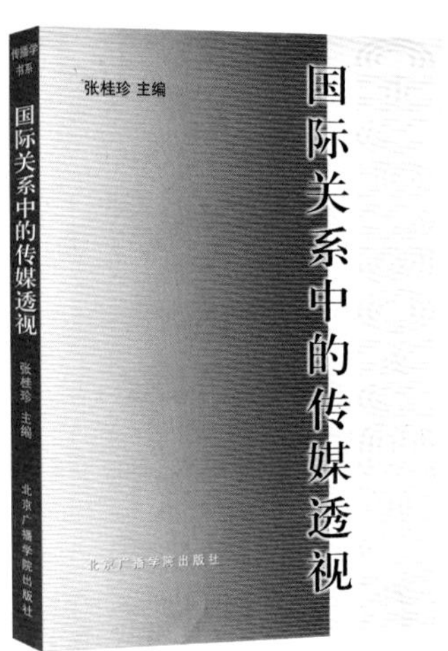

传播学书系 · 32 开
北京广播学院出版社，2000
《书讯》杂志 · 32 开
商务印书馆，2000
《电视文摘》· 小 16 开
北京电视台新闻资料信息中心，2000

实用影视艺术丛书 · 32 开
北京广播学院出版社，2000

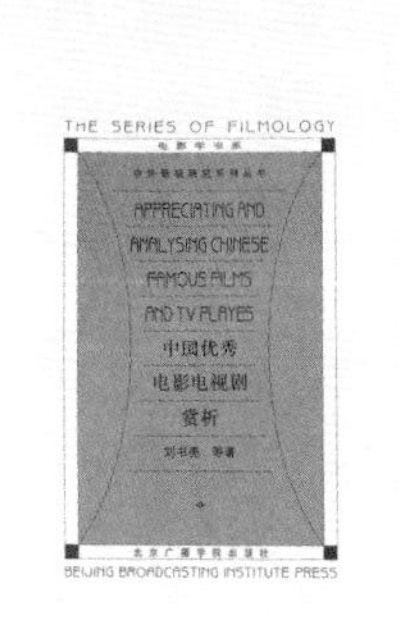

APEC 系列 · 32 开
五洲传播出版社，2001

中外影视研究系列丛书 · 小 16 开
北京广播学院出版社，2000

《心灵寓言》· 8 开
人民日报出版社，1999
《彼岸挥手的孩子》· 小 16 开
作家出版社，2000
《莎士比亚戏剧故事全集》· 大 32 开
中国戏剧出版社，2002
《诺贝尔奖讲演全集》· 大 32 开
福建人民出版社，2004

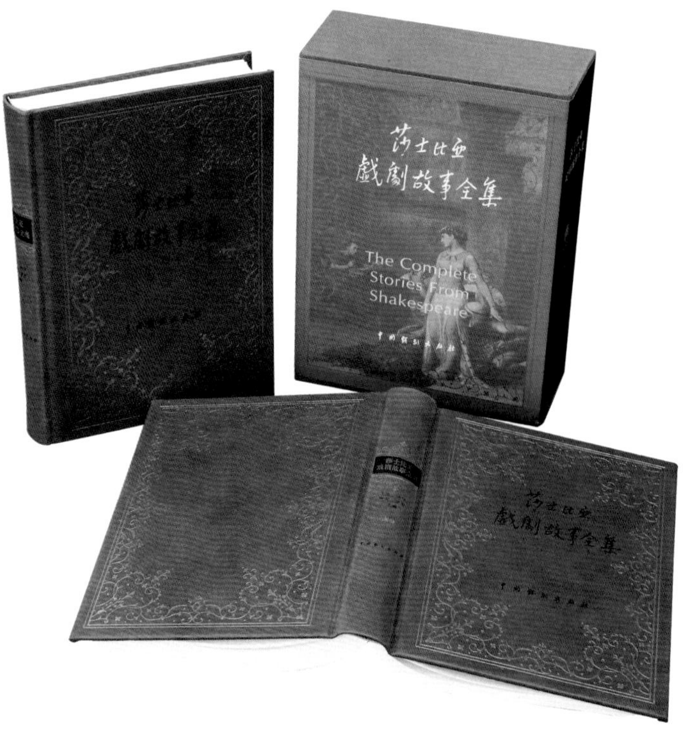

《中国共产党历史图志》（3册）· 小16开
世纪出版集团、上海人民出版社，2001

《清园文存》（全3卷）· 小16开
江西教育出版社，2001

《转轨中国》· 小16开
四川人民出版社，2002

《中国镜头2001》· 20开
五洲传播出版社，2002

《超级学习法2000》· 32开
中国戏剧出版社，2001

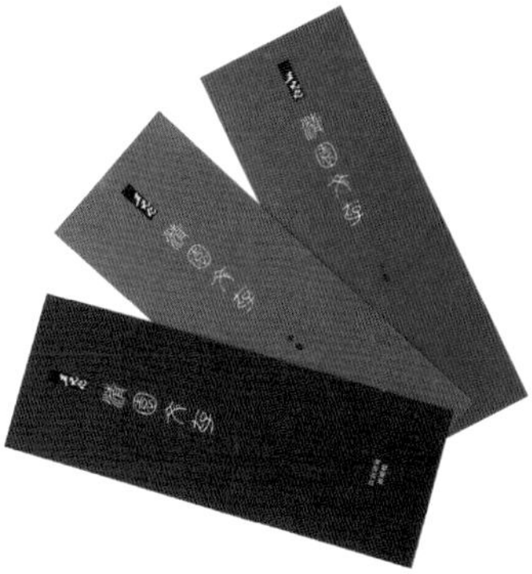

《今日中国民航》· 12 开
中国民航出版社，2003
《西方现代艺术批判》· 小 16 开
中国人民大学出版社，2003
《翡翠谷》· 12 开
上海远东出版社，2002
《中国古代建筑》· 大 16 开
新世界出版社
耶鲁大学出版社，2002

清华学人建筑文库 · 小 16 开
清华大学出版社，2003

《中国美术简史》小 16 开
中国青年出版社，2002

《毕淑敏自选集》· 32 开
中国妇女出版社，1998

《精彩中国》· 16 开
2003/2004

《我这样画画》· 小 16 开
中国人民大学出版社，2003

《水乡北京》· 32 开
团结出版社，2004

ABC of The Taiwan Question · 32 开
CHINA INTERCONTINENTAL PRESS，2002

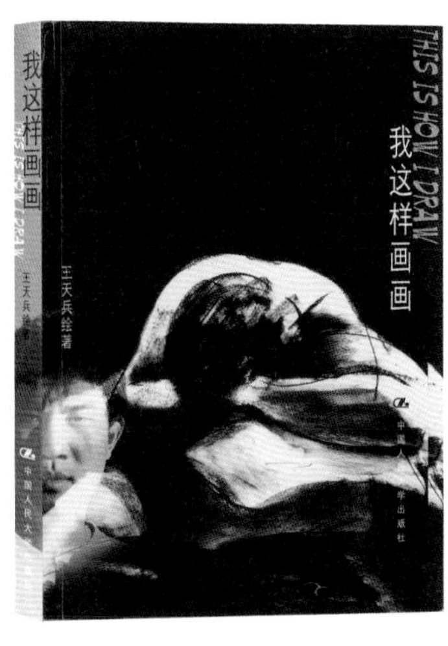

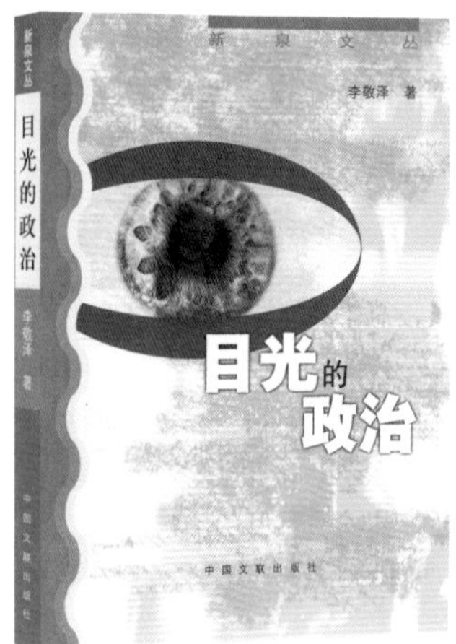

《新诗界》· 大长 32 开
文化艺术出版社，2001
新世界出版社，2002/2003
《说什么激进》· 大 32 开
中国文联出版社，2003

《目光的政治》· 大 32 开
中国文联出版社，2000
《周卜颐文集》· 20 开
《汪国瑜文集》· 20 开
清华大学出版社，2003

设计稿

《MULEI note book》· 32 开
《聘书》· 小 16 开
《书籍装帧创意设计》· 小 16 开
中国青年出版社，2000

BOOK DESIGN
书籍
装帧
邓中和 著
创意
设计

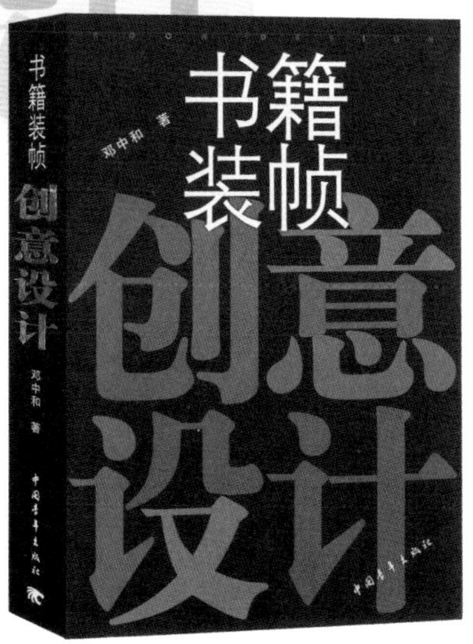

世界美术馆巡览 · 大 32 开
外文出版社，1999

中国现代作家传记丛书 · 16 开
北京十月文艺出版社，2003

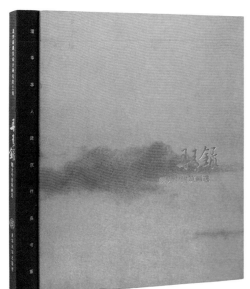

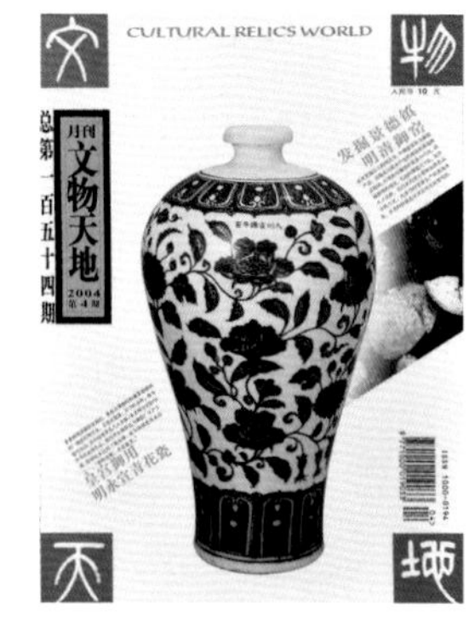

《文物天地》杂志 · 16 开
《文物天地》杂志社，2004
《丹青录》· 12 开
清华大学出版社，2003
《梁思成、林徽因与我》· 小 16 开
清华大学出版社，2004
《髹饰录》· 大 16 开
中国人民大学出版社，2004

《中国传统行业诸神》· 20 开
外文出版社，2004
《建筑师的 20 岁》· 小 16 开
清华大学出版社，2005
《建筑美学纲要》· 16 开
清华大学出版社，2004
《中国文明的形成》· 小 8 开
新世界出版社
耶鲁大学出版社，2004
《慎修思永》· 20 开
清华大学出版社，2004

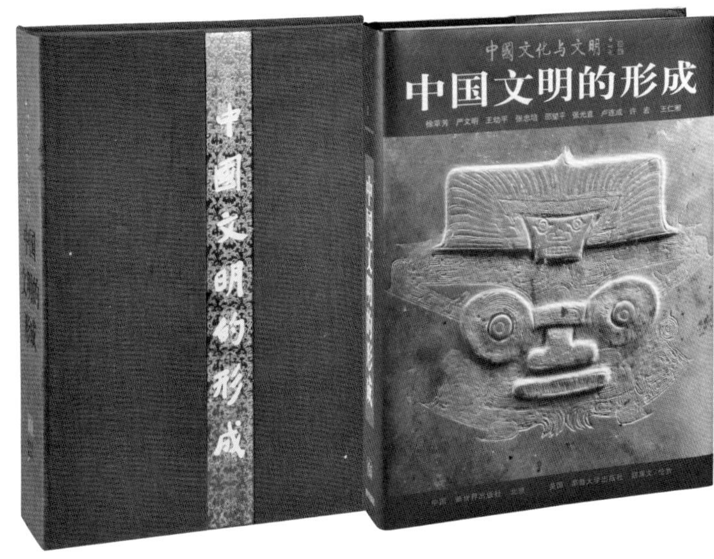

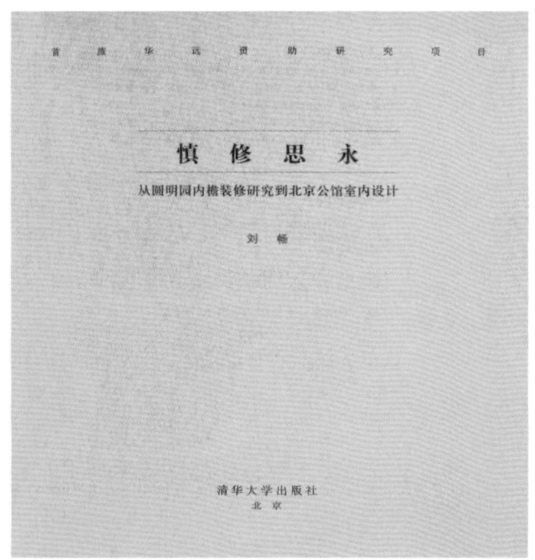

《华严集联三百》· 长 16 开
西泠印社出版社，2010

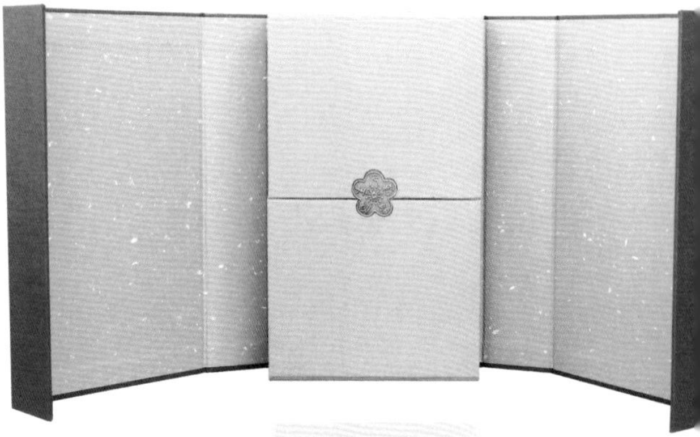

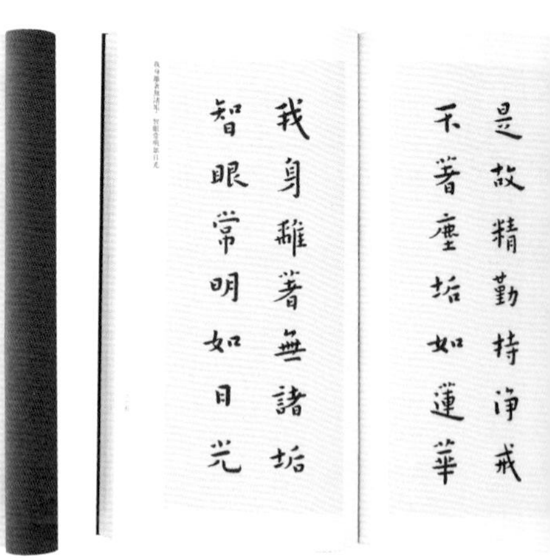

《奉献》· 4 开
紫禁城出版社，2006
《世界遗产·中国》· 小 8 开
文物出版社，2004

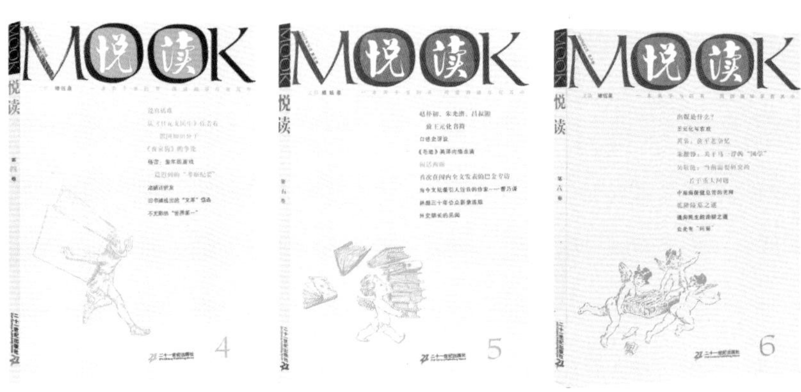

《MOOK 悦读》杂志 · 16 开
二十一世纪出版社，2006
《全国重点文物保护单位》（Ⅰ—Ⅲ）· 8 开
文物出版社，2006

《红楼无限情》· 16 开
北京十月文艺出版社，2005

《中国李庄》· 小 16 开
四川出版集团
四川人民出版社，2005

《留住芳华》· 大 32 开
上海人民出版社，2006

《造型基础教学作品范例》· 8 开
中国青年出版社，2005

《国粹——中国京剧》中 / 英 · 20 开
外文出版社，2006

毛泽东
与
贺子珍

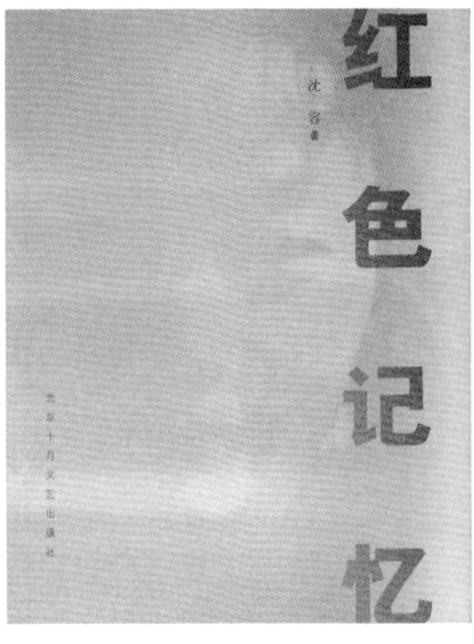

《毛泽东与贺子珍》· 大 32 开
中央文献出版社，2005
《红色记忆》· 小 16 开
北京十月文艺出版社，2005
《朱德画传》· 小 16 开
四川出版集团
四川人民出版社，2006
《中国的总管家周恩来》· 小 16 开
《中国外交第一人周恩来》· 小 16 开
上海人民出版社，2006
《邓小平画传》· 小 16 开
四川出版集团
四川人民出版社，2004
《周恩来经历记述》· 小 16 开
上海人民出版社，2006

《薄一波》· 小 16 开
中央文献出版社，2005
《万里》· 小 16 开
中共党史出版社，2006
《红学泰斗周汝昌传》· 小 16 开
漓江出版社，2006
《毛诗名物图说》· 小 16 开
清华大学出版社，2006
《罗大冈文集》（Ⅰ—Ⅳ）· 32 开
中国文联出版社，2004
《新定三礼图》· 小 16 开
清华大学出版社，2006

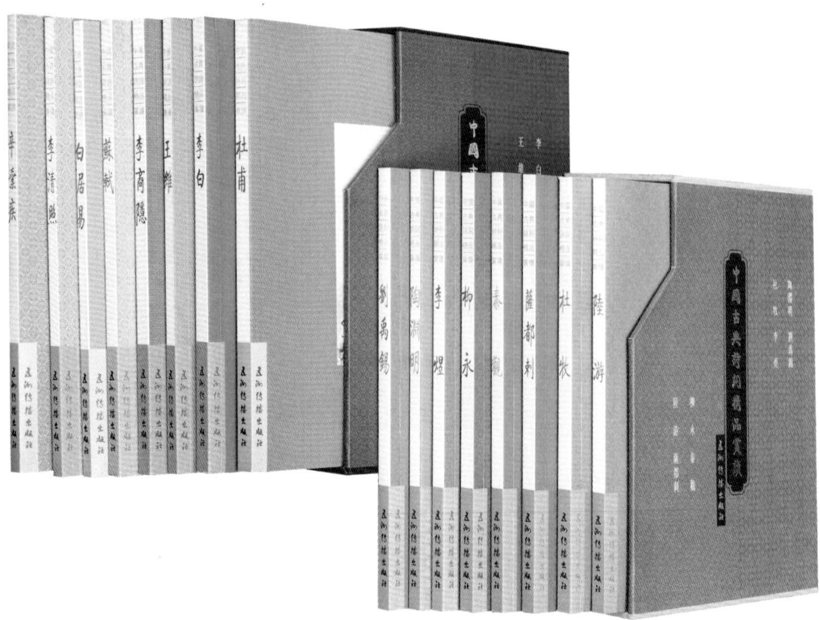

中国古典诗词精品赏读 · 小 16 开
五洲传媒出版社，2006

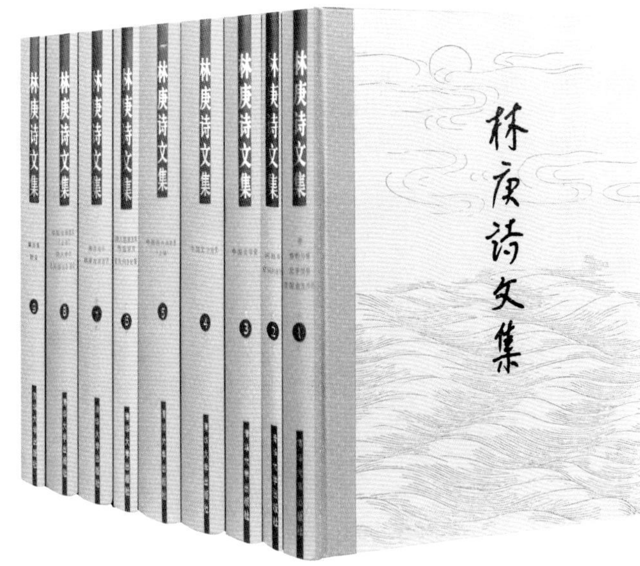

《林庚诗文集》(9册)·小16开
清华大学出版社，2005

《陶行知全集》(11册)·小16开
四川出版集团
四川教育出版社，2005

罗兰·英格斯·怀德 著
贾士·威廉斯 图

草原上的小木屋

温淑真 译

四川出版集团

《五环下的幽默》· 20 开
北京广播学院出版社，2001
《草原上的小木屋》· 小 16 开
四川出版集团
天地出版社，2006
《江海文明之光》· 小 16 开
《嘉绒秘境马尔康》· 小 16 开
四川出版集团
四川人民出版社，2006

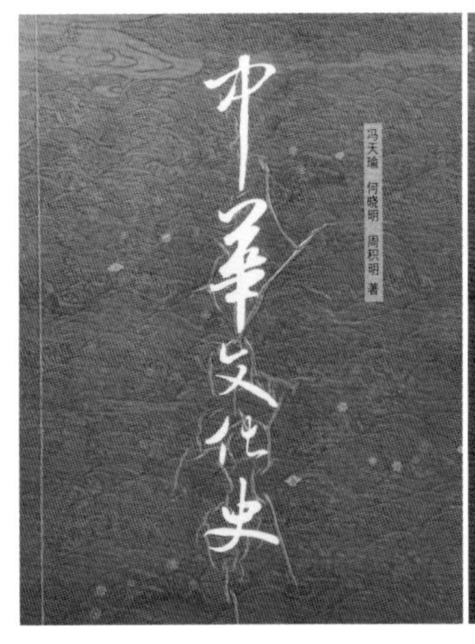

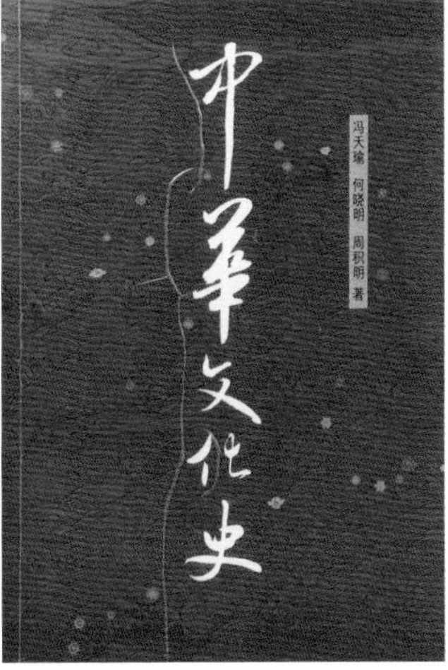

《中华文化史》· 小 16 开
上海人民出版社，2005
《清式营造则例》· 16 开
清华大学出版社，2006
《未完成的测绘图》· 16 开
清华大学出版社，2007
《一个火箭设计师的故事》· 小 16 开
清华大学出版社，2006
《万科的作品》· 16 开
清华大学出版社，2007
《清华园风物志》· 小 16 开
清华大学出版社，2005

宁成春、曲晓华设计

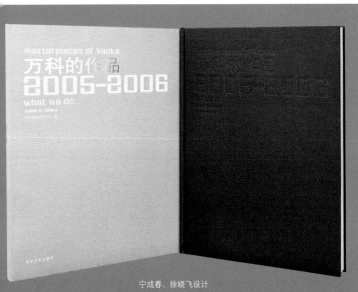

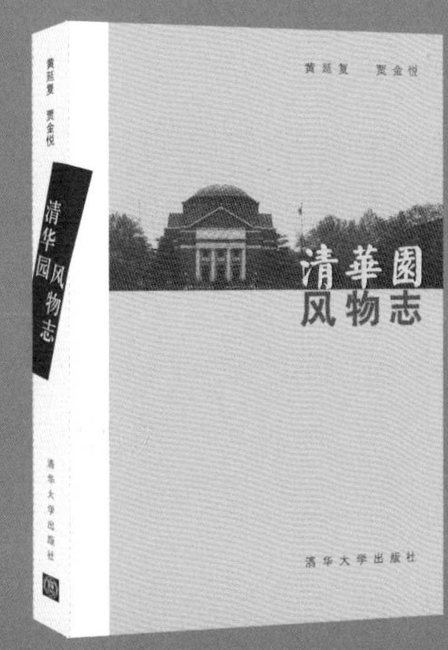

宁成春、徐晓飞设计

JINTAIYANG CONGSHU
谁在屋檐下
歌唱
SHUI ZAI WUYANXIA GECHANG
蒋 韵
谁在屋檐下歌唱
蒋 韵

JINTAIYANG CONGSHU
流血的太阳
LIUXUE DE TAIYANG
竹 林
ZHU LIN
流血的太阳
竹 林

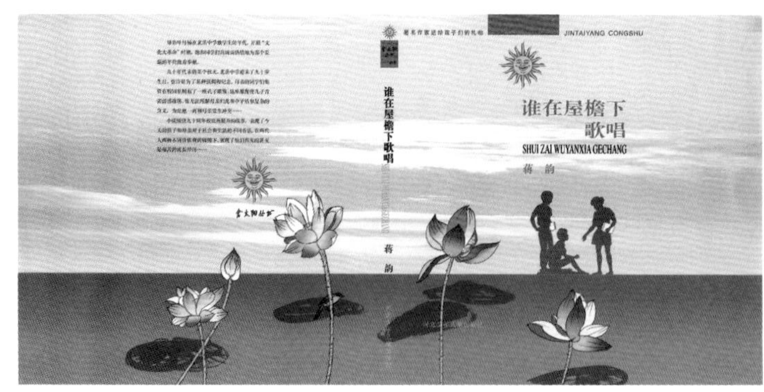

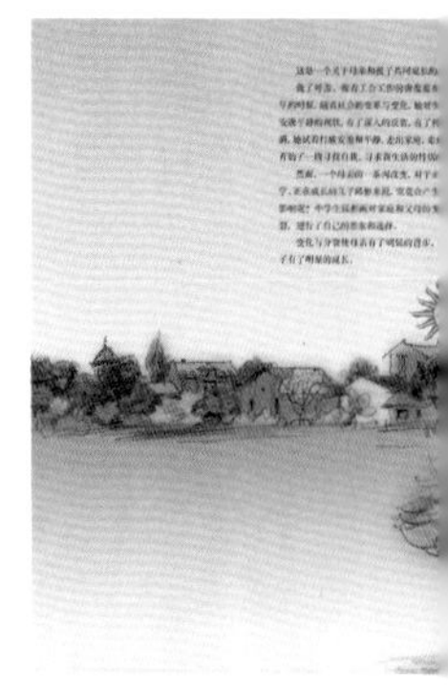

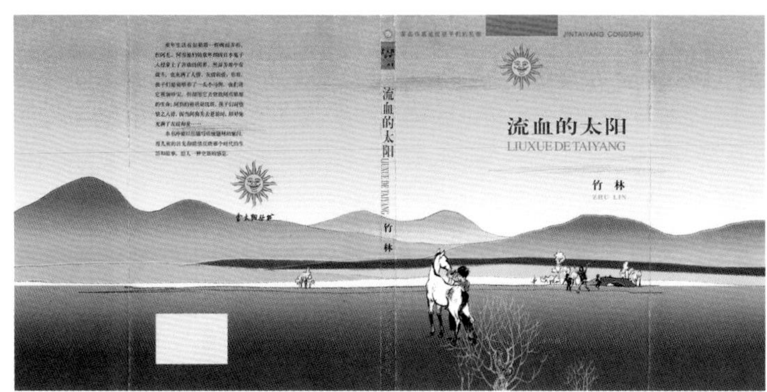

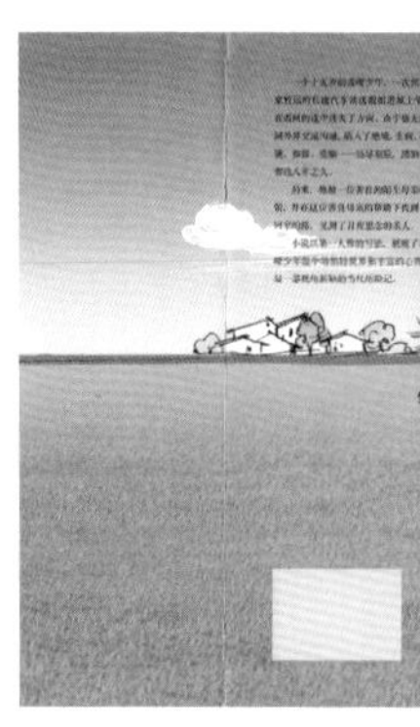

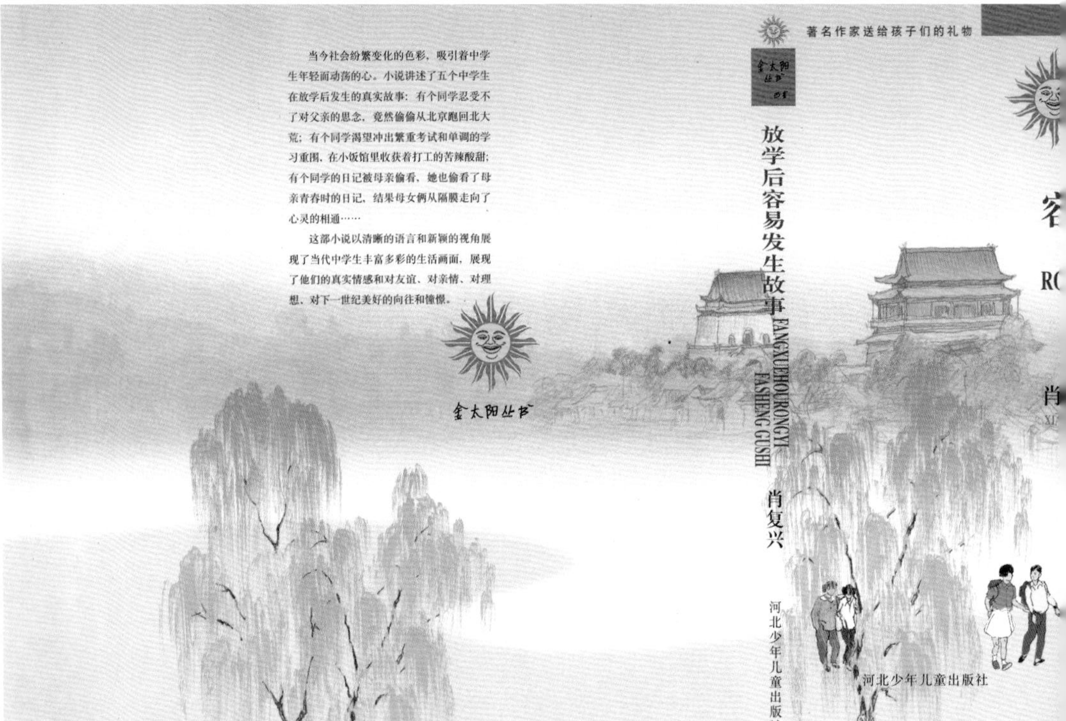

著名作家送给孩子们的礼物
当今社会纷繁变化的色彩，吸引着中学生年轻而动荡的心。小说讲述了五个中学生在放学后发生的真实故事：有个同学忍受不了对父亲的思念，竟然偷偷从北京跑回北大荒；有个同学渴望冲出繁重考试和单调的学习重围，在小饭馆里收获着打工的苦辣酸甜；有个同学的日记被母亲偷看，她也偷看了母亲青春时的日记，结果母女俩从隔膜走向了心灵的相通……
这部小说以清晰的语言和新颖的视角展现了当代中学生丰富多彩的生活画面，展现了他们的真实情感和对友谊、对亲情、对理想、对下一世纪美好的向往和憧憬。
金太阳丛书
放学后容易发生故事
FANGXUEHOURONGYI FASHENG GUSHI
肖复兴
河北少年儿童出版社
河北少年儿童出版社

金太阳丛书·32开
河北少年儿童出版社，2000

精品作文读与写 · 32 开
时代文艺出版社，2002

作文描写宝典·32开
时代文艺出版社，2002

素以为绚

设计作品图录

《赤子情怀》· 小 16 开
大众文艺出版社，2007

DIFEI FOREVER · 小 16 开
2007

《往事回顾》· 小 16 开
中央党史出版社，2008

《5% 成败论》· 小 16 开
印刷工业出版社，2006

《月季花开》· 小 16 开
中共纺织出版社，2007

《赵树理全集》(全 5 卷)· 小 16 开
大众文艺出版社，2006

《华夏城邦》· 小 16 开
《黄帝时代》· 小 16 开
清华大学出版社，2007
《中国美术史百题》· 小 16 开
中国青年出版社，2006
《外国美术简史》· 小 16 开
中国青年出版社，2014
《中国龙袍》· 小 8 开
紫禁城出版社
漓江出版社，2006

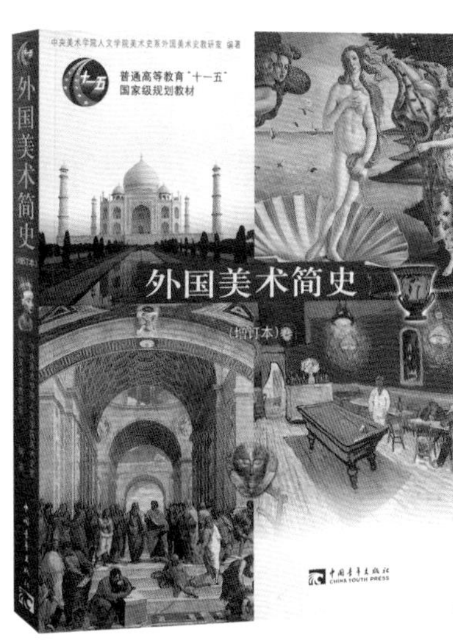

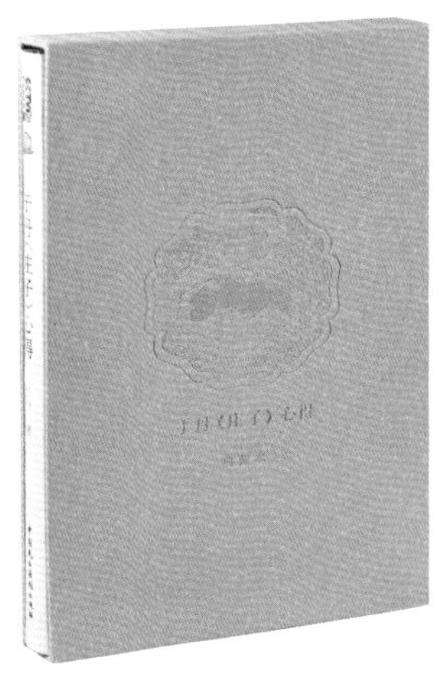

《于丹〈庄子〉心得》精装 · 32 开 / 平装 · 小 16 开
中国民主法制出版社，2007–2008

《王立群读〈史记〉之汉武帝》· 小 16 开
长江文艺出版社，2007

《同一个梦想》· 小 16 开
中国民主法制出版社，2007

《中国电影图史》· 小 8 开
中国传媒大学出版社，2007

《复兴之路》（上中下）· 小16开
《复兴之路》（解说词专辑）· 小16开
中国民主法制出版社，2008
《在这光辉的九十年》· 小16开
科学出版社，2011
《傅佩荣国学精品集》· 小16开
上海三联书店，2007

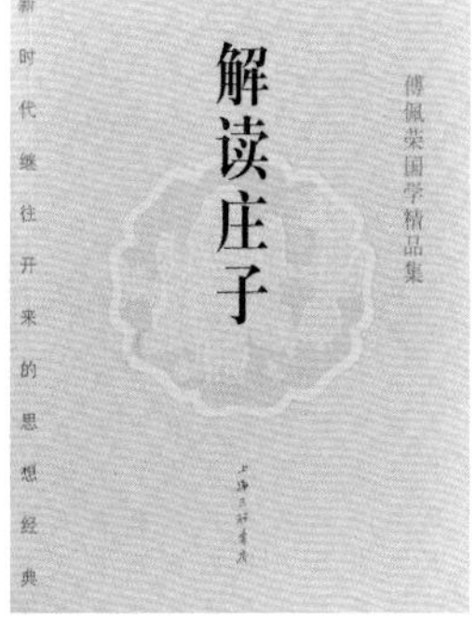

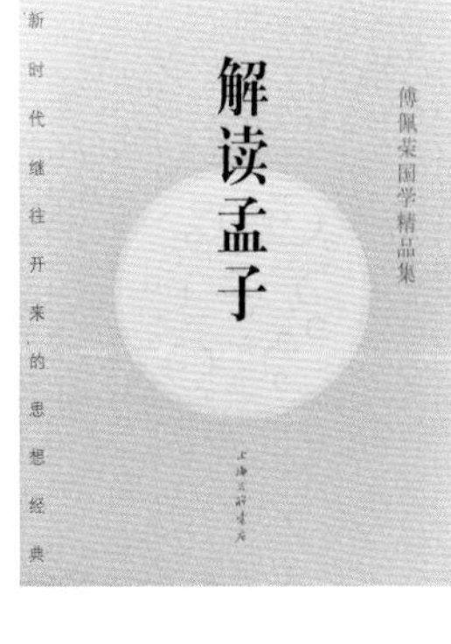

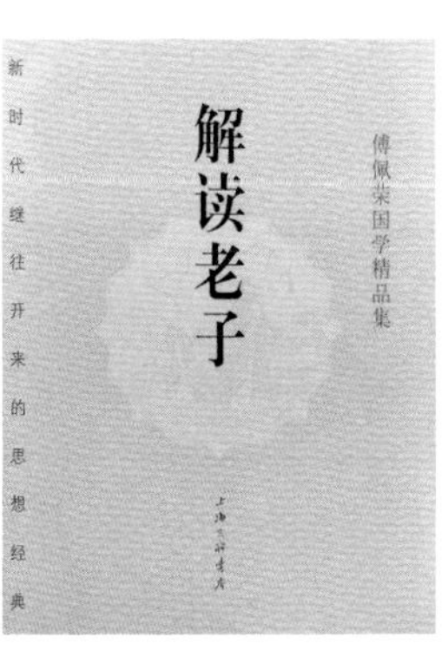

《仪式过程》· 小 16 开
中国人民大学出版社，2006
《长城》· 小 16 开
清华大学出版社，2008

西方文明进程译丛 · 小 16 开
中国人民大学出版社，2008

中国乡土建筑丛书 · 12 开
清华大学出版社，2008

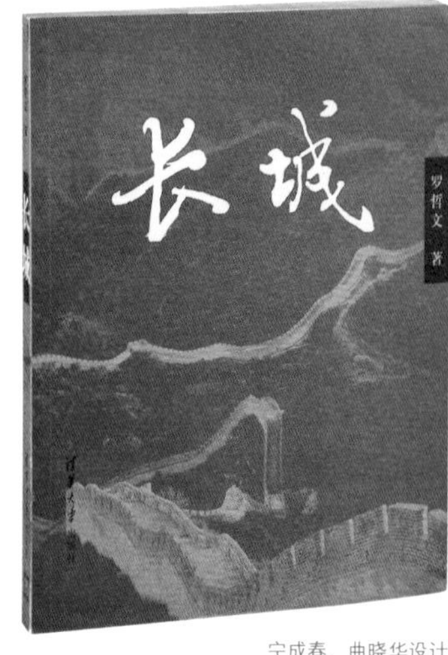

宁成春、曲晓华设计

宁成春、曲晓华设计

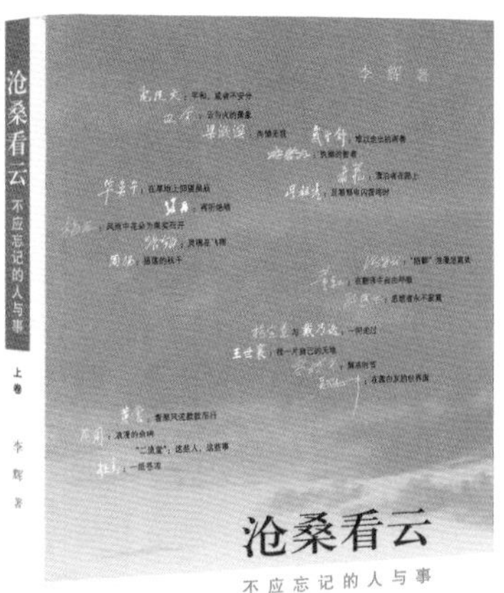

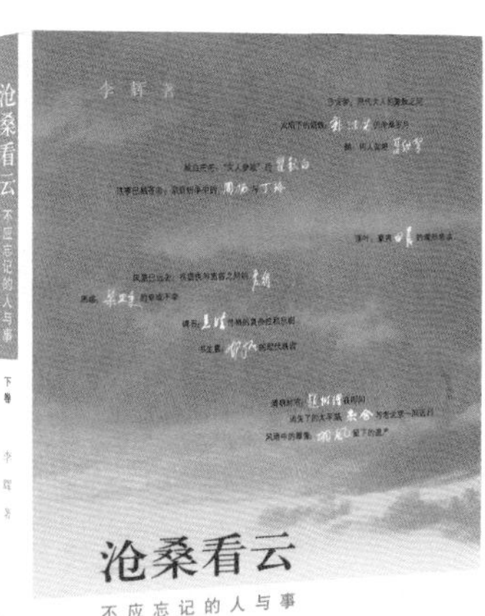

《难忘的岁月》中 / 日文・小 16 开
五洲传媒出版社，2000
《沧桑看云》・小 16 开
凤凰出版传媒集团
江苏文艺出版社，2008
《究竟定》・12 开
紫禁城出版社，2009
《经营未来》・小 16 开
人民出版社，2008

宁成春、曲晓华设计

人文华夏·小16开
上海人民出版社
学林出版社，2000

人文西藏·小16开
上海人民出版社，2000

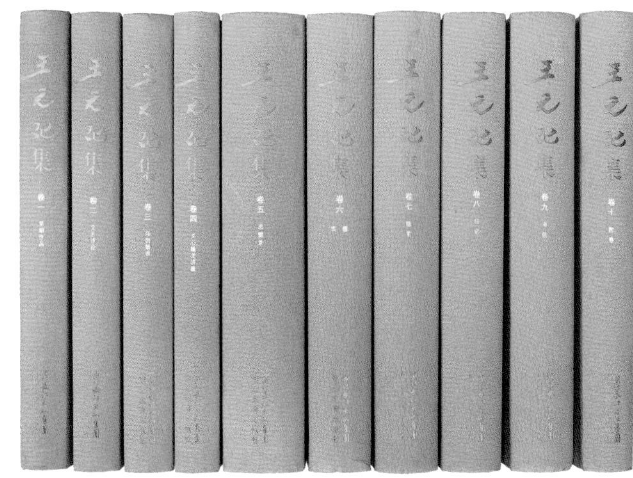

《王元化集》（十卷）· 小 16 开
湖北长江出版集团
湖北教育出版社，2007
《吴冠中丝网版画》· 20 开
百雅轩版画院，2007
《文明的步伐》· 小 16 开
五洲传媒出版社，2009

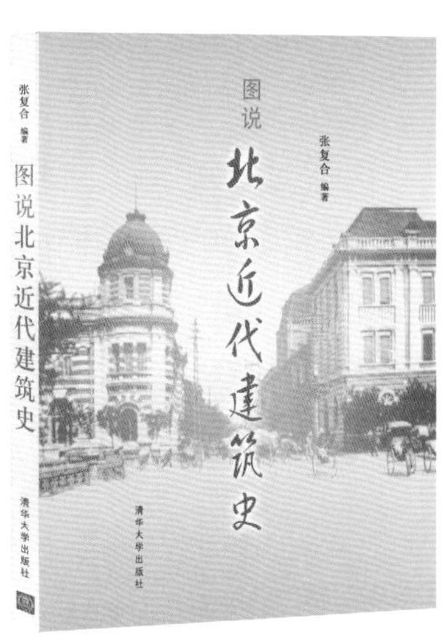

《图说北京近代建筑史》· 小 16 开
清华大学出版社，2008

《中国古典园林史》（第三版）
小 16 开
清华大学出版社，2008

《天人合一紫禁城》· 小 16 开
四川出版集团
巴蜀书社，2008

Forbidden City · 12 开
外文出版社，2008

《读城》· 小 16 开
清华大学出版社，2010

素以为绚

设计作品图录

学人游记丛书·小 16 开
中国旅游出版社，2000

《季羡林生命沉思录》·小 16 开
国际文化出版公司，2008

现代传播文丛·大 32 开
北京广播学院出版社，2000

中央人民广播电台 60 年·大 32 开
北京广播学院出版社，2000

全国重点文物保护单位 · 小 8 开
文物出版社，2007

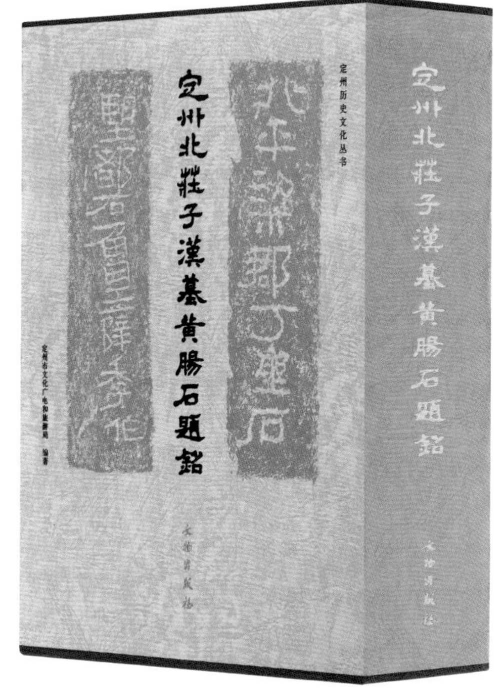

《定州北庄子汉墓黄肠石题铭》· 小 8 开
文物出版社，2010
《定州藏珍》· 小 8 开
文物出版社，2010

序言

中華人民共和國衛生部副部長 盧秋田

波恩項目的宗旨是通過國際交流與合作，使中醫藥和以中醫藥爲核心的中國傳統文化走向世界。

當今世界是政治多極化、經濟全球化、社會信息化和文化越來越多樣化的新時代。在這個新時代，中國與世界的關係越來越密切，世界需要中國，中國也需要世界。如何讓世界理性、全面地了解中國，以及中國如何正確地了解世界，認清中國與世界的共同利益是十分必要的，它將有利于世界的和平與發展。中醫藥走向世界既服務于人類的健康事業，也可以通過這個載體讓世界了解中國的傳統文化。從世界大國崛起的歷史進程來看，文化影響力的傳播是一個重要方面，中醫藥是中國傳統文化的重要組成部分，它凝聚了中華民族在歷史發展的長河中無數先輩們的研究與創新，在天

法古錄 序言

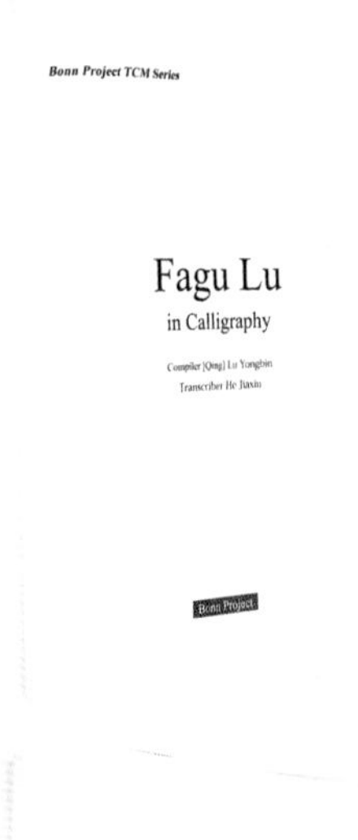

法古錄叙

古者民有疾病，未知藥石，炎帝神農氏始味草木之滋，察其寒溫平熱之性，辨其君臣佐使之義，作方書以療民疾，而醫道立矣。嗣即黃帝繼之，咨於岐伯，作内经處方餌，而雷公桐君

法古錄 叙

Bonn Project TCM Series

Fagu Lu

in Calligraphy

I

Bonn Project

《法古录》（天·地·人）· 小 16 开
四川胜翔数码印务设计有限公司，2010

文化的记忆丛书 · 小 16 开
江西人民出版社，2010

《成都街巷志》· 小 16 开
四川出版集团
四川教育出版社，2010

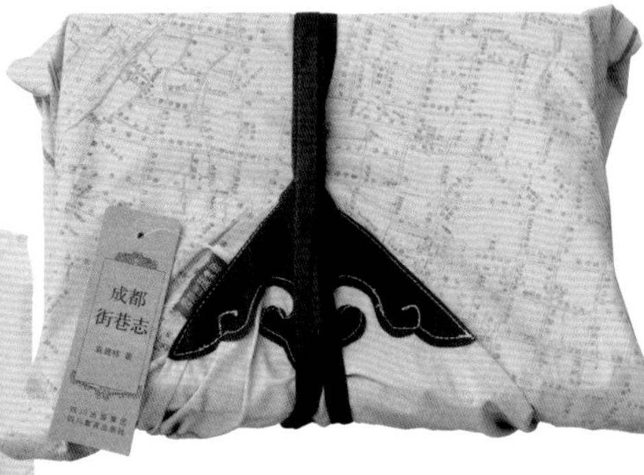

素以为绚

设计作品图录

《盛世珍藏》· 大 16 开
文物出版社，2011

《难忘的书与插图》· 8 开
复旦大学出版社，2011

《张若澄画燕山八景》· 12 开
故宫博物院，2004

河北博物院基本陈列 · 16 开
文物出版社，2013

重庆中国三峡博物馆藏文物选粹 · 16 开
文物出版社，2011

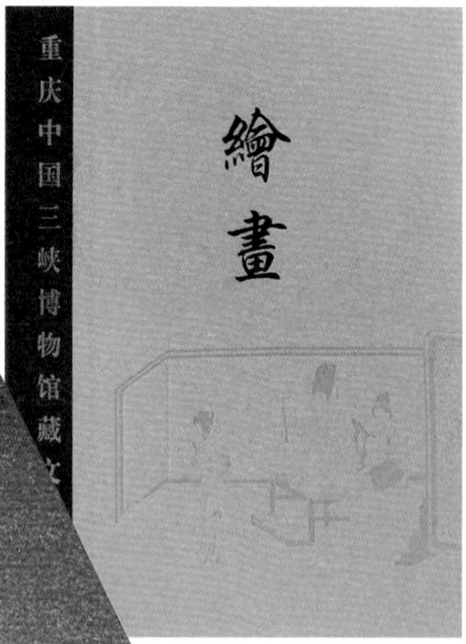

《西游漫记》· 12 开
人民美术出版社，2012
《天心月圆　真照无边》· 大 16 开
《禅》编辑部
《黄梅禅》编辑部联合纪念，2013
《瞻望张光宇》· 小 16 开
人民美术出版社，2012
《沈鹏谈书法》· 小 16 开
人民美术出版社，2015
《师道》· 小 16 开
辅仁书苑，2015
《色彩的思考》· 小 16 开
中国青年出版社，2013

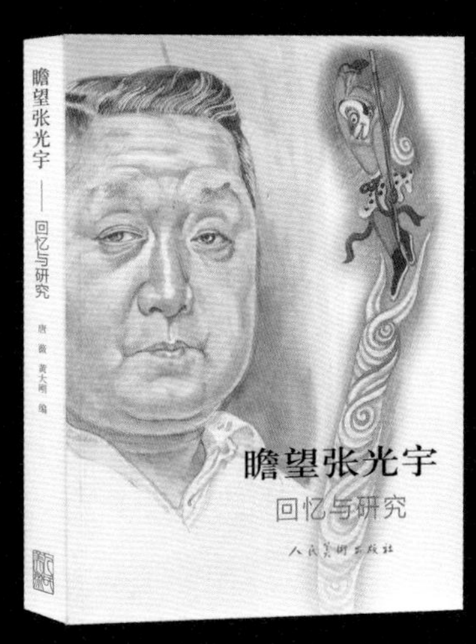

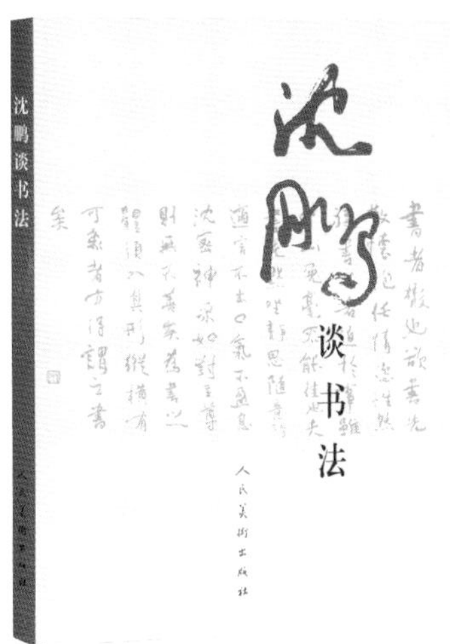

《新城开善寺》· 16 开
文物出版社，2013

《鸣鹤清赏》· 16 开
文物出版社，2012

《〈韩熙载夜宴图〉图像研究》· 小 8 开
北京大学出版社，2016

《朱厚泽文存》· 小 16 开
贵州人民出版社
《李自成》（全 5 卷）· 小 16 开
中国青年出版社，2013

《风月同天》· 小 8 开
保利艺术博物馆，2013

极简系列 · 32 开
人民美术出版社，2014

《康巴唐卡》· 16 开
中国旅游出版社，2010

《中国人居史》· 大 16 开
中国建筑工业出版社，2014

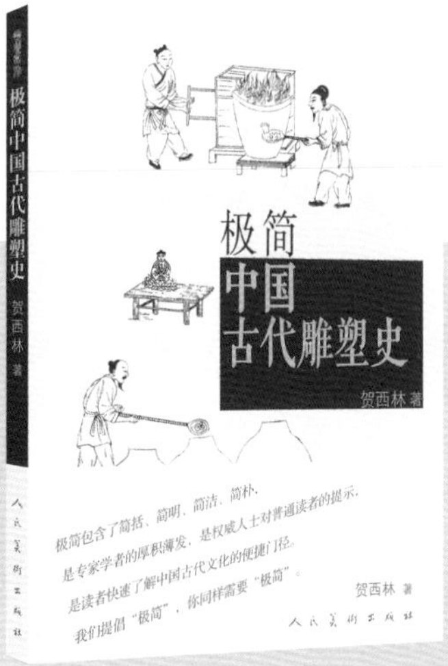

素以为绚

设计作品图录

《寒云藏书题跋辑释》（上下卷）
小 16 开　中华书局，2016
《吴大羽作品集》/《吴大羽纸上作品集》
8 开　人民美术出版社，2015

《出版是我一生的事业》· 小 16 开
《编辑和编辑学研究工作
是我一生的追求》· 小 16 开
《历史回顾纪事》· 小 16 开
《回顾中宣部出版管理工作》
小 16 开
中国书籍出版社，2015
《中国民俗艺术》（汉族卷）· 8 开
华语教学出版社，2016

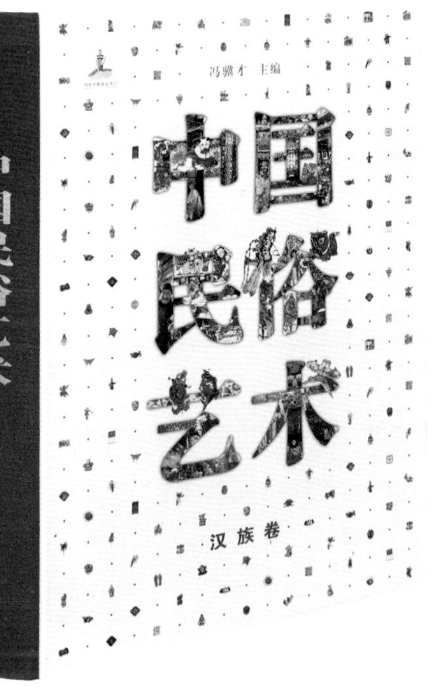

《红楼诗书情韵》· 16 开
人民出版社，2011
《出版发行研究》· 16 开
中华人民共和国国家新闻出版广电总局主管
中国新闻出版研究院主办，2016
《思索之苑》（修订增补本）· 小 16 开
人民出版社，2017
《光复》精装 · 8 开 / 平装小 16 开
2016

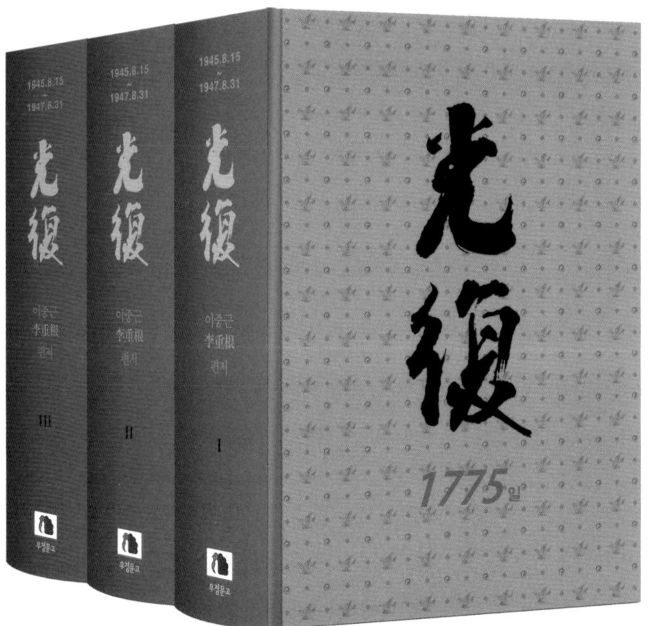

设计稿

设计稿

夏志清作品系列 · 小 16 开
浙江人民出版社，2017

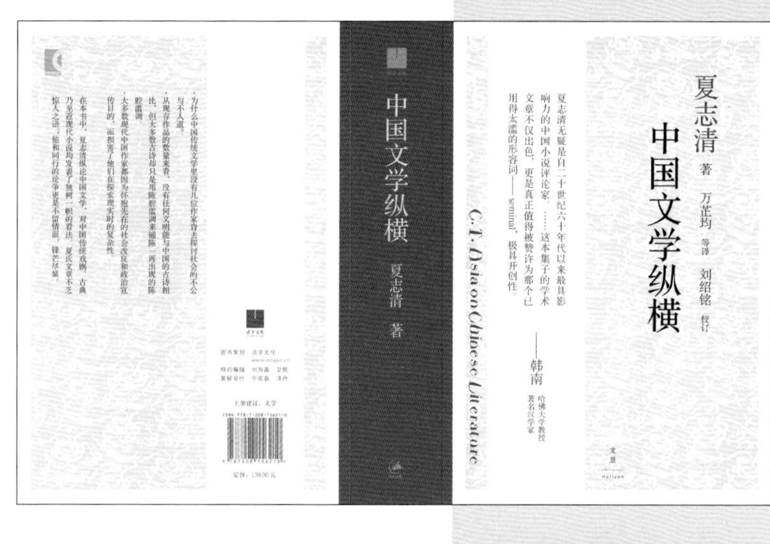
中国文学纵横
夏志清 著
C.T. Hsia on Chinese Literature
夏志清
著
万芷均 等译
刘绍铭 校订
中国文学纵横
夏志清无疑是自二十世纪六十年代以来最具影响力的中国小说评论家……这本集子的学术文章不仅出色，更是真正值得被赞许为那个已用得太滥的形容词——seminal，极具开创性。
——韩南
哈佛大学教授
著名汉学家

中国现代小说史 夏志清 著
中国文学纵横 夏志清 著
中国古典小说 夏志清 著
夏志清夏济安书信集 卷五 1962~1965
夏志清夏济安书信集 卷四 1959~1962
夏志清夏济安书信集 卷三 1955~1959
夏志清夏济安书信集
夏志清夏济安书信集 卷一 1947~1950
浙江人民出版社

夏志清
夏济安书信集
卷二
1950~1955
夏志清夏济安书信集 卷一 1947~1950
浙江人民出版社
夏志清
夏济安书信集
卷一
1947~1950

垅上歌行

海上丝路
与郑和

海的寻觅

南　都
从拉萨开始
与白云
最近的地方

写意宁夏

西　北　纪

南海九章

丝绸之路名家精选文库 · 32 开
中国出版集团公司
华文出版社，2017

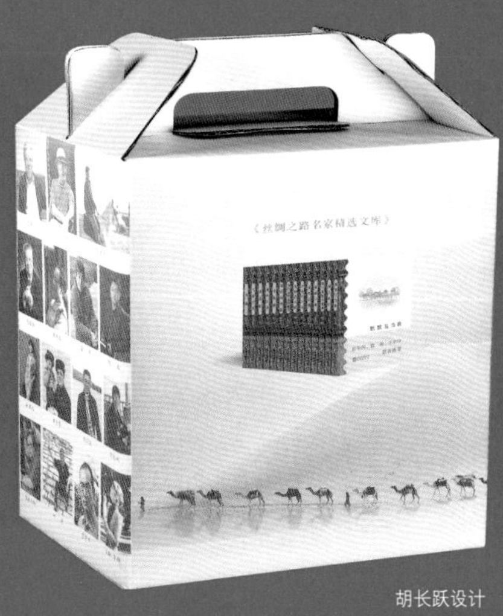

胡长跃设计

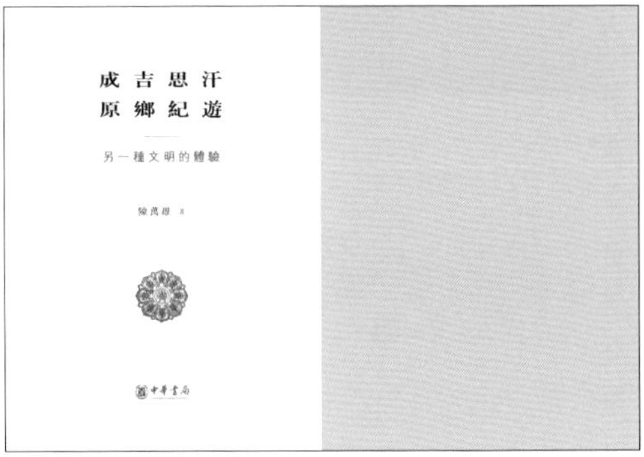

成吉思汗原乡纪游

另一种文明的体验

陈万雄 著

中華書局

成吉思汗原鄉紀遊

另一種文明的體驗

陳萬雄 著

中華書局

设计稿

《成吉思汗原乡纪游》· 小 16 开

十万个为什么系列 · 32 开
华东师范大学出版社，2018

林芝区域文化丛书 · 小 16 开
人民出版社，2018

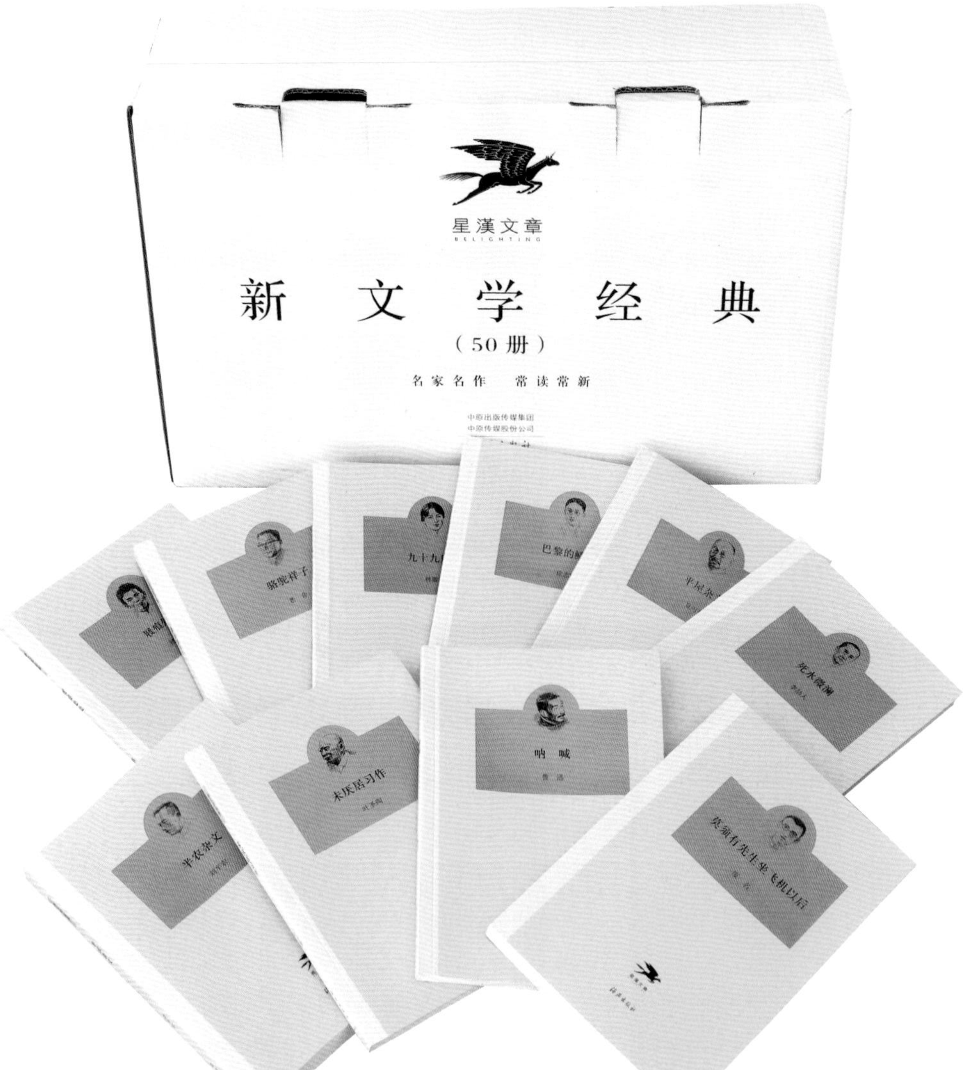

新文学经典 · 32 开
海燕出版社，2018

《花笺染翰》· 小 8 开
西泠印社出版社，2022

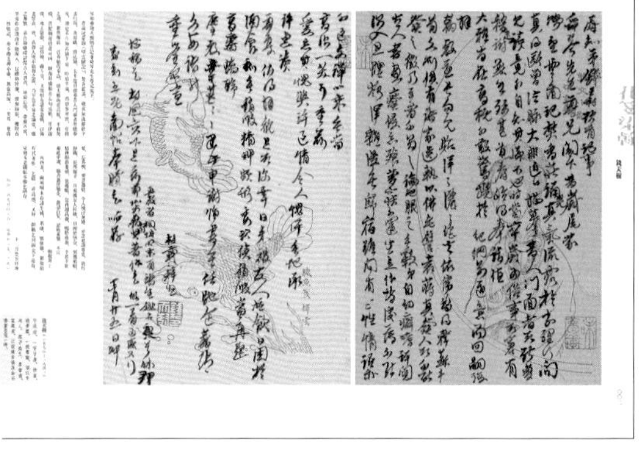

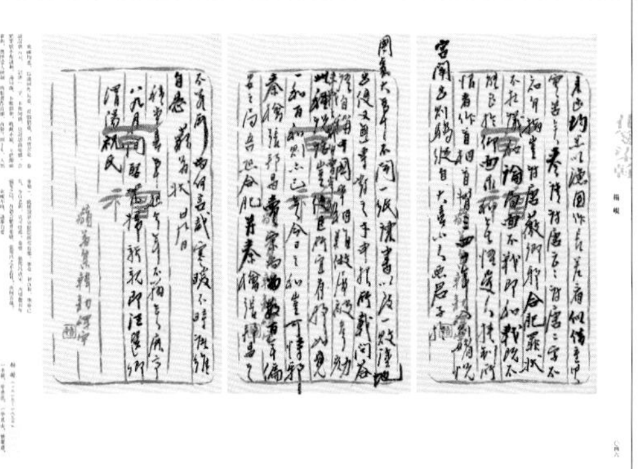

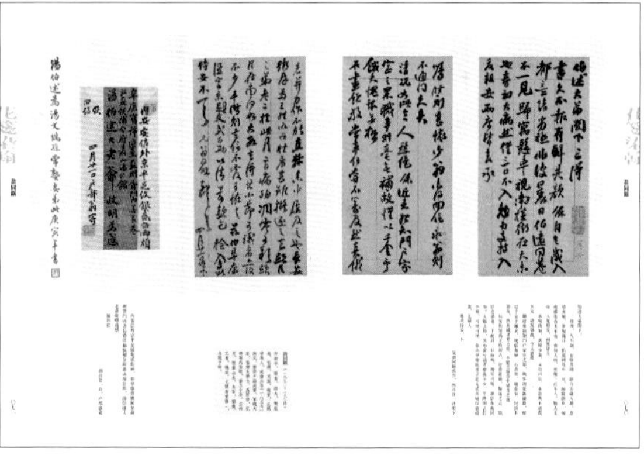

《石泉音集》（九卷）· 小 16 开
宗教文化出版社，2021

《石泉音集》（上中下）· 小 16 开
东方出版社，2018

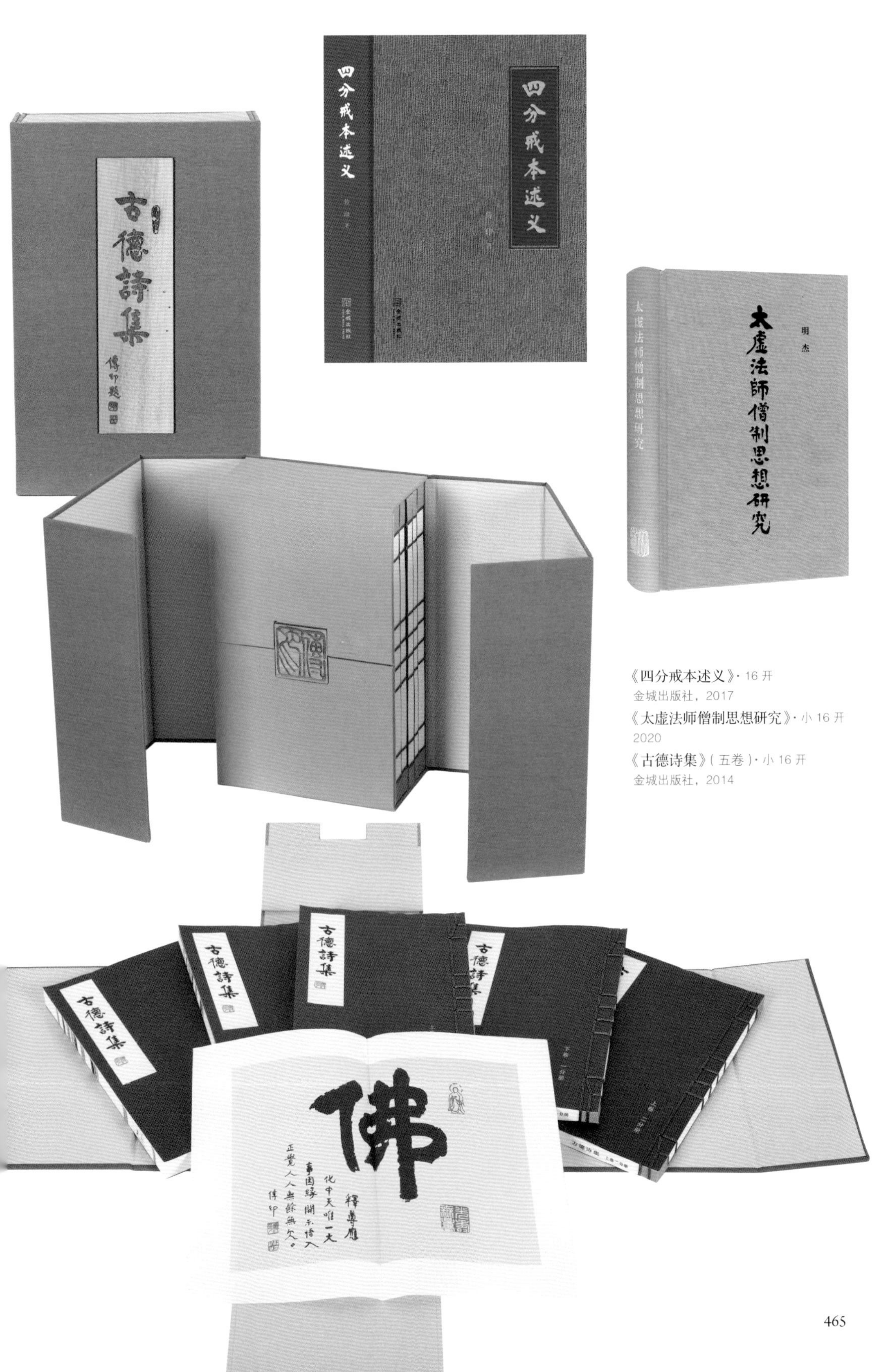

《四分戒本述义》· 16 开
金城出版社，2017
《太虛法师僧制思想研究》· 小 16 开
2020
《古德诗集》(五卷)· 小 16 开
金城出版社，2014

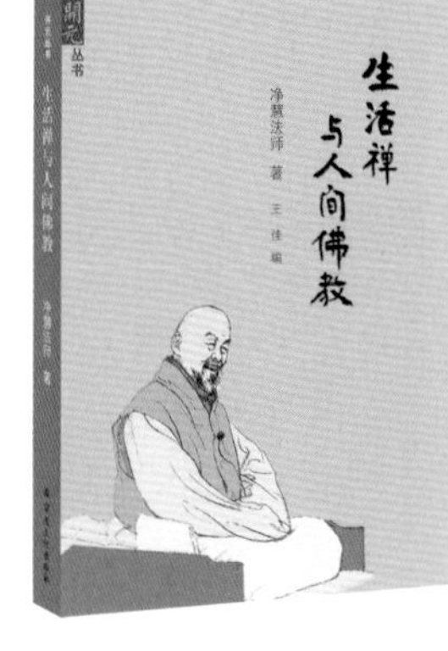

开元丛书 · 小 16 开
宗教文化出版社，2020

《净心慧语》· 64 开
《净慧禅语》（日日生活禅）· 64 开
《净慧禅语》（二〇一一）· 64 开
生活禅文化公益基金会，2018

《法乳寻源》· 12 开
生活禅文化公益基金会，2018
《慧公道影 · 典藏版》· 8 开
《慧公影集》（1933-2013）· 12 开
生活禅文化公益基金会，2020
《花都法雨》精 / 平装 · 小 16 开
金城出版社，2013

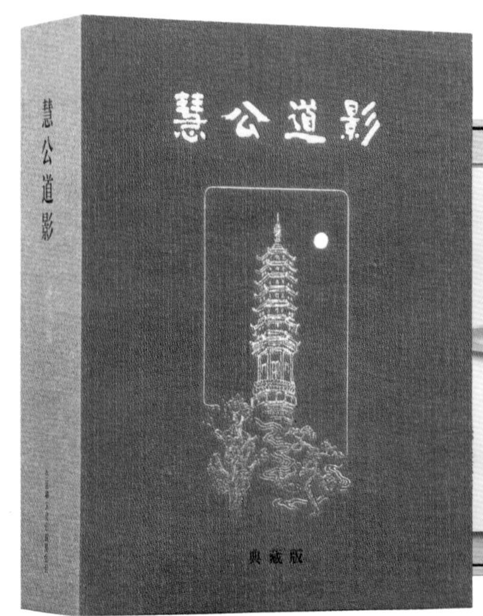

净慧长老遗影
慧公影集
1933~2013
慧公影集

慧公影集
慧公影集

净慧长老遗影
慧公影集
1933~2013
慧公影集

慧公影集
慧公影集

花都法雨
净慧 编著
净慧 编著
花都法雨
金城出版社

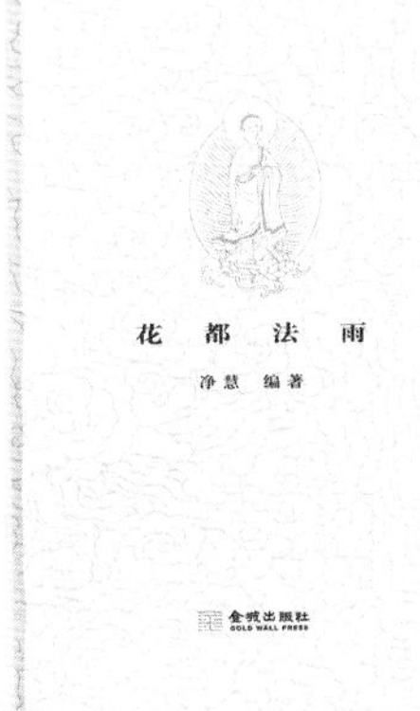
花 都 法 雨
净慧 编著
金城出版社

花 都 法 雨
净慧 编著
花都法雨

THE GATES
OF CHAN BUDDHISM
入禪之門
天心月圓
真照無邊

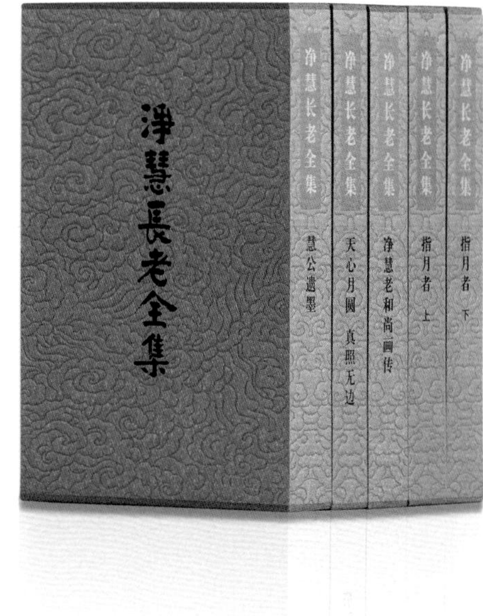
淨慧長老全集
净慧长老全集
慧公遗墨
天心月圆 真照无边
净慧老和尚画传
指月者 上
指月者 下

净慧禅语
净慧著
生活禅文化公益基金会

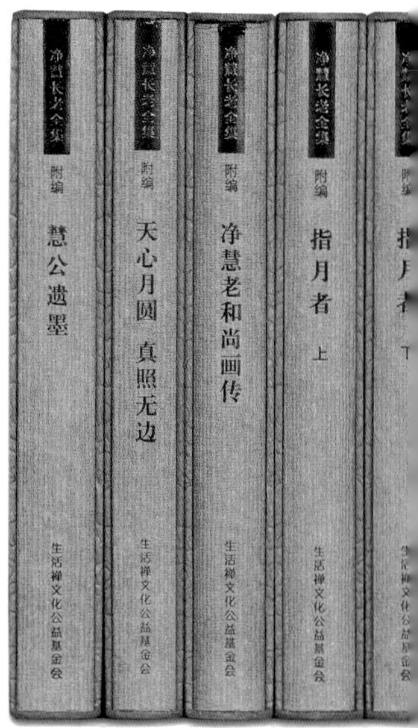
净慧长老全集
附编
慧公遗墨
天心月圆 真照无边
净慧老和尚画传
指月者 上
生活禅文化公益基金会

《净慧长老全集》（正编 / 附编 / 外编）· 小 16 开
生活禅文化公益基金会，2018-

《国宝沉浮录》（上中下）· 8 开
深圳报业集团出版社
故宫出版社，2023

图三四五　（明）仇英《桃源图》卷　纸本设色　纵33厘米、横472厘米　美国波士顿美术博物馆藏

江右文库
江西人民出版社，2022

第一方案设计稿

小 16 开

16 开

《江右文庫》編纂委員會
文獻編
陶淵明集
集部
6
江西人民出版社
陶淵明集

《江右文庫》編纂委員會
方志編
通志卷
嘉靖江西通志
5
江西人民出版社
通志卷

《江右文庫》編纂委員會
方志編
通志卷
[嘉靖]江西通志
江西人民出版社

小16开

第二方案效果图
宁成春、光亚平设计

16开

情意惓惓

师友杂忆

素描老宁

吕敬人

北宁南陶

张慈中

钱君匋

老宁，长我五岁，入行比我足足早十多年，是名副其实的前辈。

1978年我入职中国青年出版社，对装帧一窍不通，仅凭一点绘画和写美术字的基本技能为小说作插图和画封面，除了在实践中慢慢体会设计的要义外，大部分的学习是观摩前辈设计家的作品。当时业内许多主力集中在京沪两地，京派中有曹辛之、张慈中、曹洁、陈允鹤、马少展、钱月华、仇德虎、王卓倩、郑在勇、张守义诸多名师，我仰而望之；沪派大家钱君匋、任意、范一辛、陆全根、陆元林、俞理、何礼蔚等也让我敬佩有加，他们皆为给予我启蒙的老师。而另有两位中青年设计家的作品特别引发我的关注，即被我称之为“北宁南陶”的北京三联书店宁成春和上海译文出版社的陶雪华。

老宁是正宗科班出身，有厚重的传统文化积淀和很强的师法传承的意识，练就了中央工艺美院装饰美学的功力。他的设计含蓄凝练，构法归正，用色沉稳，《根》《西行漫记》《独自叩门》是当时给我触动极深的几部。陶雪

陶雪华设计

华同样有着深厚的求学背景、扎实的设计基本功，加上得益于海纳百川、东西兼并的海派出版文化熏陶，较早引用包豪斯极简主义手法，既守章法，又灵动，富作品很强的视觉冲击力，《黑潮》《神曲》《战争风云》则为教科书级的代表作。

北宁南陶，均给予入行之中的我诸多启发，他们的设计能让我琢磨许久，他俩可谓是上世纪八九十年代大江南北的书籍设计界的“独领风骚者”，影响了大批后来者，我就是其中之一。与“北宁南陶”交往四十多年，亦师亦友，收益多多。

老倔头

初次与老宁接触，对面前这位高大矍铄的北方汉子，真有几分惧怕之意。第一印象是不善言笑，虽待人平易，但不轻易附和，始终秉持自己的观点。不过，一旦深入交往，你会发现他其实是古道热肠之人。在北方一般把耿直刚烈的性格称为“倔头”，上了年纪叫“老倔头”，放在老宁身上，实至名归。

老宁的倔劲最鲜明的表现，是他对专业锲而不舍的扛劲，容不得半点瑕疵的工作态度和对精益求精的严苛要求，凡与他交往过的作者、编辑、设计同事都深有感触。有一次做一本书的封面，做了二十多遍仍没通过，他的倔劲上来了，决不气馁，非把这个封面做好。他曾回忆说：“做设计不是给别人做，都是为了自己，所以通不过，心情并不沮丧。”自小就牢记母亲“争口气”三个字的教诲，练就老宁不管大小事都执着的精气神。

有一次接《陈寅恪的最后20年》封面设计的任务，为了吃透内文，他借原稿带回家细读，在回家途中，放置在自行车后座的装书稿的书包被贼窃走，倔强的他跑遍各处，不舍弃一线希望，幸好小偷认钱不认字扔掉书稿，经一番周折终于完璧归赵，但让较劲的老宁一夜白了头。也正因为这股倔劲，赢得了与他合作过的著作者、出版人、编辑们一致好评和信赖，许多作品得到诸多赞誉并获得大量国内外大奖，慕名而来的客户络绎不绝。

老宁的倔劲圈内闻名，坦陈自己的观点，是非分明，好坏对错不模糊，老宁眼里揉不进沙子。有一次给重要赛事活动做评审，觉得其中程序很不合理，指出后也无改变，故愤然退场走人。又有一次大赛，我们一起担任评委，我俩对评判标准看法有些区别，即使是老朋友，也不给情面，毫不客气当面指出，坦荡磊落正是这个老倔头可爱的一面。我觉得老宁坚持自己，不随大流，这是艺术家应该拥有的良知和气节。而在我推动书籍设计理念的坎坷路上，始终得到老宁真诚而热心的支持和关照，我从这个老倔头身上学到很多。

好"色"之徒

此"色"与女性无关，是指老宁设计中特别擅长色彩的应用，他的色彩感特别好，尤以把握大套丛书色彩统筹见长。油墨的三原色通过老宁的调色板生成复杂而魔幻的色彩组合，如"蓝袜子丛书"——外国女性文学系列封面设计，以降调的图形做底，在与之补色的衬底上配以鲜明对比色的书名，使低彩度调性表现得极为丰富。尽管全套书呈中间调的灰色系，但通过对比色的微妙把握，作品既饱和稳重又不失明快跃动，这也形成老宁作品风格的一大特色，显现出他老练而成熟的色彩修养，可以看出他深得袁运甫先生的真传。《金庸作品集》中使古雅淡泊的古典绘画与高纯度颜色组合边框和谐共处；“乡土中国”丛书在全书内外贯穿丰富喧哗的民间色彩之中又关注内敛的人文格调。《我的藏书票之旅》《自珍集》《中国古代赏石》《世界美术名作二十讲》等用色含蓄而沉稳，讲究赋彩的文化情绪，独具韵味，各有千秋。

这位喜好舞彩弄色的“色迷”，封面设计中以纯白或纯黑色的表现并不多见。但有一本“黑书”一出手就成经典，那就是前面提到的《陈寅恪的最后20年》的设计。封面以全黑为基调，白色横排的书名穿插于错落的标题文字中，大文字与紧密的小文字堆积于上方，似山雨欲来的云层形成压抑的气氛，右下方置入怒睁失明双目、手握拐杖坐姿挺拔的陈寅恪黑白照片，大面积的黑色隐喻主人公坚定不移追求真理的心绪和悲愤的情感。凡第一眼见到此书封面的人无不为之动容，并钦佩设计者呈现如此寓意饱满而有生命力的设计。

“书籍设计”第一人

有人把我称作“书籍设计”第一人，指的是我把“书籍设计”概念带入国内，其实并不准确。1989年我还在日本学习，老宁首次引进全面介绍当代日本书籍设计艺术的《日本现代图书设计》中文版在国内出版，书中登载了杉浦先生《从“装帧”到“书籍设计”》一文。杉浦先生观点鲜明地指出“书籍设计”已无法用“装帧”“书装”等词语加以概括的观点。他阐述道：“一提到装帧，一般认识是编辑决定版式，装帧者进行封面设计，我从20世纪60年代中期就已经着手于书籍整体设计……”文中强调，书籍设计是包括选题计划、叙述结构、图文编排、工艺设定在内等一系列工作的合总。老宁通过这本书首先把“书籍设计”的观点传达给国内的同行，所以准确地说，这“第一人”非老宁莫属。

1993年我从日本学习回来，深感从“装帧”到“书籍设计”的观念转换，对国内出版领域和设计行业的未来发展具有重要的意义，希望做一些推动的工作。1996年我找到老宁提出我的看法，因我俩有共识，一拍即合，并得到当时三联书店的领导董秀玉总经理的支持。于是与当时十分优秀的年轻设计师朱虹、吴勇一起，在新建的三联书店新楼举办“书籍设计四人展”，并出版了《书籍设计四人说》一书，正式阐明我们对“书籍设计”概念的认识，也产生了一定的反响。与30年前的日本一样，这一“从装帧到书籍设计”观点的提出，受到一部分同道的非议，但至今已得到业内大多数人的认同，令人欣慰。

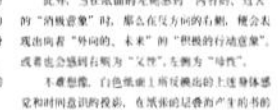

老宁《日本现代图书设计》打破原书的结构，根据中文阅读习惯，从编辑设计着手，全方位把控内容叙事、网格应用、图文构成、工艺运用等，成功完成“书籍设计”新概念的实施，这也是他对杉浦康平“一书一宇宙”书籍设计理念的一次致敬吧。

我认为90年代之后，老宁一直是作为第二“作者”的身份在做设计，他主动深入到文本之中，与著作者、编辑、插图画家、摄影者、印制工艺师一起商榷，建立参与书籍整体设计全过程的一个统筹运转系统。这样一种全新的工

作模式，老宁是最早的实践者。《宜兴紫砂珍赏》的设计，从赴宜兴与顾景舟大师近距离接触和采访，到工艺调研、结构编目、摄影编排、印制试验等每一个环节，都呕心沥血，最终完成了一部那个年代不多见的精品之作，并荣获香港政府及印艺学会图书全场总冠军。之后，老宁一发不可收拾，《香港》《莎士比亚画廊》《明式家具研究》《中华人民共和国 50 年图集》等一大批作品均实践了书籍整体设计的理念，这样的案例举不胜举。

守正新致

2011 年我在北京雅昌艺术中心策划了“守正新致——宁成春书籍设计四十六年回顾展”，当时请三联书店前副总编辑，时任人民美术出版社总编，著名出版人汪家明先生为该展作序，“守正新致”正是这篇序文的题目。文中如是说：“宁成春的书籍设计既讲求‘守正’，又志存‘新致’。守正是他的为人品格和文化追求使然，新致则是在守正的基础上对艺术的孜孜以求。”这是对老宁的书籍设计艺术简明而精准的解读。

老宁自 1960 年入学中央工艺美院，直接受教于中国设计教育界中如雷贯耳的大师祝大年、郑可、邱陵、袁运甫、余秉楠等先生，经历从装饰绘画到现代设计等一系列正规的教育。所以在老宁的骨子里浸润着上一代艺术家传承下来的文化基因，并渗透于他所有的设计思维之中。入行后又有幸得益于资深出版人范用先生的悉心引导，遵循着范老“一定要了解书的内容再设计”的忠告，认真设计出一本本清新大方、意蕴深远、书卷气息浓厚的出版物，

2011年在雅昌

逐渐形成了深受文化人喜爱的三联书籍设计风格，并影响了后辈们的设计。每次听老宁对几十年设计经历的回顾，都能感受到他对于最敬重的范老所抱有的感恩之情。

大有成就的老宁不倚老卖老，更不固步自封，对新事物抱有强烈的兴趣和求知的欲望。他是中国出版工作者协会第一批派赴日本讲谈社研修的设计师，面对全新的书籍设计理念，如饥似渴地求教。两年间深得杉浦康平、道吉刚、真锅一男等多位大师真诚而毫无保留的传授与指点，他记住真锅一男先生“掌握新的设计理念才不会落伍”的教诲，努力了解国外书籍设计领域发展的轨迹与手法，提升自己，并领悟“守正”乃须“致新”的真义。回国后他积极给同行传授当时国内尚未知晓的新知识、新概念，我就是其中的受益者，并踏着老宁走过的印迹一路走过来。

而新理念使他对设计有了更高的要求和标准，他精心编撰的《邱陵的装帧艺术》，归纳整理了邱陵老师一生追寻书籍艺术理论的来龙去脉，第一次如此完整地介绍老艺术家开创中国书籍艺术教育的重要成果。他与时任三联

书店副总编的汪家明先生一起，经历策划、编撰、拍摄、设计，步步亲力亲为，从民国到当代的出版物中，搜寻梳理三联书籍设计艺术传承的脉络，研究、提取前辈的设计风格，遂形成当今时代认知的三联书籍设计的审美体系，完成贯穿书籍整体设计概念的《书衣 500 帧》。此书具有很高的学术价值，真可谓一次践行“守正致新”理念的书籍设计之旅。

1995 年，不“安分”的老宁学习日本设计行业社会化的经验，尝试转换工作体制，成立了新知设计事务所。他可能是装帧业内第一个吃螃蟹的人，尽管只有一年，却给我 1998 年离开体制成立独立的工作室提供了宝贵经验和勇气。退休后的老宁终于成立了名副其实的个人“1802 设计工作室”，圆了他真正区别于主流体制的工作状态之梦。

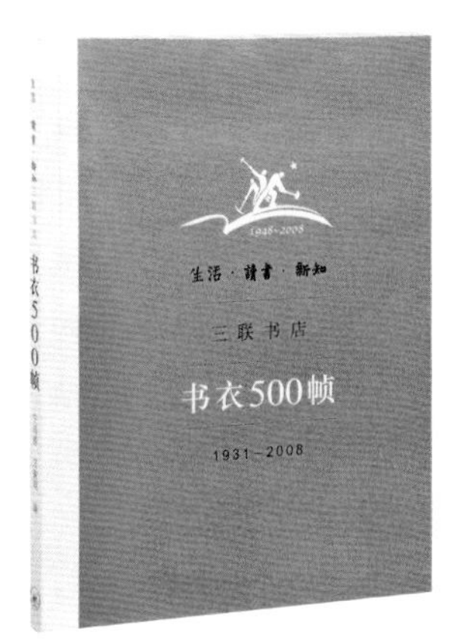

与老宁结交四十多年，我们在书籍设计方面有许多共通的理念，在生活上有许多趣味相投的地方，虽然我俩的性格和设计风格不尽相同，有时也会有不同的想法，但我们珍惜一路走来相互包容，且能推心置腹交流的真挚友情。君子之交，和而不同，一贯率真、耿直、低调、专一的老宁，让我肃然起敬，以诚相待。

值老宁耄耋之年，三联书店的老友让我写点文字絮叨絮叨，自知码格子写文章不是我的专长，故只能用简笔速写的方式涂抹上几笔老宁的素描肖像，像？还是不像？我也不知道。可能有点变形，请多包涵。

人不能由一个模子刻出来，老宁就是老宁，这世道才好玩。

2021 年大暑于竹溪园

2000年4月19日

陆智昌

那一天，到了北京，老宁来接机。

接机口迎面而来一个挺直的身影、一双宽大的手和一张亲切的笑脸。

之前最深刻的印象，大概在上世纪80年代末，老宁在广东省出版局招待所的房间里，半躺床上看着一本日文书，封面上印有菊地信义的名字，自此关注了这位日本书籍装帧名家。

离开机场，被老宁带到了潘家园一家清真饭馆涮羊肉，喝了人生头一回红星二锅头，巴掌大仿如药水瓶里的液体，劲度非常，还是压不下心中的忐忑，消不去周边破落且有点脏乱的环境所带来的疑虑，饭后又碰上了毕生难忘的夏利出租车里独特的气味。时光雕刻，今天回忆这股味道却添了份亲切感，毕竟很多新奇事都是在夏利出租车里听闻。

回想当年，真没有多大的缘由来北京，仅仅借着董大姐和老宁几回的鼓动，就轻率起行。

那一年，中国男足为圆梦枕戈以待，身为阿仙奴*球迷，不期然沉浸其中，风风火火里共喜共悲。两年多通过对中国足球深度关注，对大众的思维模式和价值判断

* 阿仙奴：英超球队阿森纳的香港粤语音译。

1991年在香港三联

多了几分理解，足球世界里确实可以了解人及人的灵魂。

在北京生活了多年之后，到了老宁的1802工作室短暂学习、共事。边做边看，看着他如何看待书、看待各大小出版社的人——以诚相待，就可以更纯粹地做书。当时老宁为三联书店担纲“乡土中国”系列的装帧设计，这是一套很好地回应国内出版界刚萌芽的“读图时代已到来”这个说法的范本。这类题材的图文书往往由丰富的元素构筑繁花似锦的设计，然而老宁却不徐不疾地塑造一个个朴实的版面，专注思考图和文字如何契合，如何更适合阅读。我当时理解为这是一种更加面向大众的襟怀，既然要面向大众，诚实地对待书，对待自己，方能走得更远。

如何面向大众，也顺理成章地成为我往后做每本书的前设思量。

2004年末，北京马路上突然涌现了索纳塔出租车，夏利的气味顷刻消退，家居四周现代化高楼一片片拔地而起，“淘宝”也来了，民生、经济在高速前行。

滚滚洪流里，有人意气风发，有人犹豫不决，有人跃跃欲试，有人怅惘，有人迷失……

十多年来，幸好倚仗着老宁身教的“诚实”两字，风风雨雨里总能安静地做着书。

与宁老师一起做“乡土中国”

李玉祥

时光飞逝，转眼已到宁老师过八十大寿的日子。前不久，宁老师的昔日同事、三联书店的编辑们给我发信息，希望我能分享一些和宁老师一起工作的经历。截稿日期临近，我与朋友逛景山附近的胡同，与一老北京聊天，他拿出三联书店上世纪出版的《西行漫记》，我这才发现这本书的装帧设计也是宁成春老师做的。

我离开江南来首都已近三十年，认识宁成春老师则是通过著名画家冷冰川兄。我与冷冰川相识甚早，当年我在江苏美术出版社做《老房子》画册时，冷冰川的第一本个人画集《冷冰川的世界》就是江苏美术出版社出版的，而画册扉页他的肖像，则是我在家中的台灯下为他拍摄的。冰川兄曾邀我一同去海外留学，我却因做《老房子》画册忙得不可开交而未能赴约。

1996 年 4 月，我的摄影作品在国家博物馆展出，恰逢宁成春老师与董总前来参观。因为这一契机，当年 12 月，我就放弃在南京的事务受邀前往三联。我来三联的第一份工作就是在宁老师的美编室为冷冰川的《闲花房》画册做电脑修图。记得当时宁老师每天都非常忙碌，三联书店有影响力的书籍，其装帧设计几乎都出自宁老师

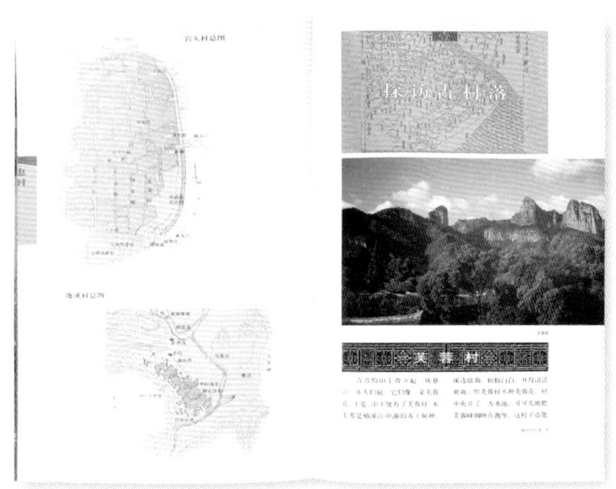

之手，许多书的作者也总是在他屁股后面跟着，这其中就有已故的大家王世襄老先生。犹记得陆键东先生的书稿《陈寅恪的最后 20 年》被宁老师放到自行车后座上弄丢又失而复得的事，《御苑赏石》的作者丁文父当时也被宁老师搞得没脾气。这些事情都说明，和宁老师共事确实是需要耐心的，作为北京书籍装帧设计界的行家，宁老师每天都会收到很多邀约，但他总是将三联书店的工作放在首位。

那时，我将多年拍摄的徽州图片结集成册做了本明信片书《徽州遗韵》，这本书的封面也是请宁老师做的设计。当初我义无反顾北上来三联工作，原本是想做一本地理杂志的，但这一计划因种种原因未能实施。为此，我结合三联出版的特点整合了手中已有的资源，与几位专家学者合作策划了一套名为“乡土中国”的系列图文书，这套书的装帧设计也是出自宁老师之手。“乡土中国”系列的第一本书为《楠溪江中游古村落》，该书的文字是已故清华大学建筑史学家陈志华先生所写。陈先生一辈子研究西方建筑史，晚年却转向对中国乡土建筑的研究，他为三联所写的《外国古建筑二十讲》以及楼庆西老师的《中国古建筑二十讲》，也是我和董总、宁老师一起去清华大学陈先生办公室敲定的，这两本畅销书的装帧设计也都出自宁老师之手。

宁老师在做《楠溪江中游古村落》一书的设计时，曾特意与我讨论，我将楠溪江的一些元素图片交予他后，他很快就进入状态，为该书设计了令人惊艳的封面。他用手撕出“楠溪江”的意象，很好地传达出了“一方水土养育一方人”的寓意。

这本书在装帧设计上的最大特点，就是力求从内容出发，表现江南独特的地域特点。首先在封面设计上用彩色突出楠溪江中游的碧水青山，在江水的两边用棕色调展现昔日的古村落及生活在那里的乡民们的朴素勤劳，环衬采用更具自然韵味的绿色。其次在版式设计上独具匠心。内文的双码、单码上都有书眉，吸收了中国古代线装书的优良传统。每个章节的标题都配有相关的昔日志书上的黑白线图，书中引文采用楷体，这些都渲染了楠溪江一带浓厚的耕读文化和历史气息。楠溪江中游古村落在建筑上采用的材料是蛮石和原木，充分体现了自然的本色，为此，宁老师决定采用有些泛黄的芬兰纸，这种纸十分接近东方传统纸张，能够体现乡土建筑的历史年轮感。为了达到最好的效果，宁老师亲自到印厂与制版工人研究，最终保证了印刷的质量。用宁老师自己的话来说：“图书设计已不是昔日狭义上的设计，它应是广义上的整体把握，设计一本好书，前提是文字漂亮，图片精彩。”

从书名“故园”在即将付印前被董总改为“乡土中国”，这一改去掉了原先的小资气息，变得蕴藉厚重、大气磅礴，私以为甚好！第一本《楠溪江》色调为蓝绿色，第二本《徽州》则反其道，整体为深色调，邃密而厚重，极好地传达出宁老师对“历史徽州”的理解。第三本是《泰顺》，第四本是《武陵土家》……这套“乡土中国”系列图文书遂改变了三联以出版文字类图书为主的局面。

在那之后，我离开三联去中央美术学院读研究生，与宁老师的联系和见面就不多了。记得十年前偶然在一公众场合与宁老师不期而遇，宁老师留起了雪白的大胡子，穿着高领毛衣，头戴鸭舌帽，我不禁脱口而出：中国版海明威大叔！早已到了当外公、该享受天伦之乐的年龄，宁老师却还是那么忙，得知他已在山东海边买了房，我就对他说：该歇歇了。宁老师听后哈哈大笑。

2022 年 2 月 25 日草写于京西滨角园

大象由人

陈新建

我是宁老师成千上万册图书装帧设计作品的普通读者，既不会写文章，对老师的专业水平、成就贡献更是一窍不通，只是爱读书，尤其喜爱老师装帧设计的图书，喜欢与老师交往，老师来深圳就住我家里，我到北京就住他的1802工作室，享受老师无微不至的关怀体贴，以及与老师朝夕相处如沐春风的感觉。

《一个人的书籍设计史》中收录的一千余帧书衣，是从宁老师六十余年创作的图书装帧设计作品中精选出来的，从中小学教材到期刊《新华文摘》《人物》《读书》《悦读》，从毛泽东、朱德、周恩来、邓小平到马克思、恩格斯、列宁、李卜克内西，从鲁迅、郭沫若、茅盾、巴金到高尔基、惠特曼、艾略特、萨特，从李达、杨献珍、

深圳“尚书吧”

宁成春设计尚书吧12周年店庆笔记书

艾思奇、范文澜到薛暮桥、孙冶方、于光远、厉以宁，从陈寅恪、吴宓、钱锺书、杨绛到郑振铎、竺可桢、梁思成、林徽因，从李大钊、蔡元培、胡适、冯友兰到赵树理、金庸、王世襄、袁荃猷，从张光宇、吴大羽、丁聪、黄苗子到胡愈之、阳翰生、陈原、范用，从傅雷、李泽厚、田家英到王元化、陈乐民、甘阳、刘小枫等人的著作或有关他们的著作，老师的作品我大部分都会购买阅读，现在这些图书就摆放在我的面前。抚触这些如座座丰碑般的图书，感慨万千，仿佛看到中华民族近百年波澜壮阔的历史画卷，也看到自己通过阅读成长的历程。不厌其烦地列举这些作者的名字，是因为他们对我们的时代有着广泛和深刻影响，是时代之象。这些文化出版物是我们这个时代的智慧结晶，是我们曾经的历史，反映了时代的精神面貌，我们从中汲取丰富的精神食粮。

宁老师通过装帧设计工作服务于他们，把他们的劳动成果——精神追求、思想信仰、经验智慧通过装帧设计，以图书的形式记录下来、表现出来、传达出来。宁老师每设计一本书，都会不厌其烦地与作者、编辑和印制师傅深入交流沟通，谦虚认真地向他们学习请教，充分理解文本内容、编辑意图，以求达到最好的设计效果。更重要的是，在设计过程中，时刻想着读者，把读者放在第一位，把“竭诚为读者服务”放在心间，真正做到了范用先生倡导的“为书籍的一生”、为作者的一生、为读者的一生。理解、设计这些图书，成就了宁老师的装帧事业，也成就了宁老师的人生。阅读这些图书，我们也逐渐活出了自己的模样，走出了自己的人生之路。

在这些宁老师装帧设计的图书中，看不到他自己，但

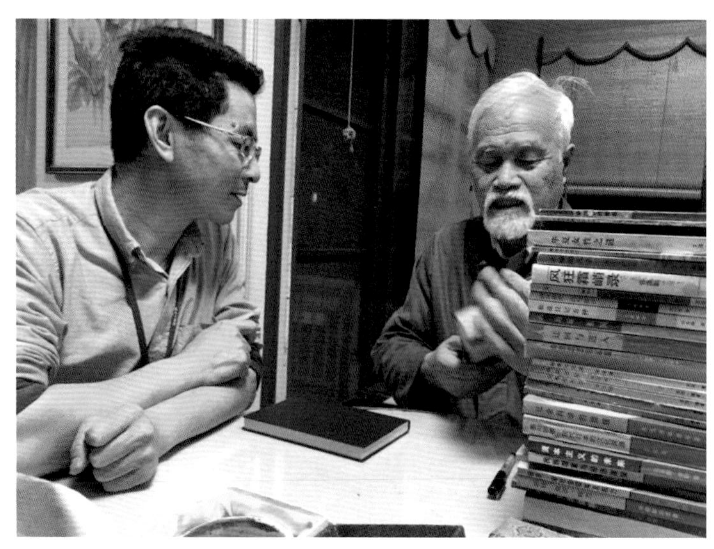

宁老师给我收藏的书签名

他的努力又无处不在。“大音希声，大象无形”，宁老师从不彰显自己，而是无时无刻努力做到兼容并蓄，通过无我成就自我。

在他的学生时代，我们看到的是张光宇、邱陵、郑可、袁运甫和刘力上老师的谆谆教诲，看到的是同学秦龙、张朋川和张凤山的优长对他的启发。在投入装帧设计工作之后，我们看到的是张慈中、曹辛之、曹洁、郭振华、范用和马少展等老一辈出版工作者的严格指导和无私提携，看到的是领导同事董秀玉、汪家明、陆智昌、海洋、罗洪、蔡立国，乃至晚辈友朋鲁明静的相互启发帮助。改革开放之后，八十年代中期宁老师赴日学习，我们看到的是杉浦康平、道吉刚、真锅一男、志贺纪子等日本设计师的敬业精神和真诚鼓励。

2002 年 4 月我退休，在此之前我经常去王老家，王老在编写《自珍集》书稿，袁先生准备《游刃集》，忙着刻纸。两位老人都八十多岁了，每天还是那么敬业，我深受感动。

我敬佩两位老人，把我对他们的感情融入我的设计之中，是他们的精神感染了我，使我传承了两位老人的诚恳与热情。

今天文白兄收藏到《游刃集》的精装本，在此向两位老人致敬！

谢谢王老、袁先生！我爱你们！永远是我的榜样！

二〇一五年十月二十八日
宁成春记于深圳三书堂宁（朱文印）成春（朱文印）

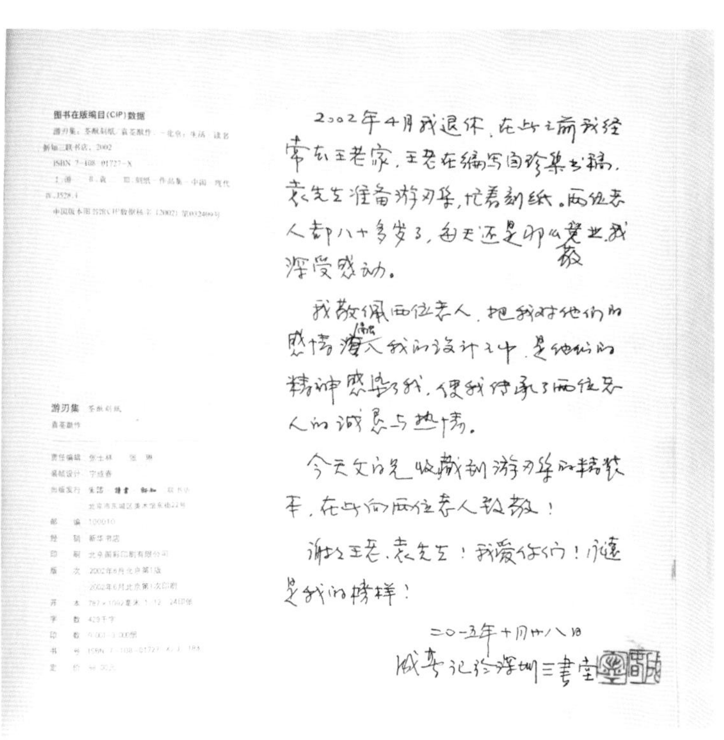
图书在版编目(CIP)数据
游刃集：荃猷刻纸／袁荃猷作．—北京：生活·读书·新知三联书店，2002
ISBN 7-108-01727-X
Ⅰ.游… Ⅱ.袁… Ⅲ.剪纸－作品集－中国－现代 Ⅳ.J528.1
中国版本图书馆CIP数据核字（2002）第032409号

游刃集 荃猷刻纸
袁荃猷作

责任编辑 张士林 张琳
装帧设计 宁成春
出版发行 生活·读书·新知 三联书店
北京市东城区美术馆东街22号
邮 编 100010
经 销 新华书店
印 刷 北京圣彩印刷有限公司
版 次 2002年6月北京第1版
2002年6月北京第1次印刷
开 本 787×1092毫米 1/12 24印张
字 数 429千字

2002年4月我退休，在此之前我经常去王老家，王老在编写自珍集书稿，袁先生准备游刃集，忙着刻纸。两位老人都八十多岁了，每天还是那么敬业，我深受感动。

我敬佩两位老人，把我对他们的感情融入我的设计之中，是他们的精神感染了我，使我传承了两位老人的诚恳与热情。

今天文白兄收藏到游刃集的精装本，在此向两位老人致敬！

谢谢王老、袁先生！我爱你们！永远是我的榜样！

二〇一五年十月廿八日
成春记于深圳三书堂

这是宁成春老师在我收藏的《游刃集——荃猷刻纸》版权页上的题辞，每每读来，都被这朴素的文字和诚挚

“书衣成春”尚书吧藏宁成春书籍设计展

的情感所感动！

自古以来，中国稍有知识的人都要面对天人古今华夷问题，究天人通古今辨华夷是中国传统的哲学主题，也是每一个中国人的核心问题，从探究天道和人事之间的关系，考察历史发展演变的进程，区别华夏礼仪的有无，求得事物发展变化的终极规律。特别值得注意的一个问题是，随着时间的推移，近几百年来，中西文化交流日益频繁广泛，华夷之辨逐步演变为中西之别，近百年来还凸显出了人我关系问题。随着教育的普及，每一个有觉知的中国人都必须对天人、古今、中西和人我这四大问题做出自己的回答。具体来说，就是要回答如何理解宇宙自然与人的分野，如何对待古人的创造与今人的作为，如何认识中国文化与西方和其他国家地区的文明，

如何看待自己与他人和社会的关系这四个问题。我认为，在当下，人我问题是主要问题，也是核心与基础问题，四大问题从人我问题出发，又终结于人我问题。宁老师用 60 余年的工作实践和公认的专业成就对人我问题做出了让世人钦佩的回答。

宁成春老师素以普通装帧设计师自处，工作中时刻把作者、读者放在心间，放在第一位，从不把自己的所谓“革新创造”强加于作者和读者。“学艺先学德，做戏先做人”。专业学习、设计创作都是一时一地之事，认清自己，摆正位置则是一生之事，是得失寸心知的千古之事，宁老师给我做出了榜样，“虽不能至，然心向往之”。

2022 年 3 月深圳三书堂

亦师，亦父，亦友

——我眼中的宁老师

鲁明静

第一次见到宁老师是在2006年末的三联书店作者联谊会，那一年我刚刚参加工作。那天来了很多著名学者，我和其他年轻同事负责接待。热心的张荷老师引荐我去见宁老师，作为美编室的晚辈，太想去拜见德高望重的前辈了，就这样我见到了和蔼可亲的宁老师。远远看到一位面色红润白头发的老人正在和三联的作者聊天，伴随着爽朗的笑声和亲切的笑容。

宁老师给我的第一印象就是身材高大，鹤发童颜，和蔼可亲，有一双敏锐的眼睛。

2009年荣获文学类最佳奖

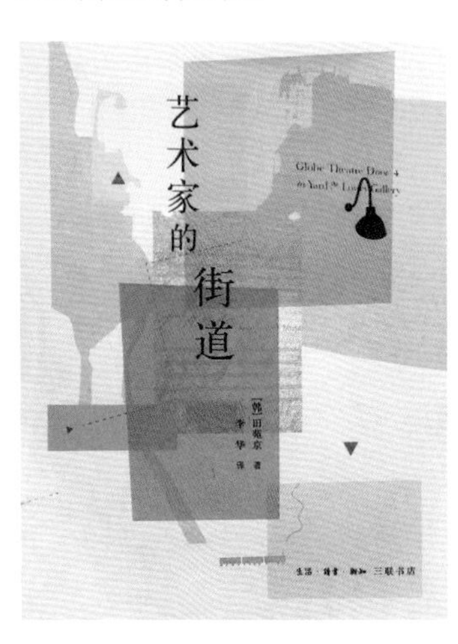

2007年，我正式进入美编室做装帧设计，也是在那一年，父亲因为意外突然去世，我的心情低落到极点。全社的领导和同事都很照顾我。现在回忆起来在那个极度黑暗的时段，周围的人会用各种方式去默默地关心着你。我接到的第一项工作任务是设计蒋勋的《写给大家的中国美术史》，这本图文书难度比较大，图片极多，随文关系紧密。我排了很多遍，总是文字一动，图片也跟着动，校对部门都向我发出抗议了，因为这本书的每一个校次看起来都不一样。汪家明副总编分管美编室，我做的所有封面都要经过汪总审核，他

在1802工作室

对美编室每一个人都特别关照。汪总建议我这一年可以带着社里的工作去宁老师工作室进行系统学习，每周去1802工作室两到三天。从一个稚嫩的设计专业的毕业生到成熟的美术编辑，需要大量的实践和前辈的指点才能总结出一套工作方法和经验。而当时美编室的前辈们都很忙碌，根本没有时间带新人。记得当时的美编室主任罗洪老师每年都要完成近百个封面，在我看来真是不可思议。整个美编室的同事都知道我接下来要去宁老师的工作室边学习边工作了，纷纷给我讲宁老师的故事。张红老师给我讲之前宁老师任美编室主任的时候是如何带领大家一起看封面讨论方案的，也叮嘱我一定要珍惜这难得的机会。年长的同事崔老师半开玩笑地告诉我，在宁老师工作室能工作下来的人，之后到任何地方工作都会觉得容易呢。就这样，我怀着激动又忐忑的心情来到了位于龙潭湖公园旁边的嘉禾园小区。美编室的姜仕侬老师带我一起走进了1802工作室，她也曾和宁老师一起工作了很多年，路上一直在和我说宁老师对待工作是多么严格，对于不认真工作的人是无法忍受的，我听了之后更加紧张了。

这是第二次见到宁老师，他身穿浅色的中式上衣，神色深沉，正在思考工作。在工作室的大房间有一个高一点的阳台，宁老师开始给我讲解如何设计一本书稿。他拿出几张八开纸、一把尺子，还有一支笔。接下来和我说的一席话，深深地印在我的脑海中，成为我的工作准则。

“设计一本书前，要通读稿子，要像责编一样了解一部书稿。如果是学术书，读起来很困难，就和编辑多聊聊天，要尽可能去了解书稿的内容。读书稿的时候就仿佛听作者在和你对话，然后把他的观点用视觉的方式表现出来。如果在设计封面的时候总是把它当成一个任务，然后去书店逛逛，照搬一个形式感的东西用到正在做的书上，结束这个工作，这样工作一段时间就会觉得这份工作特别枯燥无味。因为照搬形式的设计往往打动不了人，也不会通过，这种挫败感会很痛苦。每年要出版那么多书，想要让一本书的设计从茫茫书海中跳脱出来，那么这个方案首先要打动自己，才能打动别人。”人的记忆总是片断的，有些画面刻在脑海中，时刻都可以浮现。我清楚记得宁老师讲到兴头上，站起身来，配上两只手的肢体语言，向一个刚刚开始步入这个工作领域的年轻人讲述如何成为一个合格的设计师。在下午窗外光线的照射下，宁老师的身影像一位伟大的指挥家。

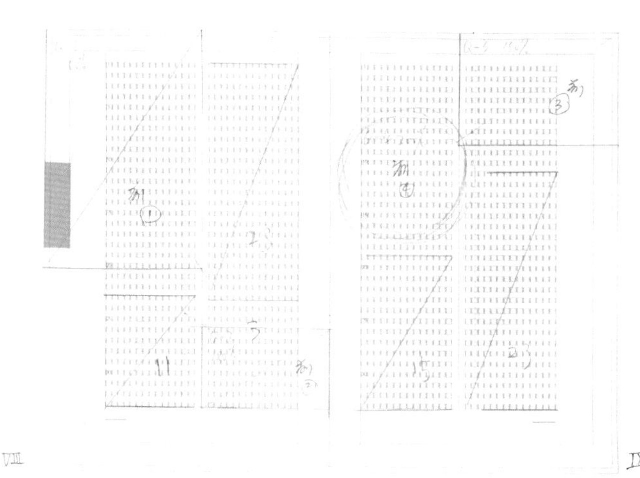

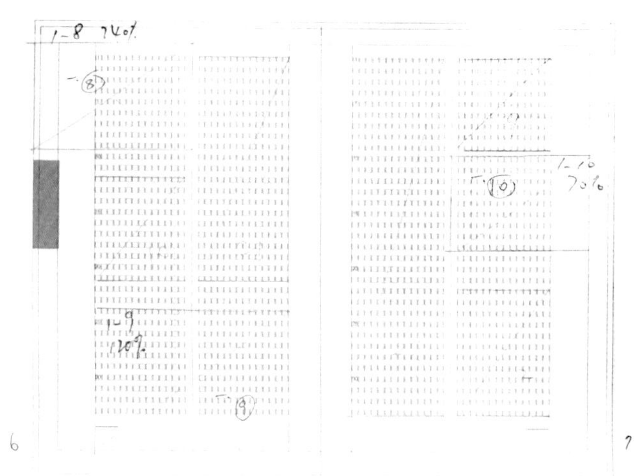

“首先，要根据一本书的字数来判断用多大的开本比较合适，同时要考

虑书的类型。要会计算开本和印刷用纸，先考虑用纸再设计。”说着，宁老师用笔记下了这些要点，还画了如何计算印张、开本的公式和图示。“一个字的宽度大约是 3.5mm，也就是 10 磅字和毫米的换算。”宁老师会在稿纸上画出图文书的版式，可以精确计算到每一页多少字、图片大小如何。图片也要按实际印刷像素在开本内打印出来，文字用长条样的方式。图片和文字信息可以在稿纸上进行全盘把控，而不是像摸石头过河，一页一页推着做，陷入几张图动了，全书都要重做的窘境。

手头的书稿《写给大家的中国美术史》正好面临这个问题，一下子就找到了解决方法。就这一本书，我来来回回做了有半年的时间，感慨当年的工作单位对新人的宽容度有多大。通过这本复杂的图文书制作过程，我积累了不少经验，后面的工作顺利多了。

宁老师告诉我，今后我做的任何封面都可以发给他看，他帮我把关。我真的为自己在人生中遇到这么好的老师感到幸运。我每次把自己的方案给宁老师看的时候，他都让我用语言讲述一下这本书的内容，并讲一讲自己是怎么构思的。这就意味着这本书你一定要读过，还要读出感受。

在 2009 年的全国书籍装帧奖评比中，我设计的《艺术家的街道》（三联书店出版）得了文学类的最佳奖，在此类书展评比中，这算是一个非常高的奖项了，特别是对于一个刚刚开始工作的美术编辑来说。结果出来后，宁老师给我发了一条信息，语重心长地告诉我，他希望我不要有任何得意的心态，因为这是一件好事，但也不一定是一件好事，因为才开始工作就得奖，太容易让人骄傲了。而获奖往往很大程度是凭运气。

1802 工作室有三到四个年轻人，和我年龄相仿，还有一位年长一轮的曲姐，软件运用纯熟，技术问题大家都会请教她。在宁老师的工作室，同辈告诉我一定要认真，由于马虎出现错误会被宁老师严厉批评。与出版社嘈杂的工作环境不大一样（那里经常有此起披伏的电话声，还伴随着各个部门往来，办理各个流程手续的沟通交流），在工作室，外界的干扰极小，一整天的工作时间都是极为安静而专注的。工作室位于楼房的顶层，并有一个很大的露台，放了很多盆栽和绿植，在楼顶站一会吹吹风，看看远处，别提多惬意了。

2009 年 5 月，宁老师被松赞林卡酒店的董事长白玛多吉先生邀请去当地设计画册，我作为助理也一同前往。在当地遇到《三联生活周刊》的记者王晓峰，他也受邀来香格里拉采访，考察当地松赞林卡酒店建筑和周边的村民生活，要在周刊上发表一篇文章。这是一家极具当地建筑特色和藏族民风的五星级酒店，宁老师在这里住了两天之后，表示坚决不住了。白玛先生联系了当地村子的藏族老乡，安排宁老师就住在附近的尼西上桥头村（位于云南省西北部的迪庆藏族自治州下辖县德钦县）。临行前汪总叮嘱我在外面照顾好宁老师，后来才发觉是宁老师一直在照顾我。像大多数在城市里长大的孩子一样，我自小就很少体会农村贴近大自然的生活。“日出而作，日落而息”，虽然云南西部这些村庄近年已经通网通

地上的一只小松鼠，顺着双腿爬上背包，窜到肩上

电，甚至集体普及了太阳能，但到了晚上，村子里还是很黑，没有路灯。地面的灯光很少，天上的星星就特别多，连星座都清晰可见。尼西上桥头村全村只有一个卫生间，在村口，宁老师担心我害怕路上太黑，在后面走路看着我。我担心宁老师累，说我自己去就可以。宁老师执意要陪我去，还说“你要是有点儿什么事，我怎么跟你妈妈交代呀”。我住的那个小阁楼就在金沙江畔，窗外是湍急的河水，河对岸是一座山。白天在村子里和宁老师画了好多张风景速写，这是我毕业几年后第一次这么集中地画画了。5月中旬，我们又到茨中的村子住了一周。住在一个天主教堂旁的小学校长家里。住在茨中的时候，我的房间是在猪圈的楼上，旁边还有驴子、羊、鸡、猫、老鼠，和一只跟我迅速建立起友谊的小狗。我睡觉的房顶上到了晚上都是甲虫的声音。从房间的窗户向外望去，能看到白马雪山，雪际线非常低，广袤的山谷一直延伸到窗前。宁老师认为这次的云南之行是对我极好的锻炼和考验。毕竟，当我再看到一张饼有虫子，会很淡定地

把虫子拿掉，当作什么都没有发生继续吃下肚。之前的我看到食物上有虫子肯定是大呼小叫了。这段记忆中的宁老师更像是费利普·弥勒导演的法国电影《蝴蝶》里面的老爷爷。

2010 年，我把申请去英国留学面试成功的消息第一个告诉了宁老师，他特别高兴，详细问我面试的细节。正是宁老师一直鼓励我，应该保持继续读书的心态，要终身学习，我才有了申请留学的打算。宁老师发信息给我，在外面要照顾好自己，把生活过好，把饭做好吃，也是和学习同样重要的。这多像是父亲对女儿说的话啊。

在 2011 年雅昌“守正新致——宁成春书籍设计四十六年回顾展”的讲座中，宁老师在台上问我在英国都学习到了什么，和大家分享一下。让我没有想到的是，很多同事和同行对那一天我的回答印象极为深刻。

我说：“英国的设计教育更重视过程，作业的打分也是更注重思考过程和逻辑推理，更重视动手去实践再推翻自己的过程。在这个教育体系中，老师可能不会看重一张完整漂亮的设计稿，而是要看到思辨和生发的过程，这其中可能要经历无数次的自我批判。”

在近几年，当我做了母亲之后，宁老师对我说的最多的话则是“身体第一，不要熬夜，照顾好孩子，工作上要多做些喜欢做的书，每天都要开心”。每次不管是和三联的同事还是和人美的同事一起去看宁老师，总是有一桌水果点心和刚泡好的茶等着我们。在聊天过程中，总是听到宁老师爽朗的笑声，还有最近发生的一些新鲜事。我

鲁明静画的上桥头村红军桥畔速写

们都喜爱宁老师，因为他是充满阳光的太阳老爷爷。

2022年的6月初，北京疫情防控下第一天恢复堂食，我去看望宁老师，请他去外面吃饭，庆祝宁老师和金阿姨从三亚回到北京。宁老师已经八十岁了，步履没有以前轻快，坐车的时候我总想去搀扶一下，但他的眼神永远是坚定而敏锐的，给人无限的动力和信念，乐观，豁达，精神也是越来越好。那天宁老师从家里拿来了一本特别重的8开画册《花笺染翰——清与民国著名学人书札集锦》，这是他去年刚刚设计的，因为码洋极高，样书目前只有一本。我看到后非常喜欢，宁老师立刻决定送我。我心里知道这是宁老师特意从家带来送给我的，他也把我当成一个可以聊天的晚辈和朋友了。

宁老师的书装作品集终于要出版了。在编辑制作《一个人的书籍设计史》的过程中，更看到了宁老师为人的特点，正直，无私。每一张手绘图，每一个手写文字，每一帧封面，背后都有一个故事。每一个故事都是宁老师和书之间的故事，还有宁老师对人生的感悟。翻阅这本书的过程，就像坐在篝火旁，饮下一杯甘醇的酒，听前辈讲述过去的事，又好奇又满足。

在这里，我特别想感谢在初入社会时就遇到的三联的出版前辈们，和一直在帮助我的同事们，在三联的工作经历，使我收获了人生中最重要的精神财富。

感谢汪总推荐我成为宁老师的学生，还特意安排了一次拜师仪式。

感恩遇到我的恩师宁成春老师，他也是我的父辈和挚友。

2022年8月北京

对我影响最大的一位长者

宁成春

1969年我调入人民出版社，从70年代初到1986年三联书店恢复独立建制，范老退休之前，我一直在他领导下工作。他很关心我，是对我影响最大的一位长者。我的书装设计的基本风格和理念都是在他的指导下形成的。

我们的设计审批是三审制，最后一审是范用同志。凡是他策划或者他喜欢的书稿，设计方案总是很难通过。打倒“四人帮”之后，人民出版社要出版一套外贸知识丛书，记得董秀玉是责任编辑。当时设计方案都要画成印刷成品的效果。我画了几个方案，“小董”觉得不错，可范老不通过。又画了十几个，总共二十余个方案，最后他才选中一个。当时我想，不管画多少个，都是一种尝试，都是自己的积累。所以每个方案我都认真对待。有的时候我画的方案总是通不过，又急着开印，范老就笑眯眯地哼着小曲走来，一只手拿着小纸片，纸片上用软的粗铅笔画着他思考的方案，一只手搭在我的肩膀上说“试着这样画一个”，“把这个(图)改一下”……他并不明确告知怎么改，我只能去揣摩他的意思。

“读书文丛”的标志就是这样，连画了几个方案都没通过，直到画成他提示的“一位裸体少女伴随小鸟的叫声

在草地上坐着看书”才让他满意。这个标志现在看来很平常，可是70年代末“文化大革命”刚刚结束，心有余悸，不敢表达什么情调，何况这种裸体少女的形象！没有范老的启发和支持，我是不敢这么画的。出书后本店的一位编辑就曾笑着说：“小宁，你这是画的什么呀！”

这套书的封面上把作者的书稿手迹断开，倾斜错落着排列，像雨像风，很有动感；下边是少女读书的标志。一动一静，处理得十分大胆、新颖。丛书出版以后，封面设计反应很好，在当时一片“红海洋”里显得格外清新悦目。

三联书店出版的斯诺夫人的《“我热爱中国”》，封面是交给美编组组长马少展制作的。范老提供了一张斯诺照片的印刷品，组长让我根据照片画了一幅速写。记得是用咖啡色炭精棒画在布纹纸上。我感觉这个设计方案肯定是范老授意的，后来证明的确如此。斯诺肖像大小空间处理得当，最高明的是让斯诺背对书名，加强了他手持香烟思考的感觉。这是违反一般的设计常规的。当时范老不让署他的名字，版权页上设计者的署名是“马少展”，而且范老至今以为速写像是马少展画的。其实，那个年代大家并不在意署名，认为署名只是一种责任，没有什么“利”，也不在乎“名”，即使获了奖也没人在乎是谁的。

那时的美编室我年龄最小，工作比较认真，范老又酷爱装帧设计，所以1984年有了出国进修的机会，他就极力向版协推荐，让我第一批赴日本讲谈社学习。1985年回国，1986年三联书店恢复独立建制，讲谈社的朋友为我争取到再次留学的机会。刚刚独立，人手不够，我怕不能成行。没想到范老非常支持我再去深造。为了弥补人手不足，他兼职美术编辑，设计出许多好书。

退休以后范老仍然关心三联书店的装帧设计，经常给我写信，直言不讳，语重心长。至今我还保存着1996年9月5日他写给我的信。那时我们四位书装设计师搞了一个展览。范老在信中说：

四人展很成功，使我大开眼界。丁聪说：就是跟过去大不一样，我们中国，善于吸收外来的东西，看汉唐就知道，这是中国的长处。我希望不要忽视民族特点，推陈出新。你们四位如果可以称为一个学派，是否可以说，这一学派，源于东洋。我看过西方如德、法的一些书装，其特点是沉着、简练（无论是用色还是线条），似乎跟中国相近。总之，希望大家都来探索，在实践中更上一层楼。

在三联（书店）展览这么几天，为期太短，很多人都不知道。如果在三联门市（韬奋图书中心）开业之时展出，会有更多的人、爱书的人来参观。去不去上海展出？上海有一支不小的装帧队伍，可以同他们交流经验。

建议与张守义同志商量，由版协装帧（艺）委（会）出面，每年编印一本《中国书籍插图装帧年鉴》，全国

戎春同志：

四人展很成功，使我大开眼界。一般说，就是跟过去大不一样。我们中国善于吸收外来的东西，吸收后就加以改造，这是中国的长处。我希望不要忽视民族特点，[illegible]。你们四位如果可以称为一个学派，这一学派（是否可以说）属于东洋。我看过西方的法德的一些书装，其特点是沉着、简练（无论是用色还是线条），似乎跟中国相近。总之，希望大家都来探索，都在实践中[illegible]更上层楼。

《四人说》内容编排、印装都很有特色。只是翻起来比较费劲。

看来，你们跟纸老板关系甚好，所以得到他们的赞助。洋纸较贵，影响它的销路，恐怕一时也难以解决。少数精品可以用洋纸，一般书籍尚非所宜。书卖得太贵，不是好事。

范用 9.5

出版社赞助，应当容易办到。开会交流经验，散会了事，不及印出一本图册，效果大（好）得多。

《四人说》内容编排、印装都很有特色，只是翻起来比较费劲。

看来，你们跟纸老板关系甚好，所以得到他们赞助。洋纸较贵，影响它的销路，恐怕一时也难以解决。少数精品可以用洋纸，一般书籍尚非就所宜。书卖得太贵，不是好事。

后来范老还特意把我和吕敬人叫到他家中，给我俩看他收藏的书。我理解他的苦心，一直牢记他的教诲，默默地尽力认真实践。转眼间我也是六十多岁的人了。

2006年12月6日

象驾峥嵘漫进途

——记装帧设计家马少展

宁成春

她离休了，带走了那爽朗的笑声，楼道里再也听不到她招呼部下的清脆嗓门儿，周围的一切都显得那么寂静。

现在主管装帧设计的副总编，遇到急事，工作不好安排时，手里攥着装帧设计通知单，就会想起她。“要是老马还在，就好了。”室里的年轻人也说，老马的家太远，要是近点儿，找她聊聊多好啊。就连早已离休的前任领导也会常常想起她，有时从西郊邀她进城，共进午餐，述怀畅饮。

是啊，很多人都在想念她！

她在任的最后十几年，是我的顶头上司，她把各方涌来的矛盾、压力，在欢声笑语中化解、平和。她待人真挚、坦率、热情、宽容，靠她多年的锻炼所积累的经验，靠她的组织才能，承上启下，一桩桩难题都圆满解决，一件件工作都认真完成。有时也会承受不了委屈和误解，默默地流泪，但不久云开雾散，又是万里晴空。

如今，我也处在和她当年相同的位置，可我比她幸运。我的上司如同她一样宽容，而且通情达理，在工作方面任我发挥；我的部下全是可爱的年轻人，单纯、正派、上进、好学，但我自愧不如她对事业的忠诚，不像她那样毫无私心，假如我处在她那样的环境，我想我连一天也干不下去。如今才深有体会，她当了几十年中层干部，该是多么不容易啊！她对工作充满着热情，心里装满事业，关心上级、下级，唯独没有她自己。

她出身于比较富有的家庭，曾在教会女子中学读书，受兄长的影响，解放前积极参加进步学生运动，十九岁参加中国农工民主党，是一位活跃在学校和社会上的热血青年。她性格开朗，初中时就喜欢美术，办壁报、油印文学刊物、写诗作画，曾梦想终身从事艺术事业。但是在旧社会，一个女孩子从事美术的出路极为艰辛，不靠别人很难维持自己的生存。她因拒绝包办婚姻，与严厉的父亲发生矛盾，有强烈的不依附他人自力更生的志向。升入高中，她满怀忧国忧民的思绪，认真学习数理化，幻想和男子一样成为一名工程师，自食其力，报效祖国。1948 年高中毕业后，她考入西南工商学院工管系。

与马少展（左一）和人民出版社社领导聚会

不久，她怀着满腔热忱，迎来解放。解放初期，新中国百业待兴，人们感激共产党，热爱新中国。为了祖国建设，无条件服从组织分配，是那时青年一代的行动标准。眼下流行的什么自我价值、心理平衡等词还是非常陌生。她加入了中国新民主主义青

年团，在团干部训练班学习以后，调北京，上华北人民革命大学。

1950年底，经过学习、训练，组织根据她的兴趣爱好，分配她到华北局华北人民杂志社美术组工作。她欢欣鼓舞，感谢组织使她的梦想变为现实。

于是她扎起两根小辫儿，穿一身合体的蓝色列宁服，白袜黑色解放鞋，从此走上了工作岗位。近视眼镜里面的两只大眼睛，闪烁着激动、喜悦的泪光。杂志社美术组实际只有三人，两位是有名的画家，赵枫川和吴静波，另外的新兵就是她——一位单纯、热情的年轻姑娘。

开始她做编务工作，回答读者来信，收发美术稿件，逐渐也画画小刊头、图表、地图，写美术字，一切都得从头学起。工作繁杂琐碎，哪样急就干哪样，没有上下班的界限，时常工作到深夜。他们那时生活简朴，工作劳累，但人际关系和谐，大家都充满激情，似乎有使不完的劲儿。

她没有进过正规专业学校，一切从实际需要出发，边干边学。画地图不会用双规线笔，画了一张又一张，一直改到满意为止，但是还不断发生丢三落四的现象，不是少了地名（当时没有照相植字，都得手写），就是少了一段铁路。领导常温和地对她说："我是老八路，你是小'扒路'，小'马大哈'。"通过实践，刻苦磨练，越来越细心、认真。经过两位画家亲手栽培，业务水平提高很快，工作不到一年，她在《华北人民杂志》上发表了处女作——题为"中苏人民友好万岁"的单面彩色宣传画，从此她踏进了艺术之门。

在杂志社工作了十一个月之后，被调出参加成立华北人民出版社，领导将行政事务的重担压在她的肩上，组建美术组，开始走上了书籍装帧的新旅程。从华北人民出版社到大区撤销后合并入通俗读物出版社，1958 年撤销“通俗”又合并到人民出版社，这一晃就是三十五六年。前二十年政治运动多、会议多、行政事务繁杂，正常的业务时间得不到保证，领导多次提出减轻她的业务量，但她深深理解“学如逆水行舟，不进则退”，深知自己本来根基薄，如放弃或减少艺术实践，就意味着艺术的枯竭。她曾说，“我和这门艺术结下了深厚感情，放弃它就等于是生命的终结”，何况同室中强手如林，大多是经专业学校培养出来的，她必须加倍努力学习，多实践，才能胜任工作。与她先后工作过的有五六位同事中途报考了美术学院，进大学深造，她深感专业知识不足、能力不足，多次申请去美术学校学习，因担任行政职务，领导不愿让她离开，都不能如愿。她也曾委屈过：“为什么工作总是需要我？”但“不幸”并没有压倒她，“不幸是一所最好的大学”（别林斯基），一种强烈的奋进的激情时刻鞭策着她，难道不能进专业学校，就放弃所热爱的事业？她立下誓言：“人所具有的，我是努力而后有；别人只做一次获得的，我多做几次去获得。”铁树开花要付出比别的树种更长久的努力，她说：“我是一只不会飞的笨鸟，我要不停地学飞、多飞、先飞。”几十年持之以恒，拼命多干工作，多实践，多吸收，向大学毕业生学，向同行学，向部下学，任劳任怨，不以领导自居，虚心学习，平易近人，不为名，不为利，从不羡慕世俗的桂冠。

她从事社会科学图书设计几十年，积累了丰富的经验。社会科学是高层次的精神产物，从属于它的书籍装帧也应具有较高的思想性和艺术性。她不但在基本功、技巧方面孜孜不倦地努力学习，更加强艺术修养、博览群书、开阔视野。正如“诗如其人，字如其人，画如其人”一样，一个人的气质、风度也会在其装帧设计中得到体现。

她在进行装帧设计时，一刻也不忘记书籍装帧艺术的从属性。她在着手设计前，围绕书的内容、性质、类别、风格进行深入研究，主动地与文字编辑密切联系，了解文稿情况甚至产生书稿的时代背景，组稿的来龙去脉，作者的个性、经历，以及读者对象，等等。只有这样才能准确表达书的个性，她深刻体会到，没有个性，就缺乏生命力，就难于唤起读者的共鸣。

她在设计《丁易杂文》时，多次与文编交谈，了解作者情况。文编介绍她阅读了陈白尘同志的《忆丁易》代序，由此了解到丁易同志在皖南事变前后白色恐怖极为猖獗时代，以杂文为武器揭露和嘲讽反动派的残忍和卑劣，使敌人惶惶不安，陈白尘在序中写道：“这种匕首的文字，虽然不能致敌人于死命，但在黑暗中不时闪烁着匕首的光芒，总可使那貌似强大的独裁魔王感到惴惴不安吧！”她得到黑暗中一线光明的启示，在封面上画了一盏小小油灯，光线虽弱但代表光明，体现出作品的时代背景，给读者以无穷的遐想。

她不赞成装帧设计不研究书稿内容，只采用一贯单调的表现手法，不断重复自己，以此来标榜所谓的“个人风格”。日本现代著名的图书设计家菊地信义先生曾说：“装帧设计的存在价值更重要的是为了引起读者阅读的兴趣，它既不属于作家，也不属于出版社，更不属于装帧设计者。”

丁易杂文

1969 年我跟随农村读物出版社合并到人民出版社美术组，从此开始接受前辈的较严格的训练。她和张慈中、钱月华等几位老同志 1973 年从干校回来，还有郭振华同志，他们每人虽然各有特长，设计不尽相同，但当时人民出版社的装帧设计由于这批老设计家的多年实践，已形成格调高雅、严谨大方的共同风格。他们每人对工作都极为认真，一丝不苟，精益求精。与此相配，人民出版社的出版部，也培育出一批出版、印刷专家。像寇天德、谭哲民、张嘉瑞和李培玉等同志也都有同样的工作作风。因此人民出版社的装帧设计在当时的出版界颇有影响。

那时凡重点书，设计者一定下厂看色样，亲自与调墨师傅研究颜色效果，与工人师傅关系十分密切，师傅们也非常耐心，反复试验油墨的成分，直到满意为止。

老马同志在印刷方面尤其下功夫，不辞辛苦经常下厂与工人师傅研究新的工艺技术。精装本《中国货币发展简史和表解》一书的成功就是一例。在土黄绢丝纺的封面、封底上，同样压了六块大小相等的深褐色实地翻阴古钱币图案。二枚古钱币是凸出来的，分割六块方形图案的三条凸线，纤细挺拔，与大面积的均匀色块形成

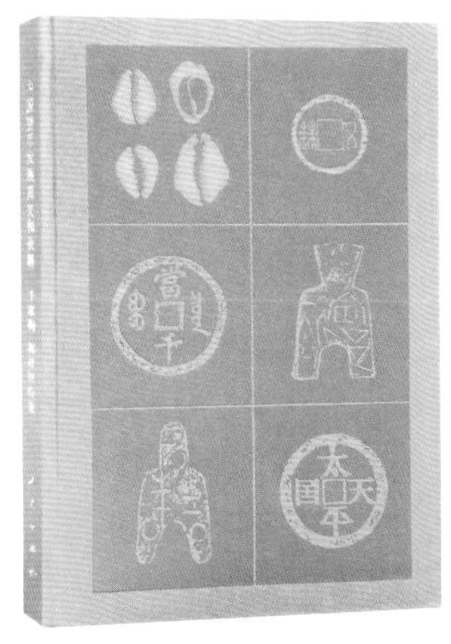

强烈的对比。在绢缎纺上大面积印刷颜色，然后再压凹凸，这样的工艺恐怕前所未有，难度很大。但她耐心说服老师傅，反复试验，结果成功了，效果极佳。

她这种锲而不舍、大胆创新的精神，与其精美的作品，为后人树立了榜样。假如能在新闻出版署下属的合适单位，建立收藏精美图书的展览厅，能常年展出有创新、有艺术价值的图书，供大家观摩、学习，该是多么好啊！

她还承担过老一辈革命家及名人传记的设计任务。例如，为纪念辛亥革命七十周年而重版的《孙中山选集》，从包封设计到绢丝纺精装封面，以及环衬都做了周密安排，摒弃初版时的深蓝色调，采用暖色，较热烈地体现辛亥革命这一伟大的民主主义革命之基调及其纪念性。包封的书脊上烫了一大块金色电化铝，上面再翻出黑色书名，精装绢面书脊则重笔描绘，烫压了细密图案，产生绚丽辉煌的效果，使人耳目一新。封面书名选用了宋庆龄副主席潇洒有力的题字：“孙中山选集”，既简练概括，又丰满庄重，并且富有纪念意义。这一设计在 1981 年度全国书籍装帧评比中荣获优秀作品奖。

最后应介绍一下她离休前几年设计的力作——六十卷本《列宁全集》，护封是偏冷的浅灰色，最下方印有五毫米宽的一条金电化铝，黑色书名下有一排暖灰色拼音文字，与暖色调的纸面布脊封面形成对比，显得格外简朴明快。

浅驼色的绢丝纺布脊在封面、封底上分别延宽 20mm，封面、封底被分割成窄长方形的纸面部分与书脊上方书名字底色的长方形，色调一致，比例修长。纸面部分印有满版皮纹图案，从视觉上传达出质感，显得十

分高雅。封面、封底上纸布交接处与护封的金线相呼应，烫有3毫米宽的金线。书脊上卷次的设计非常新颖别致，在长方形的四角压有三角形凸起的图案，图案是中国古建筑上用的云纹，类似浮雕、立粉效果，在中间形成的菱形金底上烫了黑色卷次。与此相应在封面、封底的布面上压有同样风格的凹纹图案，十分古朴、典雅，具有中国特色、中国气派。

这正是六十卷《列宁全集》装帧设计的成功之处。因为本书是中共中央马恩列编译局花费几十年心血自行编译的巨著，区别于翻译外国的版本，深受各级领导、学者们的赞赏。

她很少有时间参与社会活动，几十年来设计了上千种书，这些成绩得到公认，1981年被吸收为中国美术家协会会员。1984年应西北、西南十一省市邀请到青海讲学。

她几十年如一日，既担任行政领导，同时靠勤奋努力自学成为美术编审。她不仅是一名优秀的装帧设计家，还是一名优秀的共产党员，是在党的教育培育下成长起来的好干部。她几十年来主要负责美编室的行政工作，但直到离休前还只是个副职，听起来实在莫名其妙，但她自己从来没有怨言。

这些近乎平凡的品质，如今显得并不那么平凡了，相反也许会被认为似乎“迂腐”而太“傻”，究竟是一代强于一代，还是一代不如一代呢，有谁能说清楚？

2022年7月，在1802工作室接受董总、冯金红、杨乐、王晨晨、鲁明静采访

2022年中秋节，在1802工作室阳台聚会，与董总、孙晓林、冯金红、杨乐、薛宇、鲁明静商谈《一个人的书籍设计史》出版事宜（吉辰摄影）

后　记

因约在2017年，先后有两家出版社有意愿出版我的作品集。当时雅昌业务经理郝建军的团队帮我拍摄书影，分四批把书运到工厂拍摄：深圳尚书吧的陈新建和小吴帮我在网上搜索早年的作品，下单购买，敦促我早日出版。

断断续续，几年过去，一直犹豫不定，没有下决心整理出版。直到2021年三联学术分社正式做出选题规划，着手帮我策划整理，这才紧锣密鼓地干起来。先是由我口述每本书设计背后的故事，孙晓林、冯金红、杨乐、王晨晨录音整理；又从书稿档案中查找资料，并请董总回忆当年策划选题的原旨，一起构思策划泽浦六十年*《一个人的书籍设计史》的结构；最后把我的口述撰写成顺畅的文字，让读者更清晰地了解一本书从策划到设计成书的全过程。作品集的最终成形，超出了我个人的能力，给三联这一阶段的出版做了总结，也大大提高了设计环节的重要性。这里要特别感谢三联编辑们疫情期间的辛勤工作。

* 泽浦是我的字，爷爷给起的。说我"火"命，命里缺"水"，水大了不行，所以是"泽浦"，水小一点。

后期补充拍摄工作很繁忙，感谢三联美编薛宇的无私奉献。他不仅拍摄书影，版面设计也下了很大功夫，使

胡长跃在1802工作室

得最终的版面重点突出，疏朗了许多。疫情期间，我的朋友徐晓飞从广州携带摄影器材跑来北京，帮忙拍摄书影，打地铺睡在1802工作室地板上，这种恩情让我难以言表。

还要感谢我的助手胡长跃。从2006年至今他已帮我工作了十六七年，电脑制作娴熟，与我配合默契。还有可爱的小吉辰，一个多月每天跑来工作室，关键时刻帮我整理版式。

最后更要感谢董总、汪总，十分怀念我们一起工作的日子。

向范用先生致敬！纪念范用一百周年诞辰！他永远活在我们心里！

宁成春

2023年3月

2022年8月，在为《一个人的书籍设计史》选照片（徐晓飞摄影）